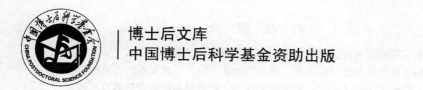

博士后文库
中国博士后科学基金资助出版

东北森林土壤功能性有机碳组分及其生态效应

有机酸与落叶松对 Pb、Cd 胁迫的响应与适应性

宋金凤　崔晓阳　著

科学出版社

北　京

内 容 简 介

本书采用高效液相色谱-质谱法,系统研究了不同程度 Pb、Cd 等重金属胁迫下落叶松幼苗、野外重金属污染的落叶松人工林根系的有机酸分泌行为;研究了 Pb、Cd 单一及复合胁迫下,不同种类和浓度外源有机酸对落叶松幼苗多种生理生化特性、生长和重金属吸收积累的影响及作用程度。本研究能为东北地区矿山造林树种筛选及生态风险规避等提供可能的普适性指标,也能为重金属胁迫土壤的有效利用及修复开辟新思路。

本书可作为大中专院校土壤学、林学、森林培育学、生态学、环境学等专业的师生及科研院所研究人员的参考书,还可作为广大基层农林工作者的参考书。

图书在版编目(CIP)数据

有机酸与落叶松对 Pb、Cd 胁迫的响应与适应性/宋金凤,崔晓阳著.
—北京:科学出版社,2017.12
 (东北森林土壤功能性有机碳组分及其生态效应. 博士后文库)
ISBN 978-7-03-054689-0

Ⅰ.①有… Ⅱ.①宋… ②崔… Ⅲ.①落叶松–有机酸–分泌–生态–适应性–研究 Ⅳ.①S791.22

中国版本图书馆 CIP 数据核字(2017)第 243694 号

责任编辑:张会格 / 责任校对:郑金红
责任印制:徐晓晨 / 封面设计:刘新新

科 学 出 版 社 出版
北京东黄城根北街 16 号
邮政编码:100717
http://www.sciencep.com

北京虎彩文化传播有限公司 印刷
科学出版社发行 各地新华书店经销
*
2017 年 12 月第 一 版 开本:720×1000 1/16
2019 年 1 月第二次印刷 印张:12 3/4
字数:235 000
定价:92.00 元
(如有印装质量问题,我社负责调换)

《博士后文库》序言

1985 年，在李政道先生的倡议和邓小平同志的亲自关怀下，我国建立了博士后制度，同时设立了博士后科学基金。30 多年来，在党和国家的高度重视下，在社会各方面的关心和支持下，博士后制度为我国培养了一大批青年高层次创新人才。在这一过程中，博士后科学基金发挥了不可替代的独特作用。

博士后科学基金是中国特色博士后制度的重要组成部分，专门用于资助博士后研究人员开展创新探索。博士后科学基金的资助，对正处于独立科研生涯起步阶段的博士后研究人员来说，适逢其时，有利于培养他们独立的科研人格、在选题方面的竞争意识以及负责的精神，是他们独立从事科研工作的"第一桶金"。尽管博士后科学基金资助金额不大，但对博士后青年创新人才的培养和激励作用不可估量。四两拨千斤，博士后科学基金有效地推动了博士后研究人员迅速成长为高水平的研究人才，"小基金发挥了大作用"。

在博士后科学基金的资助下，博士后研究人员的优秀学术成果不断涌现。2013年，为提高博士后科学基金的资助效益，中国博士后科学基金会联合科学出版社开展了博士后优秀学术专著出版资助工作，通过专家评审遴选出优秀的博士后学术著作，收入《博士后文库》，由博士后科学基金资助、科学出版社出版。我们希望，借此打造专属于博士后学术创新的旗舰图书品牌，激励博士后研究人员潜心科研，扎实治学，提升博士后优秀学术成果的社会影响力。

2015 年，国务院办公厅印发了《关于改革完善博士后制度的意见》（国办发〔2015〕87 号），将"实施自然科学、人文社会科学优秀博士后论著出版支持计划"作为"十三五"期间博士后工作的重要内容和提升博士后研究人员培养质量的重要手段，这更加凸显了出版资助工作的意义。我相信，我们提供的这个出版资助平台将对博士后研究人员激发创新智慧、凝聚创新力量发挥独特的作用，促使博士后研究人员的创新成果更好地服务于创新驱动发展战略和创新型国家的建设。

祝愿广大博士后研究人员在博士后科学基金的资助下早日成长为栋梁之才，为实现中华民族伟大复兴的中国梦做出更大的贡献。

中国博士后科学基金会理事长

前　言

　　随着工业化、城市化、农业现代化的发展，人类向土壤中排放的重金属逐年增加，重金属胁迫日益严重，特别是 Pb 和 Cd 胁迫。Pb 和 Cd 均是植物生长的非必需元素，土壤中过量的 Pb、Cd 能在植物体内残留，并对植物生长发育和生物量积累产生严重影响，降低植物产量和品质。因此，植物对重金属胁迫的响应规律和适应性一直是多学科关注的热点，如何修复 Pb、Cd 污染土壤和恢复土壤原有功能也成为近年来生态修复研究领域的重要内容之一。

　　有机酸是森林生态系统中普遍存在的一类功能性有机碳组分，也是土壤胁迫下植物根系分泌的一种高活性有机成分，在森林土壤中广泛分布。有机酸能通过调节林木的抗氧化酶活性、渗透调节物质含量等多种途径影响森林植物的生理生态功能，进而深刻影响林木的生长、发育、存活及生态适应能力。作为森林生态系统中有机酸的重要来源，除有机物分解释放和微生物分泌外，植物根系有机酸的分泌行为也不容忽视。在遭受土壤重金属逆境后，植物根系最先感受胁迫，并迅速做出反应，能通过根系生理上的一系列改变来适应胁迫环境。有研究证实，磷、铁等某些矿质元素胁迫可诱导植物根系特异性地分泌有机酸，以使植物适应养分环境胁迫，这是植物对养分胁迫产生的一种生理适应机制。水分胁迫条件下，植物根系也合成或分泌某些类型的有机酸，以改善干旱条件下植物的活性氧代谢、减轻膜脂过氧化作用，从而减轻水分胁迫对植物的伤害，提高植物对干旱胁迫的抗性。值得指出的是，重金属胁迫也诱导植物根系分泌物大量增加，特别是大量分泌有机酸，这是一种较为普遍的主动适应性反应。在重金属胁迫下，植物根系有机酸分泌种类和含量的变化具有胁迫因子与植物类型等因素间高度的特异性，在不同因子或不同浓度重金属胁迫下，植物根系有机酸的分泌量和种类都不同。

　　我国东北地区广大范围内有一定面积的矿山土壤亟须复垦，如黑龙江省境内的伊春市西林铅锌矿、鸡西煤矿机械有限公司（以下简称鸡西煤矿）等。这些特殊的土壤立地条件下，Pb、Cd 等重金属污染常普遍存在。落叶松（*Larix olgensis*）是我国东北山区的重要乡土树种，其对环境条件要求不严格，所以就成为该地区矿山土壤植被恢复与林业复垦的优选树种和先锋树种。但在较严重的重金属胁迫下，落叶松的成活与生长仍然受到很大限制。通过前人的研究可以假设，在 Pb、Cd 等重金属胁迫条件下，落叶松也能通过根系有机酸分泌的变化调节其自身功能，并适应环境胁迫，但目前不同程度 Pb、Cd 胁迫下落叶松根系有机酸的分泌行为，外源有机酸如何影响 Pb、Cd 胁迫下落叶松的生理生化特性和生长，以及如何影响苗木吸收运输重金属元素等研究还未见报道。本书以我国东北林区先锋造林树种——落叶松为对象，以重金属胁迫下林木根系分泌的有机酸为切入点，通过在不同程度的 Pb、Cd 胁迫土壤中栽植落叶松苗木，采用高效液相色谱-质谱法系统研究了不同程度 Pb、Cd 等重金属胁迫条件下落叶松根系分泌有机酸的种类和含量，并对野外重金属污染条件下生长的落叶松人工林采集根际土壤进行了有机酸定性和定量分析，从而探讨重金属污染下落叶松根系有机酸的分泌行为。并通过外源添加不同种类和浓度的有机酸溶液，研究了 Pb、Cd 单一及复合胁迫下外源有机酸对落叶松幼苗多种生理生化特性、生长和重金属吸收积累的影响及作用程度。本书旨在研究不同土壤胁迫条件下落叶松根系分泌有机酸的生态适应意义，对土壤逆境下落叶松根系有机酸的分泌行为及其生态意义做出科学评价，从而为提高落叶松对重金属的抗性、修复与治理重金属污染土壤提供理论参考和依据，为东北地区矿山造林树种筛选及生态风险规避等提供可能的普适性指标，同时也能为重金属胁迫土壤的有效利用及修复开辟新思路。

全书共由 6 章组成：第 1 章为引言，主要介绍土壤重金属胁迫，特别是 Pb、Cd 胁迫对植物的危害，重金属逆境下植物根系有机酸的分泌行为变化，以及有机酸在植物对逆境土壤反应中的积极作用。第 2 章为土壤 Pb、Cd 胁迫下落叶松根系有机酸的分泌行为研究，主要介绍不同程度 Pb、Cd 胁迫条件下，落叶松幼苗在胁迫不同时间内根系分泌有机酸的种类和含量动态。第 3 章为外源有机酸对 Cd 胁迫下落叶松幼苗生态适应性的影响研究，主要介绍土壤 Cd 胁迫条件下，不同浓度外源草酸和柠檬酸处理不同时间后，对落叶松幼苗叶片相对电导率、丙二醛（MDA）、脯氨酸（Pro）、可溶性蛋白和色素含量，以及超氧化物歧化酶（SOD）和过氧化物酶（POD）活性等多种生理生化特性的影响，对苗木叶片和细根内 Cd 吸收积累、苗高和地径等生长指标的影响，从而对有机酸的生态意义进行综合评价，并构建有机酸分泌行为与苗木适应土壤 Cd 胁迫条件的关系模式。第 4 章为外源有机酸对 Pb 胁迫下落叶松幼苗生态适应性的影响研究，主要介绍不同种类和浓度外源有机酸处理不同时间后，Pb 胁迫下落叶松幼苗多种生理生化特性、生长及元素吸收运输的变化，对有机酸的生态意义进行综合分析，并构建有机酸分泌行为与苗木适应 Pb 胁迫土壤条件的关系模式。具体包括叶片细胞膜透性和 MDA 含量，SOD 和 POD 活性，脯氨酸、可溶性蛋白和叶绿素含量，叶片叶绿素荧光参数（F_v/F_m 和 F_v/F_0）、根系表面积、长度、体积和比根长等形态特性，叶片和细根 Pb 及 Mg、K、Ca 和 Fe 等几种养分元素含量，苗木苗高和地径生长率，叶、茎和根等各部分生物量干重。第 5 章为 Pb、Cd 复合胁迫下外源有机酸对落叶松幼苗抗逆性的影响研究，主要介绍 Pb、Cd 复合胁迫下，不同浓度外源草酸、柠檬酸、琥珀酸对落叶松幼苗生长及生理生化特性的影响及机制，包括叶片细胞膜透性，SOD 和 POD 活性，MDA、脯氨酸、可溶性蛋白和叶绿素含量，叶片和细根 Pb、Cd 积累预分配，苗木死亡率、生长率和各部分生物量，阐明这两种重金属在影响落叶松幼苗生长发育中的交互作用，以及外源有机酸对缓解植物重金属胁迫毒害的积极效果。第 6 章为主要结论与研究展望。

本书根据中国博士后科学基金面上资助项目（一等）（20070420153）、中国博士后科学基金特别资助项目（200801277）和国家自然科学基金项目（31370613）的部分研究成果撰写而成。

各章节著作人员为：宋金凤著第 1 章、第 2 章、第 3 章、第 4 章、第 5 章、第 6 章；崔晓阳著第 2 章及第 6 章。

本书在编写过程中参考了国内外大量的相关文献，在此一并致谢。由于著者水平有限，书中难免有不足之处，敬请广大读者批评指正。

著　者
2016 年 6 月

目 录

1 引　言

　　土壤在农林业生产和生态系统中都发挥着极其重要的作用,具体表现在:土壤是农林业最基本的生产资料、是陆地生态系统的重要组成部分、是最珍贵的自然资源,土壤资源是可持续农林业的基础。特别值得指出的是,在人类赖以生存的物质生活中,人类消耗的 80%以上的热量、75%以上的蛋白质和大部分的纤维都直接来源于土壤。特别是在植物生产中,土壤起着特殊作用,能对植物的生长、发育和繁殖等产生显著影响,具体表现在:营养库的作用、养分转化和循环作用、雨水涵养作用、生物的支撑作用、稳定和缓冲环境变化的作用。

　　在农林业生产中,植物常会遭受贫瘠、盐渍、污染等各种逆境条件(Wallin et al., 2002; Undeger and Basaran, 2005)。土壤是影响植物生长发育的主要因素之一,重金属污染等土壤逆境条件也受到更多关注。随着工业化、城市化、农业现代化的发展,人类向土壤中排放的重金属逐年增加,重金属胁迫日益严重,特别是铅(Pb)和镉(Cd)胁迫。Pb 和 Cd 均是植物生长的非必需元素,土壤中过量的 Pb、Cd 能在植物体内残留,并对植物生长发育和生物量积累产生严重影响,降低植物产量和品质。因此,植物对重金属胁迫的响应规律和适应性一直是多学科关注的热点,如何修复 Pb、Cd 污染土壤、恢复土壤原有功能也成为近年来生态修复研究领域的重要内容之一。

1.1　土壤重金属污染

　　由于人口的急剧增长和工业的迅速发展,我国农村、城市环境受到工业、交通等人类活动的严重影响,土壤污染问题仍在不断恶化,特别是重金属污染,其能对植物生长发育和生物量积累等产生严重影响,甚至影响人类的健康,所以重金属污染已引起人们的广泛关注。

1.1.1　土壤重金属的来源与种类

　　重金属,一般是指密度大于或等于 $5.0g/cm^3$ 的一组金属元素,包括铁(Fe)、镉(Cd)、汞(Hg)、铅(Pb)、银(Ag)、锌(Zn)、铝(Al)、钼(Mo)、锰(Mn)等 40 多种(孙华, 2008)。随着全球经济的迅猛发展,重金属污染已成为目前重要的环境问题之一。含有重金属的污染物以各种途径进入土壤后,可能造成不同程度的土壤重金属污染。特别是由于人口的急剧增长和工业的迅猛发展，我国农村、城市等环境受工业、交通等人类活动的影响逐年加重，所以土壤污染问题仍在不断恶化。重金属污染已成为当今世界上备受重视的一类公害，属于无机污染物。

土壤是环境要素的重要组成部分，起着稳定和缓冲环境变化的重要作用，承担着环境中大约 90% 的来自各方面的污染物质（吴舜泽等，2000）。换言之，随着工业化、城市化、农林业现代化及经济的飞速发展，越来越多的污染物被释放到土壤中，环境污染特别是土壤重金属污染也越来越重，且受到了人们的广泛关注。对于当前的环境污染物质研究，重金属一般指镍（Ni）、汞（Hg）、镉（Cd）、铬（Cr）、铜（Cu）、铅（Pb）、锌（Zn），类金属砷（As）[①] 也包含在其中。土壤重金属污染指由于人类的活动将重金属加入土壤中，土壤中重金属的含量显著高于其原有含量，并造成生态环境质量恶化的现象。一般认为，重金属主要通过冶炼、施肥、采矿、污泥、污灌、大气沉降等流失到环境中（表 1-1）（孙向阳，2005），也可以说，土壤重金属的来源主要包括大气沉降输入、污水灌溉、化肥和农药的施用、污泥和垃圾的堆入等（邹海明等，2006），工业生产的废渣、废气、废水等也能引起生态环境的破坏、植物或农作物的重金属污染。对于城市绿地土壤，重金属污染物可能主要来源于以下方面：工业飘尘、工业废渣、汽车尾气、污水灌溉、污水外溢、城市垃圾、污泥施用及农药和化肥等的施用（崔晓阳和方怀龙，2001）。在我国，不同地区重金属的来源也不同：在北方，我国土壤重金属污染的主要来源为污灌，在南方主要为淤泥施用、采矿和冶炼。据统计，45% 的污灌区已经遭受重金属污染，尤其以 Hg 和 Cd 的污染最为严重，受 As、Cd、Pb、Cr 等多种重金属污染的耕地面积已接近 $2 \times 10^7 hm^2$，约占总耕地面积的 1/5，其中受 Cd 污染的面积达 $1.3 \times 10^4 hm^2$，受 Hg 污染的面积达 $3.2 \times 10^4 hm^2$（孙向阳，2005）。

表 1-1 土壤中的主要重金属污染物

重金属	主要来源
汞（Hg）	氯碱工业、含汞农药、汞化物生产、仪器仪表工业
镉（Cd）	电镀、冶炼、染料等工业，肥料杂质
铜（Cu）	冶炼、铜制品生产、含铜农药
锌（Zn）	冶炼、镀锌、纺织工业、人造纤维、含锌农药、磷肥
铬（Cr）	冶炼、电镀、制革、印染等工业
铅（Pb）	颜料、冶炼等工业，农药、汽车排气
镍（Ni）	冶炼、电镀、炼油、燃料等工业

重金属元素在地壳、岩石圈、土壤中的含量水平，在土壤中的存在形态，土壤环境背景值及其区域分异规律见表 1-2（孙向阳，2005）。

---

① 砷为非金属，但具有金属性和非金属性，此处作为金属讨论。

表 1-2　重金属元素的含量、形态、环境背景值及其区域分异规律

元素	含量/（mg/kg）			土壤中的存在形态	中国土壤环境背景值/（mg/kg）		背景值的分异规律
	地壳丰度	岩石圈	世界土壤*		范围	中位值	
Hg	0.08	0.08	0.02~0.41	金属、无机化合态、有机化合态	0.001~45.9	0.038	西/西北＜东北＜东南
Cd	0.2	0.1~0.2	0.06~1.1	可交换态、铁锰氧化物结合态、碳酸盐态、有机态、硫化物态、晶格态（残余态）、可溶态	0.001~13.4	0.079	东＜中＜西；南＜北
Cu	100（1955 年前）；55（1955年后）	70	6~80	水溶态、交换态、专性吸附态、有机态、碳酸盐结合态、氧化物包蔽态、残留态	0.33~272	20.7	中＜南/北；东＜西
Zn	—	80	17~125	水溶态、交换态、有机态、闭蓄态、残留态	2.6~593	68.0	东/华东/华北＜西北＜长江中上游流域区
Cr	110	200	7~221	Cr^{3+}、CrO_2^-；$Cr_2O_7^{2-}$、CrO_4^{3-}	2.20~1209	57.3	华南区＜东北区＜蒙新区＜华北区＜青藏高原区＜西南区
Pb	12.5	—	10~84	无机化合物（以二价态存在）、有机铅	0.68~1143	23.5	北＜南；西北＜东南
Ni	80	—	4~55	铁锰氧化物结合态、碳酸盐态、有机态、不稳定形态、残留态	0.06~627	24.9	南＜北；东＜西
As	1.7/1.8	1~13；2~5	2.2~25	离子吸附或结合合态、砷酸盐或亚砷酸盐态、有机结合态、气态	0.01~626	9.6	东/东南/东北＜中＜西＜西南/西北

*表示平均值范围

1.1.2　土壤重金属污染现状

1.1.2.1　我国农田重金属污染现状

土壤是一种极为重要、富有生命的有限资源，土壤质量的保护是社会经济持续发展和人类生存所面临的一项重要任务（陈怀满等，2002；孙华，2008）。土壤污染指人为因素有意或无意地将对人类本身和其他生命体有害的物质施加到土壤中，使其某种成分的含量明显高于原有含量，并引起土壤环境恶化的现象（陈怀满等，1996；孙华，2008）。在我国，保护土壤的任务显得尤为艰巨，因为我国人口众多，人均耕地面积仅为世界人均占有量的 47%，保护土壤环境、防治土壤污染已成为当代最重要的环境问题之一（陈怀满等，2002；孙华，2008）。

我国土壤污染已经非常严重。据欧洲共同市场（简称欧共体）1974 年统计，进入环境的镉 2%进入大气，4%进入水体，94%进入土壤（鲍士旦，2000），可见土壤是环境中镉的主要消纳场所。目前，我国受 Cd、As、Cr、Pb 等重金属污染

的耕地面积近 $2 \times 10^7 hm^2$，约占总耕地面积的 1/5；其中工业"三废"污染耕地 $1 \times 10^7 hm^2$，污水灌溉的农田面积已逾 $3.3 \times 10^6 hm^2$（孙向阳，2005）。据统计，受重金属污染的土壤面积达到污染面积的 30%~40%。随着工业迅猛发展，大量的重金属严重污染了农田。我国大多数城市近郊土壤都受到了不同程度的重金属污染，有许多地方的粮食、蔬菜、水果等食物中 Cd、Cr、As、Pb 等重金属含量超标或接近临界值（Zhang et al.，2002）。

在所有的重金属污染元素中，Cd 是最为危险的元素之一，且容易在人体、动物和植物中积累（Simon，1998）。镉是一种柔软、银白色的稀有分散金属。未污染土壤中的镉主要来源于成土母质。地壳中镉的平均含量为 0.5mg/kg，土壤中含镉量为 0.01~2mg/kg，平均值为 0.35mg/kg。在农业土壤中，平均总镉含量变化范围在自然界很少以纯镉出现，总是伴生于其他金属矿中，如锌矿、铅锌矿、铅铜锌矿等。Cd 主要用于电镀、颜料、化学制品、塑料制品、合金及一些光敏元件的制备。由于 Cd 在环境中的重要位置，因而引起了土壤、环境、生态等方面科学家的极大关注。孙华（2008）指出，中国被 Cd 污染的耕地约为 $1.3 \times 10^4 hm^2$，涉及 11 个省市的 25 个地区，并且有着明显的发展趋势。2004 年，辽宁省环境保护厅对 6 个城市的 8 个主要污灌区土壤环境质量进行了调查监测，8 个污灌区土壤均受到了不同程度的污染，土地总污染面积达 $6.46hm^2$，主要污染物为镉，其次是镍。个别污染区域 70~100cm 深处土壤中镉含量仍然超标。2005 年，国家环境保护部对珠江三角洲、长江三角洲等经济发达地区的土壤污染程度进行了评估，结果显示，珠江三角洲部分城市采样点中有近 40%的农田菜地土壤重金属超标，其中 10%严重超标（孙华，2008）。在珠江河口周边约 10 000km² 范围内，高镉异常区超过 6000km²，镉、汞、砷、铜、铅、镍、铬等 7 种元素的污染面积达 5500km²，其中仅汞污染面积就达 1257km²。长江三角洲区域的土壤受到了镉、汞、砷的污染，1992 年全国有不少地区已经发展到生产"镉米"的程度，每年生产的"镉米"多达数亿千克。仅沈阳某污灌区被污染的耕地已多达 2500 多公顷，致使粮食遭受 Cd 的严重污染，稻米的 Cd 浓度高达 0.4~1.0mg/kg，这个浓度已经达到或超过诱发"骨痛病"的平均含 Cd 浓度（孙华，2008）。

1.1.2.2 我国城市重金属污染现状

除农田、耕地外，我国的矿区和城市也普遍存在着土壤重金属污染问题。根据对我国大城市内公园、住宅小区内土壤重金属污染指标的调查，结果显示，我国城市绿地土壤受重金属污染情况十分普遍，部分区域达到中度甚至重度污染程度，而且污染状况具有逐渐加剧的趋势（韩东昱等，2005；符娟林等，2005；史贵涛等，2006a；卢瑛等，2004；李章平等，2006）。因此，防治土壤重金属污染，保护有限的土壤资源，从而实现农林业的可持续发展，已经成为全人类关注的突出问题（孙向阳，2005）。

　　我国城市环境由于受工业、交通等人类活动影响严重，表现出强度大、历史长的特点，致使城市内重金属的污染源具有数量多、种类繁杂等特点（孙华，2008）。我国曾有许多学者对一些大城市的重金属污染指标进行了调查研究，包括大气总悬浮颗粒物、道路粉尘、公园和居民小区土壤中重金属的含量和分布特征等（陶俊等，2003；史贵涛等，2006a；卢瑛等，2004；李章平等，2006；张辉和马东升，2001），结果发现，城市上空的大气和绿地土壤受重金属污染的情况十分普遍，部分区域达到中度甚至重度污染水平，且污染状况逐渐加剧。

　　土壤重金属污染物的来源较多，包括诸如大气沉降输入、化肥和农药的施用、污水灌溉、污泥和垃圾的堆入等（Nriagu，1984；邹海明等，2006）。一般来说，城市大气中重金属的富集主要是由非点源污染造成的，工业废气、市政建设工程扬尘和汽车尾气中含有大量重金属，所以工业活动和交通是最主要的污染来源（管东生等，2001）。在工业发达地区，大气沉降对城市土壤重金属的累计贡献率在各种外源输入因子中排在首位（Orlova et al.，1995）。

　　作为城市环境的重要组成部分，城市土壤是城市污染物重要的源和汇，直接影响城市生态环境的质量和人体健康。随着我国工业化和城市化进程的加快，工业、交通、生活等所产生的大量污染物进入土壤，使得城市土壤的各种性质发生了变化（孙华，2008）。从空间上看，道路旁边土壤中的重金属元素含量明显比城市公园的含量高，但同时，公园土壤中的含量又高于远郊相同母质下农业土壤中的含量（史贵涛等，2006b；黄勇等，2005）。Chen 等（2002）对北京 30 个城市公园的土壤重金属浓度进行调查发现，土壤中 Cu 和 Pb 的积累达到显著水平，对游客、居民等人群造成了威胁。

　　城市土壤受到高强度人类活动的影响，重金属污染分布也呈现出显著的人为特点。在城市不同的功能区，重金属分布呈现出一定的规律性（孙华，2008）。一般来说，工业区和商业区重金属污染最严重，其次为居民区、风景娱乐区和新开发区，重金属含量一般较低，污染也相对较轻。张金屯和 Pouyat（1997）对纽约市"城—郊—乡"生态样带森林土壤重金属变化格局分析发现，重金属离子总量、重金属离子多样性等随着距市中心距离的增加而降低，重要污染重金属 Pb、Cu、Ni、Cr 的含量下降非常明显。

　　城市土壤重金属沿交通干道两侧呈现出较严重的带状污染，公路两侧一般为污染最严重的地带。距交通干道距离不同，重金属含量也存在差异。随着中国汽车数量的增加，其污染有增加的趋势。韩东昱等（2006）对北京市的 12 个公园进行表层、深层土壤样品的重金属 Cu、Pb 含量分析，研究表明，北京市部分公园的深层土壤在某种程度上已受到人为扰动，大多数公园表层土壤中存在一定的Cu、Pb 积累现象，总体上市区公园比郊区公园明显。李纯等（2006）研究认为，北京市区大部分公园土壤存在铅污染问题，一些历史悠久、客流量大、位于市中心的公园土壤铅含量和污染指数均远远高于平均水平。杭州市城郊土壤也受重金属污染明显，其中以 Pb 污染最为严重。污染程度：市郊工业区＞市内商业区＞风景旅游区＞文教居民区＞市郊农业区（王美青和章明奎，2002）。成都市、南京市城市土壤重金属 Cu、Zn、Pb 含量也均超过其城市土壤背景值（尚英男等，2005；王焕华，2000）。南旭阳和张碧双（2005）调查研究了浙江省温州市中山公园、马鞍池公园和温州师范学院（现温州大学）校园 3 个样点土壤及对应白兰花和雪松中重金属 Cd、Cu、Pb 和 Zn 的含量和累积性，结果表明，3 个取样点土壤中的 Cd、Zn 和 Pb 含量均超标；中山公园、温州师范学院（现温州大学）的 Cu 含量超标。通过对上海市区 44 个公园土壤重金属含量的测定发现，表层土壤 Pb、Zn、Cu、Cr 平均含量分别为 5.1mg/kg、198.5mg/kg、44.6mg/kg 和 77.0mg/kg，9 个公园达中度污染，7 个达重度污染，广州、长春和乌鲁木齐等地也进行了相似的研究（管东生等，2001；李章平等，2006；孙华，2008）。

重金属普遍存在于大气、土壤和水中，极低的浓度就能对生物体造成危害，而且重金属在食物链中的积累非常危险（Toppi and Gabbrielli，1999）。重金属能够对植物造成最为严重的环境胁迫，有时比农药的毒性还要高几倍，而且这种毒性会随着时间的推移而加剧。Pb、Cd 能够引起植物形态、生理生化及结构的改变（Shah and Dubey，1998）。Cd 极易被植物根系吸收并转运到其他部位，迁移性强，极低浓度下就会对生物体产生危害。许多情况下会损伤光合器官，降低净光合速率，加速叶片衰老，抑制植物生长（Krupa，1988），引起叶绿素含量下降（Larsson et al.，1998；Stobart et al.，1985），导致气孔关闭，影响水分代谢（Barceló and Poschenrieder，1990），引起营养元素不平衡。Cd 能改变多种酶的活性，如氮代谢（Boussama et al.，1999）、糖代谢（Verma and Dubey，2001）和硫代谢（Leita et al.，1991）相关的各种酶。Cd、Pb 能使植物组织细胞产生活性氧，从而引起膜脂过氧化，改变活性氧代谢相关酶的活性，如超氧化物歧化酶（SOD）、过氧化氢酶（CAT）和过氧化物酶（POD）（Chaouia et al.，1997；Gallego et al.，1996；孙华，2008）。

目前，世界各国的土壤都存在着不同程度的重金属污染。由于重金属污染毒理机制和生物效应的复杂性，对重金属污染的研究一直是当前学术界的热点研究课题（孙华，2008）。镉、铅是环境中最普遍和危害性较强的重金属（陈怀满等，1996；周启星和宋玉芳，2004）。镉是一种不能进行降解的重金属，易在机体内蓄积，已被美国毒理管理委员会（The Agency for Toxic Substances and Disease Registry，ATSDR）列为第 6 位危及人体健康的有毒物质。有色金属矿山的开采和冶炼是环境镉污染的主要来源（吴思英等，2003），含镉烟尘沉降和含镉废水经灌溉进农田，造成土壤污染并富集到农作物中，最终在人体蓄积，造成慢性损害。镉进入人体后可蓄积于肾、肝等器官，肾是镉中毒的靶器官，肾功能不全又会影响维生素 D_3 的活性，造成骨骼的生长代谢阻碍，从而导致骨骼疏松、软化、变形等，严重者引起自然骨折甚至死亡（吴思英等，2004；朱中平等，2006）。铅污染对儿童体格、智力发育及行为等方面产生的危害要比成人更严重，影响更深远。

20 世纪 90 年代，有许多学者发现铅可能不直接作用于 DNA，而是作用于 DNA
聚合酶和影响 RNA 合成，从而导致 DNA 修复功能抑制或增加易错修复的发生。
有研究表明，微克分子浓度的铅能降低 HP2（人鱼精蛋白）与 DNA 的结合，并
导致染色体结构改变，最终使 DNA 容易发生损伤（Quintanilla-Vega et al.，2000）。
铅诱导细胞凋亡也必须予以足够的重视。目前已经发现暴露于低剂量的铅时，视
杆细胞、神经细胞和巨噬细胞（Shabani and Rabbani，2000）等有凋亡的发生（孙
华，2008）。

　　按食品卫生标准评价，我国各大城市粮食、蔬菜、水果中都存在不同程度的
重金属污染，其中镉、汞、铅、砷的污染尤为明显。20 世纪 80 年代中期的抽样
调查表明，北京东郊污灌区 60% 的土壤和 36% 的糙米存在污染问题。最近的调查
显示，北京近郊的蔬菜仍然存在明显的污染问题：朝阳区和丰台区的大白菜、黄
瓜、芹菜、番茄等蔬菜的汞、砷、铅等超过食品卫生标准；石景山区、海淀区存
在明显的酚和铬污染，并导致番茄、黄瓜等蔬菜减产。北京居民蔬菜中砷的日摄
取量已达到世界卫生组织规定的每日容许摄取量（ADI 值）的 120%（孙华，2008）。
食（药）用菌中 Pb、Cd、Hg 等重金属的含量较高，国外学者对食（药）用菌中
重金属的含量、吸收的途径和机制等方面进行了深入的研究（邢增涛等，2007）。
刘军等（2002）的研究表明，植物从根吸收的铅大部分滞留于根部，而我国传统
的中药以植物为主，收入的药用植物超过万种，而且 60% 以上是以植物的根部入
药的。因此铅等重金属的污染已经对中药的出口和使用构成威胁。李嫣玲（2006）
通过对我国主要中药材基地药用白菊花中重金属含量分析发现，个别基地的药用
白菊花中 Cd 含量超标，最高的超标达 2.23 倍，由此可见，中药材基地环境质量
也不容乐观。

1.1.3　土壤中重金属的危害

1.1.3.1　导致严重的直接经济损失和食物品质不断下降

　　土壤重金属污染基本上是一个不可逆转的过程。含重金属的污染物质通过各
种途径进入土壤后，不仅对动植物产生严重影响，还对人类的健康产生潜在的威
胁（Palazoglu et al.，1998；包景岭等，2009）。由于重金属不能被微生物降解，
进入土壤后的重金属污染物质很难消除，且多为过渡元素，有可变的价态，在不
同条件下其存在的形态和价态不一样，其活性和毒性也不同。重金属容易在土壤
中累积，不易迁移，但易与水、羟基、氨、有机酸等配位体生成配合物，也可能
与土壤有机质中的某些分子形成螯合物，这些配合物和螯合物在水中的溶解度较大，
易于在土壤中迁移和被植物或微生物吸收利用。土壤重金属污染导致了严重的直接
经济损失，全国每年因重金属污染而导致的粮食减产问题突出，达 1×10^7 t，被重金
属污染的粮食数量也很惊人，每年也多达 1.2×10^7 t，合计经济损失至少达 2×10^{10}

元（孙向阳，2005）。

重金属污染还导致食物品质的不断降低。在我国，大多数城市近郊土壤都受到了不同程度的重金属污染，许多地方的粮食、蔬菜、水果等食物中 Cd、As、Cr、Pb 等重金属的含量超标或接近临界值。据报道，1992 年全国有不少地区已经发展到生产"镉米"的程度，每年生产的"镉米"多达数亿千克。仅在沈阳市某灌溉区，被重金属污染的耕地已经超过 $2500hm^2$，致使粮食遭受严重的 Cd 污染，稻米的含 Cd 浓度高达 $0.4 \sim 1.0mg/kg$（这已达到或超过诱发骨痛病的平均含镉浓度）。对一些大城市近郊蔬菜重金属含量进行调查的结果表明，重金属已在蔬菜中积累，其污染状况见表 1-3，附国家标准（表 1-4）（孙向阳，2005）。

表 1-3 我国一些城市近郊蔬菜重金属污染状况

城市	主要污染物	蔬菜类型
重庆	Pb>Cd>Hg	叶菜类>瓜果类
广州	Cr>Hg>Cd	
上海	Pb>As>Cd	
沈阳	Pb>Hg>Zn>Cd	叶菜类>根茎类>瓜果类
天津	Cd	叶菜、根茎类>瓜果类
武汉	Hg>Cd	
西安	Pb	

表 1-4 我国城市近郊蔬菜重金属污染状况国家标准

元素	最大耐受浓度/(mg/kg 鲜重)	国家标准
Hg	0.01	GB 2762—1994
As	0.5	GB 4810—1994
Pb	0.2	GB 14935—1994
Cr	0.5	GB 14961—1994
Cd	0.05	GB 15201—1994

1.1.3.2 危害人体健康

重金属还危害人体的健康。土壤重金属污染会使污染物在植物体中积累，并通过食物链富集到人体和动植物体中。重金属进入人体后，不易排泄，逐渐蓄积，当超过人体的生理负荷时，就会引起生理功能的改变，导致急慢性疾病或产生远期危害（徐龙君和袁智，2009），从而危害人畜的健康，引发癌症和其他疾病等。

（1）铅

铅（Pb）是重金属环境污染物中影响最严重的元素之一（秦天才等，1998；

Han et al.，2007），还是人类最早掌握其使用技术的金属之一，用途广泛，但具有一定毒性。人们经常接触而不注意预防，就有可能引起铅中毒。随着人类生活的现代化，在不知不觉中，无论是大人还是孩子都或多或少地受到了铅的危害。关于铅的毒性，以及铅中毒症状、诊断、解毒和验毒等知识，在我国古代医书中就有记载，如《洗冤录》和《本草纲目》。在当今众多危害人体健康，特别是儿童智力的"罪魁祸首"中，铅（Pb）是危害不小的一位。据权威调查报告透露，现代人体内的平均含铅量已超过 1000 年前古人的 500 倍，但人类目前仍缺乏主动、有效的防护措施。据调查，现在很多儿童体内的平均含铅量普遍高于年轻人，交通警察又较其他行业的人受铅毒害更深。水和食物都含有微量的铅，一般成年人每天从水和食物中摄取的铅最少约 0.1mg，即日常生活中，铅主要通过饮食由消化道进入人体。进入人体后，铅主要分布在肝、肾、脾、胆和脑中，以肝、肾中浓度最高。几周后，铅由以上组织转移到骨骼，以不溶性磷酸铅形式沉积下来，人体内 90%～95% 的铅积存于骨骼中，仅少量存在于肝、脾等脏器中。骨中的铅一般较稳定，当食物中缺钙或有感染、外伤、饮酒、服用酸碱类药物而破坏了酸碱平衡时，铅便由骨中转移到血液，引起铅中毒的症状。

当前身处工业高速发展、交通日益繁华城市中的居民，每天都不可避免地从大气中吸入"铅"。另外，污染土壤中生产出的蔬菜、水果、粮食等也是其主要来源。铅是细胞原浆毒，进入人体的"铅"对人体健康将产生严重危害。铅对人体的危害包括造血功能、免疫功能，以及内分泌系统、消化系统、神经系统等多个系统（Mclaughlin et al.，1999；黄苏珍，2008）。铅中毒的症状很广泛。铅进入人体后，除部分通过粪便、汗液排泄外，其余的 Pb 在数小时后溶入血液中，使人体贫血，并出现头晕、头痛、眩晕、失眠、多梦、困倦、记忆力减退、乏力、上腹胀满、恶心、腹泻、便秘、贫血、周围神经炎及肢体酸痛等症状；有的口中有金属味，动脉硬化、消化道溃疡和眼底出血等症状也与铅污染有关。Pb 中毒轻者，可以出现体重减轻、无力、四肢酸痛、面色苍白、经常头晕、恶心、呕吐、腹胀、腹痛、腹泻、消化不良、便秘、口有金属味、失眠、牙龈能够看见铅线、明显贫血、神经系统疾病、明显的肝肾疾病、心血管器质性疾病等。中毒重者可能出现明显贫血、神经系统器质性疾病，明显的肝肾疾病、心血管器质性和呼吸系统等病变，甚至出现智力降低，特别是孩子铅中毒会严重影响其智力。重症中毒者还有明显的肝损害，出现黄疸、肝大、肝功能异常等症状。一般而言，小孩铅中毒会发育迟缓、食欲不振、行走不便、便秘、失眠；小学生还伴有多动、注意力不集中、听觉障碍、智力低下等现象。其主要原因在于：进入人体的铅通过血液侵入大脑神经组织，造成营养物质和氧气供应不足，脑组织损伤，严重者可能终身残疾。特别是处于生长发育阶段的儿童，比成年人对铅更为敏感，进入体内的铅对神经系统有很强的亲和力，故对铅的吸收量比成年人高几倍，受害尤其严重。进入孕妇体内的铅则通过胎盘影响胎儿发育，造成畸形等症状。一般认为，儿童血液中铅含量超过 100μg/L 就属于铅中毒。根据近几年的调查结果,血铅超过 100μg/L 水平是 30%左右;血铅高于 250μg/L 的孩子比例还较低,不超过 5%。可见,我国有相当一部分儿童长期处于低浓度铅中毒状态,即已遭受铅危害,但还未出现典型的中毒症状。

（2）镉

镉（Cd）是一种灰白色金属,不溶于水,密度为 8.64g/cm³,熔点为 320.9℃,沸点为 765℃。其化合物中,碳酸镉、氢氧化镉、硫化镉均不溶于水,但硫酸镉、氯化镉和硝酸镉等都溶于水。镉在加热后易挥发,在空气中迅速氧化变为氧化镉。作业场所镉污染主要由生产过程中使用的镉及其化合物造成,如电镀、电池生产过程等。环境中镉的主要污染来源是铅锌矿开采、选矿和冶炼过程中产生的废水和废气;合金钢生产和加工;电镀镉的生产废水,染料、农药、油漆、玻璃、陶瓷、照相材料等生产和加工过程。植物吸收富集于土壤中的镉,可使农作物中镉含量增高。水生动物吸收富集于水中的镉,可使动物体中镉含量升高。动物实验表明,小白鼠最小致死量为 50mg/kg,进入人体和温血动物的镉,主要累积在肝、肾、胰腺、甲状腺和骨骼中,使肾器官等发生病变,并影响人的正常活动,造成贫血、高血压、神经痛、骨质松软、肾炎和分泌失调等病症。镉对鱼类和其他水生物也有强烈的毒性作用。毒性最大的是可溶性氯化镉（$CdCl_2$）,当质量浓度为 0.001mg/L 时,就能对鱼类等水生生物产生致死作用。$CdCl_2$ 对农作物生长危害也很大,其临界质量浓度为 1.0mg/L,灌溉水中含镉 0.04mg/L 时即出现明显污染,水中镉质量浓度为 0.1mg/L 时就抑制水体的自净作用。

重金属镉的毒性很低,但其化合物毒性很大。镉在人体积蓄,潜伏期可长达 10~30 年。Cd 是重金属中对生命有严重毒害的元素,对动物和人体等都有极大的危害,人体的镉中毒主要是通过消化道与呼吸道摄取被镉污染的水、食物、空气而引起的,或者说能通过食物、水和含镉粉尘的空气进入人体,继而大量储存在肝和肾内,对人的生命活动造成严重损害（徐龙君和袁智,2009）。具体而言,进入人体的镉,在体内形成镉硫蛋白,通过血液到达全身,并选择性地蓄积在肾和肝内。肾可蓄积吸收量的 1/3,是镉中毒的靶器官,在脾、胰、甲状腺、睾丸和毛发也有一定蓄积。镉的排泄途径主要通过粪便,也有少量从尿中排出。在正常人的血中,镉含量很低,接触镉后会升高,但停止接触后又能迅速恢复正常。镉与含羟基、氨基、巯基的蛋白质分子结合,能使许多酶系统受到抑制,从而影响肝、肾器官中酶系统的正常功能。镉还会损伤肾小管,使人出现糖尿、蛋白尿和氨基酸尿等症状,并使尿钙和尿酸排出量增加。肾功能不全者维生素 D_3 活性也会受影响,阻碍骨骼生长代谢,造成骨骼疏松、萎缩或变形等。据报道,水中镉含量超过 0.2mg/L 时,居民通过长期饮水和食物中摄取的含镉物质就可引起"骨痛病"。慢性镉中毒主要影响肾,还可引起贫血,典型例子就是日本的公害病——骨痛病。20世纪50年代，日本富山市神通川流域发生了"骨痛病"，经研究证实这是由当地居民长期食用被矿山和冶炼厂 Cd 污染了的稻米，即"镉米"和大豆所引起。截至1979年，这一公害已先后致使80余人死亡，直接受害者则更多，赔偿的经济损失超过20亿日元（以1989年价格计）。1953~1960年，在日本水俣市发现了由 Hg 中毒引起的疾病——水俣病，致病物质是甲基汞，死亡率较高。儿童喜欢吸吮各种各样的非可食性物体（医学上称为异食癖）使得儿童铅中毒成为世界性难题（孙向阳，2005）。

职业性镉中毒主要是吸入镉化合物的烟或尘所致。急性镉中毒，大多是由于在生产环境中一次吸入或摄入大量镉化物，主要表现为对呼吸系统的损伤。大剂量镉是一种强的局部刺激剂，含镉气体通过呼吸道会引起呼吸道刺激症状，出现肺炎、肺水肿、呼吸困难等。镉从消化道进入人体，则会出现呕吐、胃肠痉挛、腹疼、腹泻等症状，甚至引起肝肾综合征或死亡。镉还致温血动物和人染色体畸变，镉的致畸作用和致癌作用（主要致前列腺癌）也经动物实验得到证实，但尚未得到人群流行病学调查材料的证实。急慢性中毒引起以肾小管病变为主的肾损害，亦可引起其他器官的改变。

菜地土壤受到重金属污染后，能污染蔬菜，蔬菜会通过食物链进入人体，从而会给人体健康带来潜在损伤和危害（胡国臣等，1999；王翔等，2011）。目前，我国对土壤污染危害人体健康的情况仍缺乏全面的调查研究，但从个别城市的调查情况和结果来看，其状况并不乐观，在沈阳张士污灌区也曾发生"镉毒"事件。还有研究表明，土壤和粮食污染与一些地区居民的肝脏肿大之间有明显的关系。土壤受污染后，含重金属污染浓度较高的污染表土很容易会在风和水的作用下分别进入大气和水体，从而导致大气污染、地表水污染、地下水污染和生态系统退化等其他次生生态环境问题。表土的污染物也可能在风的作用下，作为扬尘进入大气，并进一步通过呼吸作用进入人体，从而对人体造成危害。这一过程对人体的危害类似于食用被污染的食物。目前，美国、澳大利亚、奥地利、中国香港等国家和地区的科学家早已经意识到，城市的土地污染对人体健康也产生直接影响。由于城市人口密度大，城市土地的污染问题又十分普遍，因此，国际上对城市土地的污染问题也早已给予了高度重视（孙向阳，2005）。

1.1.3.3　影响植物的生长与生理生化特性

（1）影响种子发芽及植物体生长

重金属进入土壤后，首先通过根系进入植物体内，然后向上运输至茎和叶。一般认为，根系是植物吸收积累 Cu、Cd、Zn、Hg、Pb、Cr 等重金属的主要部位，茎、叶中的重金属含量大大低于根中的含量。重金属通过各种途径进入环境后，参与土壤—水体—生物系统的循环，通过植物的吸收在根、茎、叶及种子中大量积累，进而影响植物的生长、发育和繁殖（梁芳和郭晋平，2007）。土壤中重金属含量过高，超出植物的耐受范围后，会对植物的适应性产生影响，包括生长指标和生理生化特性等，一般表现为胁迫作用，使植物受到伤害，出现叶片褪绿、植株生长缓慢、植株矮小、生长发育受阻甚至死亡等症状。

Cu、Cd、Pb、Zn 等是土壤中常见的重金属污染物。对植物而言，Zn 是一种十分重要的生物必需营养元素，能参与 18 种酶的合成并激活 80 多种酶，其中存在于叶绿体中的碳酸酐酶只能被 Zn 所活化（Narusawa et al.，2003）。在较低浓度（1000μg/g）时，Zn 能促进植物的生长。Cu 为植物叶绿体中质体蓝素的组成成分，参与光合作用电子传递过程，又是叶绿素形成过程中某些酶的活化剂（孙存普等，1999），故适量的 Cu 弥补了质体蓝素所需，并激发了酶的活性，促进了植物光合作用（吴月燕等，2009）。

国内外关于重金属单一及复合胁迫影响植物生长等已有大量的研究，主要表现在抑制植物种子的萌发和生长。重金属能抑制大麦（张义贤和李晓科，2008）、小麦（张利红等，2005）、水稻（杨小勇，2002）、萝卜（虎瑞等，2009）等植物种子的萌发。研究结果显示，重金属胁迫浓度越大、处理时间越长，对植物生长的抑制强度就越大。周启星和孙铁珩（2004）研究显示，受重金属胁迫后植株营养生长的影响表现为植株矮小、生长率和生物量降低，对生殖生长的影响表现为生育期推迟；孔祥生等（1999）研究发现，Cd 胁迫下，玉米幼苗生长迟缓、根尖膨大变黑、随胁迫浓度和时间增加，甚至出现腐烂和死亡现象。王慧忠（2003）研究发现，黑麦草在经 Pb 处理后，根冠细胞有丝分裂减少，根量减少，根系活力下降。马文丽等（2004）对乌麦幼苗进行 Pb 污染处理，结果表明，低浓度 Pb 对幼苗苗长生长具有激活效应，随处理时间增加，转变为抑制效应，对幼苗根生长有显著抑制作用。

Cd 毒性极强，是重金属中对人体生命有严重毒害的元素，它对动植物、人体都有极大的危害性。土壤中 Cd 的生物有效性不仅与其总量有关，更重要的是与其在土壤中的形态有密切关系。影响土壤 Cd 形态的因素很多，包括 pH、可交换阳离子容量、水和温度等（徐龙君和袁智，2009）。土壤中的 Cd 不仅能阻碍植物的种子发芽、植物根系生长，使叶片萎黄，导致植物枯死，还强烈抑制细胞和整个植株的生长（Prasad and Prasad，1987；黄会一等，1983）。有研究表明，当植物组织中含 Cd 为 1mg/kg 时，有些作物就会受害甚至减产，且植物受害后会表现出明显的症状，包括植物褪绿、矮化、物候期延迟和生物产量下降甚至死亡等（Zhang et al.，2002；李德明等，2005）。目前，很多研究者就上述方面的研究进行过报道（孙华，2008），如杨其伟等（1993）发现，80mg/kg 氯化镉溶液处理不利于南瓜种子的发芽和出苗。陈磊和罗立新（1999）发现，非常低浓度的镉离子（5μmol/L）即可对大豆幼苗的生长产生危害。Cd 对小麦幼苗和根系生长有抑制作用，尤以对根系的抑制更为显著（洪仁远等，1991）。Cd 含量为 10.0mg/kg 时会使水稻幼苗植株矮小，叶片干重降低，苗鲜重减少，叶绿素含量降低（陈平等，

2001）。培养液中 Cd 超过 0.1mg/L 以后，小白菜侧根数目减少，根的分枝程度降低，根系生物量和体积下降，根系不发达，根系对 Mn、Zn 的吸收能力受到抑制，活力降低（秦天才等，1994）。孙华（2008）发现，Cd 对甘野菊种子萌发有一定影响，具体来讲：当浓度低于 20mg/L 时，Cd 对甘野菊种子的发芽率、发芽势和发芽指数均没有显著影响。在 0～100mg/L，随着 Cd 处理浓度的升高，甘野菊活力指数显著降低，幼苗长度减小，说明低浓度 Cd 胁迫（0mg/L、20mg/L）对甘野菊种子萌发的影响较小，但高浓度 Cd 胁迫（50mg/L、100mg/L）对甘野菊种子萌发的影响显著，幼苗几乎不伸长，也无侧根，褐变加重。萌发后幼苗的建成对 Cd 胁迫反应敏感。Pb 胁迫对甘野菊种子的发芽率和发芽指数没有明显的影响，但发芽势和活力指数显著降低，幼苗长度减小，严重时幼苗变褐、死亡，抑制作用增强。另外，Cd、Pb 胁迫能明显抑制甘野菊的生长：甘野菊根系总长度、根表面积、地上部干重和根系干重等均随着重金属胁迫的加重显著下降，说明 Cd、Pb 胁迫对甘野菊的毒害加重，但总体上看，Cd 对甘野菊的毒害作用强于 Pb。

Cd 对植物生长的影响具有明显的剂量效应（孙华，2008）。低浓度 Cd 对某些植物生长有一定的促进作用，如当 Cd^{2+} 浓度为 0.5～1.0mg/L 时，可以促进南瓜种子的萌发，提高南瓜种子的发芽势和发芽率（毛学文和张海林，2003）。Cd^{2+} 浓度为 5μg/g 时，有刺激小麦幼苗生长的作用（洪仁远等，1991）。0～5mg/L Cd^{2+} 使水稻叶片叶绿素含量增加（朱宇林等，2006）。Cd 对植物生长的影响还存在基因型的差异（孙华，2008）。0.5mg/L Cd 抑制一些小白菜品种的生长，但刺激另一些小白菜品种的生长（Zhang et al.，2002）。李德明等（2005）在小白菜上也发现了类似的结果。

铅（Pb）是重金属环境污染物中影响最严重的重金属元素之一（秦天才等，1998；Han et al.，2007），又是植物的非必需营养元素。Pb 进入土壤后，会产生明显的生物学效应。Pb 在植物组织中大量积累能导致植物体内活性氧代谢的失调，活性氧水平上升，从而引起细胞膜脂过氧化，并最终影响植物的生长，影响农作物的产量和品质（Han et al.，2007；Cho and Park，2000；黄苏珍，2008）。Pb 对植物根系生长发育影响极大，可使根冠细胞有丝分裂和根量减少；Pb 进入叶肉组织后导致叶片失绿，严重时使叶片枯黄死亡（孙华，2008）。Pb^{2+} 处理浓度不超过 800mg/L 时，多花黑麦草种子的萌发和幼苗生长受到促进，出现增效效应；超过 800mg/L 后，种子萌发及幼苗生长受到显著抑制。高浓度 Pb^{2+} 处理对根生长的抑制大于对芽生长的抑制（刘明美等，2007）。刘素纯（2006）研究认为，100～200mg/L 硝酸铅溶液对黄瓜幼苗的生长有促进作用；300～900mg/L 硝酸铅溶液对黄瓜幼苗生长产生抑制，且抑制作用随 Pb 质量浓度的增加而增加。高质量浓度 Pb 诱导不定根产生。土壤 Pb 含量达到 1000mg/kg 时，小麦植株矮小、不分蘖、根系短小、成熟延迟、结实减少，小麦籽粒 Pb 含量可达 1.5mg/kg（何念祖，1990）。任继凯等（1982）研究发现，Pb 污染浓度达到 500～1500mg/kg 时，水稻有效分蘖将减少 15%左右，糙米产量下降 15%，含 Pb 量由 0.054mg/kg 可增加到 0.26mg/kg，提高 5 倍左右；土壤 Pb 含量在 2000mg/kg，对小麦产量无明显影响，但小麦籽粒中 Pb 含量可提高 1～3.5 倍；土壤中 Pb 对蔬菜的生长影响较大，当土壤 Pb 含量不低于 300mg/kg 时，可使萝卜减产 20%左右，且其 Pb 的含量与土壤含 Pb 量呈正相关；白菜在土壤 Pb 含量为 50～2000mg/kg 时，可减产 10%，且土壤 Pb 含量超过 300mg/kg 时，白菜叶含 Pb 量可提高 30%；土壤 Pb 含量低于 400mg/kg，对烟草产量无明显影响。

对土壤重金属复合胁迫引起植物生长等影响的研究，目前也有一些报道。李晓丹等（2003）研究了 Cu、Zn、Pb、Cd 四种重金属复合胁迫对小麦生物量的影响，结果显示，随重金属浓度的增加，小麦生物量下降，Cu 和 Zn 是植物生长的必需元素，在对小麦生长的影响中可以降低 Pb、Cd 对植物的伤害，使生物量下降幅度降低，说明 Zn、Cu 与 Pb、Cd 的交互作用表现出协同效应。但是在叶海波等（2003）对 Zn、Cd 复合作用对东南景天生长影响的研究结果显示，两种重金属高浓度时都会抑制东南景天的生长，但在 Zn 浓度达到 1000μmol/L 时，随着 Cd 浓度增加，供试植物的毒害症状得到缓解，而在 Cd 浓度达到 400μmol/L 时，提高 Zn 浓度，植物 Cd 中毒症状也会减轻，表明此时 Cd 与 Zn 产生了拮抗效应。

但无论是作为必需元素的 Cu 和 Zn，还是作为非必需元素的 Pb 和 Cd，只要在植物体内积累到超过一定值时，都会对植物造成重金属毒害，影响植物体的形态特性及多种生理生化特性（吴月燕等，2009）。

（2）影响植物体的形态特征

重金属胁迫下植物的形态特征会发生变化，且因植物类型、重金属处理浓度等因素而异。例如，吴月燕等（2009）研究了不同浓度 Cu-Zn-Pb-Cd 复合重金属污染（低浓度胁迫处理 Cu、Zn、Pb、Cd 分别为 40mg/kg、1000mg/kg、500mg/kg、1mg/kg，中浓度胁迫时分别为 120mg/kg、1500mg/kg、1500mg/kg、3mg/kg，高浓度胁迫时分别为 200mg/kg、2000mg/kg、2000mg/kg、5mg/kg）对木荷（*Schima superba* Gardn.）、青枫（*Acer palmatum* Thunb.）、香樟（*Cinnamomum camphora* Presl.）、苦槠（*Castanopsis sclerophylla* Schott.）和舟山新木姜子（*Neolitsea sericea* Koidz.）等 5 个浙江地区常见园林常绿阔叶树种的影响，研究发现，从形态特征变化的影响看，5 种植物的叶子在不同处理下都表现出不同的症状，随着重金属浓度的增加，重金属对植物的毒害现象明显加剧，叶子一般从叶脉周围开始变色并出现下垂现象。5 种植物中，以舟山新木姜子叶片的抗性最强，低浓度处理下叶片略下垂，叶色等其他变化不明显，中、高浓度重金属处理下叶片下垂现象加重，叶色略带黄色，但未枯死；香樟和苦槠叶片的抗性次之，在低、中浓度处理下叶片受害并不明显，但出现黄化现象，只有在高浓度处理下才出现部分叶片枯萎现象；青枫虽然在不同浓度的重金属胁迫下叶绿素分解严重，但叶片未枯萎，可能青枫叶片受害后形成花青素和叶黄素，细胞膜破坏比较轻；木荷叶片抗性比较弱，在低浓度中叶色变化就较明显，在中、高浓度重金属胁迫下叶片出现大量枯死现象。高浓度重金属复合污染还显著抑制了植物的生长，植物受害现象严重，中浓度次之，低浓度下大部分植物危害较轻。孙华（2008）发现，Cd、Pb 胁迫下，甘野菊幼苗的植株生长缓慢，叶片发黄甚至出现干枯落叶现象，根系变褐、变黑。老叶症状较新叶严重。刘素纯（2006）研究发现，土壤 Pb 含量达到 1000mg/kg 时，小麦叶色灰绿、植株矮小、根系短小。

（3）影响植物的多种生理生化特性

关于重金属对植物生长的影响已经引起人们的高度重视，很多学者从不同侧面研究了重金属对植物伤害的效应和机制，通常认为，这与重金属影响植物的多种生理生化特性有关，包括影响丙二醛、叶绿素、可溶性蛋白等渗透调节物质含量，SOD、POD 和 CAT 等抗氧化酶的活性等。目前，很多研究者探讨了重金属胁迫下植物的叶绿素合成、光合作用与呼吸作用、细胞膜透性、抗氧化酶活性及体内物质和代谢的异常研究等（庞欣等，2001；张霞和李妍，2007；孔祥生等，1999）。虽然重金属对植物的生长及多种生理生化特性都会造成一定的伤害，但植物种类与品种之间存在着较大的差异。

1）影响植物体内的丙二醛含量

植物在逆境下遭受伤害，往往发生膜脂过氧化作用，丙二醛是膜脂过氧化作用的主要产物之一，其含量高低和细胞膜透性的大小都是膜脂过氧化强弱和细胞膜破坏程度的重要指标（李明和王根轩，2001）。正常条件下，植物体内活性氧含量较少且稳定，一旦遭受低温、干旱、重金属等胁迫时，其含量会上升，造成细胞膜脂过氧化代谢产物 MDA 含量上升，膜透性增大，影响植物正常生长和代谢。或者说，在正常生长条件下，植物体内活性氧的产生和清除处于平衡中，当处于各种逆境胁迫时，植物体内活性氧产生和清除的平衡受到破坏，从而有利于体内活性氧的产生，所积累的活性氧引发了膜脂过氧化，使植物生长异常。洪仁远（1993）研究发现，植物受重金属污染后，丙二醛高度积累。孙华（2008）发现，甘野菊在 Cd、Pb 胁迫后遭受一定程度的伤害，MDA 含量增加，且随重金属处理浓度的加大而显著升高，即重金属离子浓度越高，MDA 积累越多，具体来讲：在 Cd 胁迫下，浓度为 1.0mg/L 时，MDA 含量是对照的 1.7 倍，在浓度为 10.0mg/L 时，MDA 含量是对照的 2.3 倍，是低浓度的 1.3 倍；在 20mg/L Pb 胁迫下，MDA 含量是对照的 3.8 倍，是低浓度的 2.3 倍，显著增加。同样，土壤中复合重金属处理后，对于木荷（*Schima superba* Gardn.）、香樟（*Cinnamomum camphora* Presl.）、青枫（*Acer palmatum* Thunb.）、苦槠（*Castanopsis sclerophylla* Schott.）和舟山新木姜子（*Neolitsea sericea* Koidz.）5 个浙江地区常见种植的园林常绿阔叶树种，在不同浓度重金属处理条件下，各树种丙二醛含量变化都比较大，尤其是在低浓度时丙二醛含量变化幅度很大。具体来讲，不同处理下 5 个树种叶片中的丙二醛含量都有不同程度的上升，其中舟山新木姜子和青枫在低浓度处理下丙二醛含量与对照差异不显著，中、高浓度处理显著高于对照（$P<0.05$）；香樟和苦槠在低浓度处理下丙二醛含量与对照差异不显著，中浓度处理显著高于对照（$P<0.05$），而高浓度处理极显著高于对照（$P<0.01$）；木荷在 3 种浓度显著高于对照（$P<0.05$）。叶片中丙二醛含量是膜脂过氧化的指标，其含量越高，膜脂过氧化越严重。因此，舟山新木姜子和青枫在重金属胁迫下膜脂过氧化相对较轻，香樟和苦槠次之，木荷最严重（吴月燕等，2009）。

2）影响植物体内多种抗氧化酶活性

植物对重金属胁迫的生理反应与它对重金属的吸收积累和在体内的分布有关。研究表明，在重金属胁迫下，重金属对植物细胞膜的毒害，主要是由于植物体内产生了过多的活性氧自由基，这些活性氧自由基具有很强烈的反应活性，而且对有机体是有毒害的，包括超氧阴离子自由基（$O_2^-\cdot$）、羟自由基（$\cdot OH$）、过氧化氢（H_2O_2）、单线态氧（$^1O_2$）及具有生理能量的分子氧（孙华，2008），这些物质，破坏了植物的活性氧代谢平衡，引起蛋白质和核酸等生物大分子的变性，使膜脂过氧化，从而使植物受到伤害（吴月燕等，2009）。而植物体内的 POD 等抗氧化系统可以通过抗氧化作用提高对重金属的抗性，保护植物免遭伤害（任安芝等，2000；李明和王根轩，2001；洪仁远，1993；江行玉和赵可夫，2001）。植物体内存在由 SOD、POD、CAT 等酶构成的活性氧清除系统，SOD、POD 和 CAT等也被统称为植物保护酶系统（夏增禄，1988）。重金属胁迫与其他形式的氧化胁迫相似，能抑制植物体内一些保护酶的活性（赵海泉和洪法水，1998），导致对植物的损伤。植物体内的 SOD、POD 和 CAT 组成了一个有效的活性氧清除系统（Chris et al.，1992），SOD 是活性氧清除反应过程中第一个发挥作用的酶，可歧化 O_2 生成 H_2O_2 和过氧化物，并且减少具毒性的高活性氧化剂羟自由基的形成（Scandalios，1993），CAT 和 POD 共同作用把 H_2O_2 和过氧化物转化为 H_2O 与分子氧。在植物体内有氧代谢过程中产生氧自由基，SOD 消除自由基，重金属胁迫使植物体内保护酶系统失调（吴月燕等，2009）。很多学者研究了 Cd、Pb 等重金属对不同植物体内多种抗氧化酶活性的影响，已有研究报道，重金属会对植物体内 SOD、POD 活性产生影响，一般降低其活性。例如，Cd 胁迫下红麻（李正文等，2013）、玉米（孔祥生等，1999）、小麦（张利红等，2005）体内 SOD、POD 活性大幅下降，MDA 含量上升。重金属复合胁迫对活性氧清除系统的影响一般较单一重金属污染程度更重，重金属离子间表现为协同作用。如有研究表明，Hg、Pb 复合胁迫使烟草叶片中 SOD 活性下降，POD 活性上升，且与单一胁迫相比活性下降和上升的幅度变大，说明两种重金属表现出协同作用（严重玲等，1997a）；Cu、Zn 复合胁迫下，芦竹 POD 活性随重金属处理浓度的增加而下降，SOD 和 CAT 活性却随之表现出先上升后下降的趋势，表明不同抗氧化酶对不同重金属类型和浓度所表现出的敏感度和抗性也不同（朱志国和周守标，2014）。用低剂量

Cd 处理水花生，其 POD 活性下降，而 SOD 和 CAT 活性则升高，但 Cd 剂量高时又下降（周红卫等，2003）。王宏镔等（2002）用 Cd 处理不同小麦品种的结果表明，不同小麦品种间的 SOD、POD 和 CAT 活性差异显著，但同一品种的 3 种酶活性变化有所不同，CAT 活性基本保持稳定，POD 活性明显升高，相反 SOD 活性一直下降；Hg 对油菜这 3 种酶活性的影响是一致的，低剂量下酶活性升高，高剂量下酶活性则下降（檀建新等，1994）。罗立新等（1998）用 Cd 处理小麦，当处理时间延长时，CAT 活性变化不显著，SOD 活性逐渐降低，而 POD 活性升高较快，这与王宏镔等（2002）的研究结果相吻合。黄晓华等（2000）认为，Pb 胁迫下的植物叶片内 CAT 活性在处理的前 3h 是增加的，而 3h 后则一直降低。何翠屏和王慧忠（2003）发现，草坪草在低浓度胁迫下 SOD 活性急剧上升，明显高于对照，但高浓度胁迫下，处理后第 1～2 天 SOD 活性急剧上升，但从第 3 天开始酶活性下降。王慧忠等（2006）用低浓度 Pb 处理匍匐翦股颖（*Agrostis stolonifera*）后发现，其根系细胞内 SOD 活性呈现逐天上升的趋势；高浓度处理时，早期 SOD 急剧上升，在第 4 天达到最高峰，第 5 天时活性显著下降。孙华（2008）发现，在 Cd、Pb 胁迫后，甘野菊 SOD 活性随处理浓度的加大而增加；POD 在低浓度 Cd（1.0mg/L）胁迫下，活性急剧增强，在 Pb 胁迫下，处理与对照的活性无显著差异，表明甘野菊对 Cd、Pb 胁迫在一定的浓度范围内有抵抗能力，但随处理浓度的加大，抗性能力减弱。不同浓度 Cu-Zn-Pb-Cd 复合重金属污染对木荷（*Schima superba* Gardn.）、香樟（*Cinnamomum camphora* Presl.）、青枫（*Acer palmatum* Thunb.）、苦槠（*Castanopsis sclerophylla* Schott.）和舟山新木姜子（*Neolitsea sericea* Koidz.）5 个浙江地区常见的园林常绿阔叶树种的多种酶活性也有重要影响，且其影响与重金属的浓度、酶的种类及植物类型等密切相关。在低浓度胁迫下，5 种树种叶片内过氧化氢酶活性显著（$P<0.05$）高于对照；中浓度胁迫下舟山新木姜子、青枫、香樟和苦槠叶片内过氧化氢酶活性显著（$P<0.05$）或极显著（$P<0.01$）高于对照，木荷则显著低于对照；在高浓度胁迫下舟山新木姜子和青枫叶片内过氧化氢酶活性仍显著（$P<0.05$）高于对照，但其他 3 种树种显著（$P<0.05$）低于对照。在低浓度复合重金属胁迫下，木荷过氧化物酶活性与对照相比差异不显著，其他 3 种树种的过氧化物酶活性都显著（$P<0.05$）高于对照；在中浓度复合重金属胁迫下，舟山新木姜子、青枫、香樟和苦槠叶片内过氧化物酶活性显著（$P<0.05$）高于对照，木荷显著（$P<0.05$）低于对照；在高浓度复合重金属胁迫下，舟山新木姜子叶片内过氧化物酶活性仍显著（$P<0.05$）高于对照，青枫与对照差异不显著，其他 3 种树种显著（$P<0.05$）低于对照。在低浓度复合重金属胁迫下，5 种树种的超氧化物歧化酶活性都显著（$P<0.05$）高于对照；在中浓度复合重金属胁迫下，舟山新木姜子、香樟、青枫和苦槠叶片内超氧化物歧化酶活性显著（$P<0.05$）高于对照，木荷显著（$P<0.05$）低于对照；在高浓度胁迫下舟山新木姜子和青枫叶片内超氧化物歧化酶活性仍显著（$P<0.05$）高于对照，其他 3 种树种显

著（$P<0.05$）或极显著（$P<0.01$）低于对照。综上，Cd、Pb 导致植物体内酶系统功能产生紊乱，使植物不能有效清除活性氧自由基，进而对细胞膜产生毒害作用。Cd、Pb 除对上述 3 种酶产生影响外，还对固氮酶、根系脱氢酶（Teisseire and Guy，2000）的活性有抑制作用。近几年的研究表明，Cd、Pb 对淀粉酶（张国军等，2004）、脱氧核酸酶、硝酸还原酶（邱栋梁等，2006）、多酚氧化酶（罗立新等，1998；邱栋梁等，2006）等也有抑制作用。但这些方面的研究还较少，需要进行更多的研究（孙华，2008）。

3）影响植物的光合系统和呼吸作用

植物光合作用是将水和二氧化碳转化成有机物的过程，光合作用越强，说明植物生长越好。叶绿素是光合作用的主要色素，其含量的高低在一定程度上反映了植物光合作用的强弱，叶绿素含量的降低是衡量叶片衰老的重要指标（Feller and Hageman，1977）。重金属对植物光合作用的影响主要是通过破坏叶绿体膜结构和参与其合成的酶活性来作用的。实验证明，Hg、Cu 均使菹草叶片叶绿体自发荧光强度、叶绿素含量、光合速率降低（谷巍等，2002），Cu 的生物毒性在抑制叶绿素合成、破坏叶绿体结构上也有所表现，过量的 Cu 可引起类囊体结构和功能的破坏，从而使光合 PS I、PS II 的联系阻断，光合作用严重受阻（Burton et al.，1986）；研究显示，Pb、Cd 单一及复合胁迫使银杏光合速率降低（朱宇林等，2006）；Hg、Cd 胁迫使烟草叶绿素含量随重金属浓度的增加而逐渐减少（严重玲等，1997b）；Cu-Zn 复合胁迫对芦竹光合系统有破坏作用，且浓度较低时破坏作用更大，叶绿素含量下降幅度也更大，由于参与光合作用的酶在这两种金属复合胁迫下活性遭到破坏，或者重金属与叶绿体蛋白质的巯基（—SH）结合、替换 Mg^{2+} 等蛋白质中心离子，导致叶绿素含量下降（朱志国和周守标，2014）。重金属单一及复合胁迫对植物叶绿素含量的影响程度有一定差异，如 Pb、Cd 单一及复合胁迫下高粱叶绿素含量均有所下降，且复合胁迫与单一 Cd 胁迫相比，当 Cd 浓度达到 50mg/kg 时，随着加入 Pb 浓度增加，叶绿素含量下降程度也增大，说明 Pb 增大了 Cd 对高粱光合系统的破坏作用（刘大林等，2014）。因此，不同的重金属对植物叶绿素含量和光合作用有着不同的影响，但总体规律均表现为，随着重金属处理含量的升高，叶绿素的总含量降低（孙华，2008）。研究表明，烟草叶绿素含量和光合强度随 Cd 含量的上升而下降，叶绿素 a（Chl a）和叶绿素 b（Chl b）含量、Chl a/Chl b 与处理剂量间均呈负相关，说明叶绿素 a 比叶绿素 b 对 Cd 更敏感（李荣春，1997）；Cd 处理对莼菜冬芽茎和叶的叶绿素含量及 Chl a/Chl b 也产生了类似的影响（陆长梅等，1999）。土壤中复合重金属处理后，木荷（*Schima superba* Gardn.）、香樟（*Cinnamomum camphora* Presl.）、青枫（*Acer palmatum* Thunb.）、苦槠（*Castanopsis sclerophylla* Schott.）和舟山新木姜子（*Neolitsea sericea* Koidz.）5 个浙江地区常见种植的园林常绿阔叶树种不同处理的叶绿素 a 和叶绿素 b 含量都有不同程度的降低，说明重金属胁迫对 5 种树木叶片的叶绿素都有不同程度的破坏，且浓度越高破坏越严重，其中在高浓度处理条件下，木荷下降最显著，舟山新木姜子下降最小（吴月燕等，2009）。对甘野菊进行不同水平 Cd、Pb 处理后，其叶绿素 a、叶绿素 b 和叶绿素总量都随浓度的增加而呈下降趋势。在 Cd 处理下，甘野菊的叶绿素 a、叶绿素 b、叶绿素总量各处理之间及处理与对照都存在显著差异。高浓度 Pb 处理对甘野菊叶绿素 a 和叶绿素总量的影响差异也十分显著，但叶绿素 b 含量无明显差异（孙华，2008）。

许多重金属，特别是 Cd，在不同的植物中可产生缺 Fe 褪绿病（陈立松和刘星辉，2001）。杨丹慧（1991）的研究表明，Cd 对光系统Ⅰ（PSⅠ）和光系统Ⅱ（PSⅡ）均有影响，但对后者的影响更显著。Cd、Pb 胁迫对银杏光合性能有明显的抑制作用（朱宇林等，2006）。因此，重金属对光合作用的抑制是由同时对光合器官结构的毒害和细胞内有关叶绿素合成的酶系统的影响造成的（孙华，2008）。

根据不同研究者研究重金属对植物呼吸作用的影响，可得出重金属达到一定含量时会抑制呼吸作用的结论，如用 0.1mmol/L Cd 处理小麦，小麦根的呼吸作用与对照相比基本没有变化，而 1.0mmol/L Cd 会对小麦根的呼吸产生显著抑制（Llamas et al.，2000）。由于多数研究者研究重金属对呼吸作用的抑制仅限于对线粒体结构的影响，因此认为在重金属的作用下，主要由于线粒体结构被破坏抑制了呼吸作用。但重金属对呼吸作用的抑制不仅仅是由线粒体结构被破坏造成的，还是由重金属对参与呼吸作用的各种酶的抑制作用造成的（孙华，2008）。

4）影响植物体内渗透调节物质含量

一般认为，脯氨酸（Pro）是植物适应逆境重要的渗透调节物质，可作为植物抗性评价的指标之一（Qureshi et al.，2007）。可溶性蛋白大多是参与各种代谢活动的酶类，其含量高低是反映植物总体代谢活动状况的重要指标之一。植物受到胁迫时，由于体内的代谢发生改变，往往导致蛋白质合成受阻，因此，可溶性蛋白含量的变化是反映重金属等逆境下植物代谢变化较为敏感的生理指标之一，其含量也可以作为衡量植物抗逆生理代谢的重要指标。脯氨酸的积累需要碳水化合物，碳水化合物通过氧化磷酸化作用为脯氨酸的合成提供必需的氧化还原能力，它是植物代谢的基础物质（杨刚等，2005）。

植物遭受逆境胁迫时，可合成大量可溶性蛋白、脯氨酸等渗透调节物质，来保证植物水势、维持正常生理活动，体现了植物对逆境的适应性机制（陈茂铨等，2010）。重金属对脯氨酸合成的影响随其胁迫浓度的不同有所差异，如不同浓度 Pb 处理下，黄菖蒲体内脯氨酸含量均随着 Pb 胁迫浓度的增加呈递进升高的变化趋势，反映了黄菖蒲植物自身对重金属 Pb 胁迫有一定的适应及抗性调节能力。在 Pb 胁迫后 7～21d，6mmol/L 以下相对低 Pb 浓度处理黄菖蒲叶片中的脯氨酸含量与对照相比差异并不明显；8mmol/L 以上 Pb 处理下黄菖蒲体内脯氨酸含量显著增加，在 10mmol/L Pb 浓度处理下胁迫 21d，脯氨酸含量与对照相比最高增幅为 55.1%，而在此浓度下，黄菖蒲生长已受到显著抑制。0～6mmol/L Pb 胁迫下，黄菖蒲在胁迫 28d 内脯氨酸含量变化差异不明显；高于 8mmol/L Pb 处理浓度，黄菖蒲体内脯氨酸含量随着 Pb 胁迫时间的延长呈先增后降的趋势，这表明相对高浓度 Pb 胁迫可明显诱导黄菖蒲体内脯氨酸含量的增加，提高植物的相对抗性，而相对高浓度和长时间的 Pb 胁迫可导致植物体内调节物质代谢的失调，并最终影响植物的生长（黄苏珍，2008）。孙华（2008）发现，甘野菊脯氨酸含量随 Cd 处理浓度的增加而显著升高，与对照相比，分别增加了 251μg/g FW 和 301μg/g FW；在 Pb 胁迫下，其脯氨酸含量与 Cd 胁迫有相似的变化趋势，即随 Pb 处理浓度的增大而增加，与对照相比，浓度为 5mg/L 时，其含量上升了 492μg/g FW，浓度为 20mg/L 时，其含量上升了 697.85μg/g FW。糖和可溶性蛋白也是重要的渗透调节物质，重金属胁迫下也会产生一定的变化，低浓度 Cd（1.0mg/L）和 Pb（5.0mg/L）胁迫均导致甘野菊可溶性糖含量的增加，表明甘野菊对 Cd、Pb 胁迫在一定的浓度范围内有抵抗能力，但随处理浓度的加大，抗性能力逐渐减弱（孙华，2008）。吴月燕等（2009）研究发现，土壤进行不同浓度 Cu-Zn-Pb-Cd 复合重金属污染（Cu、Zn、Pb 和 Cd 低浓度胁迫处理时分别为 40mg/kg、1000mg/kg、500mg/kg 和 1mg/kg，中浓度胁迫处理时分别为 120mg/kg、1500mg/kg、1500mg/kg 和 3mg/kg，高浓度胁迫处理时分别为 200mg/kg、2000mg/kg、2000mg/kg 和 5mg/kg）处理后，木荷（*Schima superba* Gardn.）、香樟（*Cinnamomum camphora* Presl.）、青枫（*Acer palmatum* Thunb.）、苦槠（*Castanopsis sclerophylla* Schott.）和舟山新木姜子（*Neolitsea sericea* Koidz.）5 个浙江地区常见种植的园林常绿阔叶树种的可溶性蛋白含量也产生相应变化，与对照相比，各树种不同处理的可溶性蛋白都有不同程度的下降，但差异不显著，表明重金属胁迫对树木的可溶性蛋白破坏不严重；随重金属处理浓度的增加和胁迫时间的延长，除香樟外，其余 4 种植物高浓度组的可溶性蛋白含量比对照组低，可溶性蛋白含量随重金属浓度增大而降低，说明高浓度重金属对蛋白质的合成有破坏作用。Pb、Cd 胁迫对大麦脯氨酸含量具有一定的抑制作用，可能由于在重金属影响下植物体内活性氧增加，细胞膜脂过氧化，植物体通过脯氨酸等渗透调节物质的积累来适应和抵抗不良环境，脯氨酸含量随重金属处理浓度的增加呈先降后升的趋势，表现为低浓度时的抑制作用和高浓度下的积累作用（张义贤和李晓科，2008）。Schat 等（2006）研究认为，重金属胁迫下脯氨酸的积累取决于重金属诱导植物体内水分缺失的状况。有研究结果显示，重金属刺激红麻体内脯氨酸的积累，并随重金属胁迫浓度的加大呈递增的趋势，原因可能是脯氨酸参与清除植物体内活性氧自由基，降低重金属对细胞膜和蛋白质造成的伤害，提高红麻的抗氧化能力，从而起到一定的防护作用（丁海东等，2005）。洪仁远等（1991）报道，低浓度 Cd 胁迫下小麦幼苗脯氨酸含量增幅较小，而高浓度时增幅较大。重金属单一及复合胁迫对植物体内可溶性蛋白的合成也有影响，一般表现为抑制作用，Cd 污染下紫茉莉（沈凤娜等，2008）、玉米（曹莹等，2007）、Pb 污染下柳树（房娟等，2011）、荞麦（刘拥海等，2006）、青稞（夏奎等，2008）体内可溶性蛋白的含量均有不同程度的下降。而徐澜等（2010）研究结果显示，Cr 和 Pb 复合胁迫下小麦幼苗叶片中可溶性蛋白的含量虽然下降，但与 Pb 单一胁迫相比，降低幅度变小，Pb 与 Cr 表现出拮抗作用，说明重金属复合胁迫时对植物产生的毒害程度与重金属之间的交互作用类型相关。

1.1.4　重金属对植物的伤害机制

重金属胁迫对植物的伤害是由重金属本身的特性决定的（孙华，2008）。重金属是过渡元素，都有 d 电子存在，而 d 电子在催化磁性等方面都有特殊的性质与效能。正因为如此，它们对植物都是致毒的根源。有学者认为，重金属对植物体产生毒性的生物学途径可能有两个方面（张义贤，1997）：一是大量的重金属离子进入植物内，干扰了离子间原有的平衡系统，造成正常离子的吸收、运输、渗透和调节等方面的障碍，从而使代谢过程紊乱；二是较多的重金属离子进入植物体后，不仅与核酸、蛋白质和酶等大分子物质结合，而且还可取代某些酶和蛋白质行使其功能时所必需的特定元素，使其变性或活性降低。还有学者认为，重金属胁迫与其他形式的氧化胁迫相似，能抑制植物体内一些保护酶的活性（赵海泉和洪法水，1998），导致大量的活性氧自由基产生（罗立新等，1998），而自由基能损伤主要的生物大分子（如蛋白质和核酸）引起膜质过氧化，是植物重金属伤害的主要机制之一（Luna et al., 1994）。总之，有关植物的重金属伤害机制观点还不一致，需要进一步研究（孙华，2008）。

植物的重金属毒害是多方面的，因此抗性机制十分复杂（孙华，2008）。Macnair（1981）提出植物的抗重金属机制可能是由多基因控制的，所以说植物的重金属毒害及其抗性是多种生理过程的综合反映，其中何为关键因子至今还不明白。由于这个问题没有研究清楚，从而直接地影响植物抗重金属基因的分离与克隆，影响转基因植物的培育和抗性品种的建成。因此加强对植物重金属伤害和抗性生理的研究，进一步探讨控制重金属伤害和抗性的关键因子，应该是今后研究的重点（周希琴和莫灿坤，2003）。

1.2　根系有机酸分泌——土壤逆境的适应机制

由于土壤特性及所处的生态条件等，遭受土壤逆境胁迫的植物通常能通过调节自身的生命活动来适应环境胁迫（Seiler and Johnson，1985；Dinkelaker et al.，1989；Ohwaki and Sugauara，1997；Gaume et al.，2001）。在土壤逆境胁迫条件下，植物根系是最先感受胁迫的器官，是对外界环境最敏感的感应部位，因此根系感受逆境信号后会迅速做出相应反应，并通过根系生理上的一系列改变来适应胁迫环境，如改变根系的形态和分布、调整代谢的途径和方向、改变碳同化产物的分配比例和方向、在基因表达上进行时间和空间的调整等（Schiefelbein and Benfey，1991；Wallander et al.，1997；Wallander，2000；Barceló and Poschenrieder，2002；Sørensen et al.，2003；Hajiboland et al.，2005）。某些逆境因子胁迫可诱导植物根系分泌物大量增加，特别是大量分泌有机酸，这是一种较为普遍的主动适应性反应（Schöttelndreier et al.，2001；Tolrá et al.，2005；Zeng et al.，2008）。

重金属污染目前已经成为一个普遍存在的问题，Cd、Pb、Ag 等重金属胁迫能破坏植物细胞的结构和功能，从而抑制了植物多种酶的活性，最终明显影响植物的正常生长和发育。根际是植物根与土壤接触的界面，进入根际微区的重金属的有效性会直接受到植物活动的影响，其中根系分泌作用对铅、镉有效性的影响日益受到学术界的重视。近年的一些研究表明，重金属等某些逆境因子胁迫可诱导植物根系分泌物大量增加，特别是大量分泌有机酸，这是一种较为普遍的主动适应性反应（Tolrá et al.，2005；Zeng et al.，2008），如植物受 Pb、Cd 等胁迫时，根系能增加分泌一些有机酸（如草酸、柠檬酸、酒石酸和琥珀酸）来螯合、活化污染土壤中的重金属或形成配位化合物，并促进植物对重金属的吸收（孙瑞莲和周启星，2006），从而降低土壤中重金属离子的含量和活度（Cieśliński et al.，1998）、提高植物抵御重金属胁迫的能力。一般认为，植物对重金属的抗性与该金属诱导根系分泌的有机酸有极显著的相关性（Ryan et al.，1995），如研究发现，Cd^{2+} 刺激大豆根系有机酸、氨基酸等分泌，这些有机物分泌的增加又促进了根系对 Cd^{2+} 的络合作用，提高了大豆主动抵御 Cd^{2+} 毒害的能力（Qiang et al.，2003）。

在重金属胁迫下，植物根系有机酸分泌种类和数量的变化具有胁迫因子与植物类型等因素间高度的特异性（Ashraf and Iram，2005）。在不同因子或不同浓度重金属胁迫下，植物根系有机酸的分泌量和种类都不同，如 Cu、Cd、Ni 和 Pb 均诱导多年生草本植物 *Agrogyron elongatum* 根系分泌草酸、苹果酸和柠檬酸等有机酸，其中 Cu 的诱导能力最强（Yang et al.，2001）；Cd 胁迫下，红树科植物秋茄树[*Kandelia candel*（L.）Druce]根系分泌多种有机酸，包括甲酸、乙酸、乳酸、丁酸、丙酸、顺丁烯二酸、延胡索酸、柠檬酸、酒石酸等，其中柠檬酸、乳酸、乙酸占有机酸分泌总量的 76.85%～97.87%（Lu et al.，2007）；挪威云杉和白桦根系也分泌多种有机酸，不同培养条件下有机酸的种类不同，但均以一元羧酸为主（Sandnes et al.，2005）；与对照相比，Pb^{2+}、Cd^{2+} 胁迫显著影响茶树根系有机酸的分泌，不同胁迫因素下有机酸分泌量不同：Pb^{2+}、Cd^{2+} 胁迫均显著增加琥珀酸和苹果酸的分泌量，$Pb^{2+}<100mg/kg$、$Cd^{2+}<8mg/kg$ 时，琥珀酸和苹果酸分泌量随 Pb^{2+}、Cd^{2+} 浓度的增大而增加，低浓度 Pb^{2+}（20mg/kg）和 Cd^{2+}（0.5mg/kg），以及高浓度 Pb^{2+}（100mg/kg）和 Cd^{2+}（8mg/kg）使草酸分泌量增加，Pb^{2+} 和 Cd^{2+} 浓度也影响有机酸的分泌总量，Pb^{2+} 和 Cd^{2+} 处理后有机酸总量的变化趋势分别为先增后降再增后微降及先增后降再增，Pb^{2+} 浓度为 20mg/kg 和 60mg/kg、Cd^{2+} 浓度为 0.5mg/kg 和 8mg/kg 的处理有机酸分泌量显著高于对照和其他处理（林海涛和史

衍玺，2005）。

　　植物类型亦影响根系有机酸的分泌，有机酸的分泌种类和含量与植物对重金属毒害的抗性、重金属浓度等密切相关，在高 Pb、Cd 积累品种根际土中低分子质量有机酸的总量明显高于低积累品种。如 Cieśliński 等（1998）发现，硬质小麦根际土壤中有许多水溶性低分子质量有机酸，特别是乙酸和琥珀酸，而在非根际土壤中未检测到，高 Cd 积累品种（Kyle）的根际土壤中低分子质量有机酸显著高于低 Cd 积累品种（Arcola），且植物组织中总 Pb、Cd 积累量与根际土中低分子质量有机酸含量成正比，这表明植物的根系分泌物与植物体内 Pb、Cd 的积累可能存在着某种内在联系。另外，土壤条件与植物根系分泌的有机酸也有一定的关联性，如卢豪良和严重玲（2007）研究了生长于福建漳江口红树林湿地砂质与泥质滩涂上的红树科植物秋茄树[*Kandelia candel*（L.）Druce]幼苗根系分泌物中的低分子质量有机酸，秋茄树根系分泌的低分子质量有机酸为甲酸、丁酸、苹果酸、柠檬酸、乳酸，不同土壤结构对秋茄树根系分泌的苹果酸、柠檬酸、乳酸有显著影响（$P<0.05$）。

1.3　胁迫诱增性有机酸——植物对逆境的适应性反应

　　在区域性 Pb、Cd 等重金属胁迫环境植被的恢复工作及重金属污染土壤的修复中，植物的存活与生长状况至关重要，而对于植物的生长状况有机酸发挥了积极作用。目前，有一些学者研究了有机酸处理对 Pb、Cd 等重金属胁迫条件下植物生理生化特性、生长发育及植物对 Pb、Cd 等重金属污染土壤抗性的影响及机制。

1.3.1　有机酸影响土壤中重金属的活性和植物对重金属的积累

　　有机酸是土壤中普遍存在的一类有机化合物，土壤中的动物植物残体、高等植物根系分泌、微生物的生命活动都是产生土壤有机酸的来源。作为一种天然螯合剂，有机酸在一定条件下能够影响土壤肥力，改变重金属的化学行为与生态行为、重金属在土壤中的存在形态及其迁移性行为（李瑛等，2004），在控制土壤中重金属溶解性、植物有效性和生物毒性方面发挥着重要作用，其能与多种重金属元素作用，通过络合、吸附-解吸等机制显著影响重金属在土壤-植物系统中的迁移、对植物的有效性和对环境的毒性（Nigam et al.，2001；高彦征等，2003），即作为重金属元素的配基，对重金属离子的吸附、螯合、络合、沉淀等作用，从而导致重金属生物毒性的变化（李瑛等，2004）。目前关于有机酸对土壤重金属有效性及其形态的影响报道很多，但由于有机酸的存在及不同植物吸收重金属过程或途径的复杂性和多样性，不同种类和浓度的有机酸对不同植物吸收、积累和转运重金属离子都可能存在较大差异（原海燕等，2007），所以关于有机酸对重金属活性影响所得出的结论不完全一致，可能是影响机制较为复杂，且因供试植物类型、重金属和有机酸的种类与浓度、处理时间不同而产生差异。如有研究发现，向土壤中添加乙二胺四乙酸（EDTA）可以活化小麦中镉的生物有效性，但抑制小麦对镉的吸收，柠檬酸、苹果酸却促进小麦对镉的吸收，可能因为某些有机酸与镉形成的螯合物使重金属在土壤中的可溶性变大（Jones and Darrah，1994），而另外一些高稳定金属复合物在溶液中抑制植物对金属复合物的吸收（Blamey et al.，1992；刘继芳等，1993；Yoshimura et al.，2000）。龙新宪等（2002）发现，加入柠檬酸和草酸后，非超积累 Zn 型东南景天根、茎、叶中的 Zn 含量显著增加，说明其促进了植物对重金属的吸收；而林琦等（2000）通过实验证明，外源草酸降低了土壤中有效 Cd 的含量，这与形成的有机酸-金属复合物易于沉淀有关，相反，梁彦秋等（2006）的研究结果显示，加入柠檬酸后，提高了有效 Cd 含量。显然，有机酸对重金属有效性的影响具有双重性。也就是说，有机酸对土壤中重金属活性的影响表现出多面性，可能增加其有效性或毒性，并强化植物对重金属离子的吸收和积累，也可能降低其有效性或毒性，抑制根系对重金属的吸收及向地上部分的迁移，有时则没有明显影响。

　　一方面，有机酸通过多种途径活化根际的重金属，使之成为植物可吸收的形态，并强化植物各部位对重金属的吸收和积累（黄苏珍等，2008），从而降低土壤中重金属含量和活度，以达到减轻土壤污染、解毒植物体内重金属的目的，这表现为植物对重金属的积累性，是植物耐性机制的体现，同时还提高植物修复重金属污染土壤的效率、缩短修复周期（Fischer and Bipp，2002）。有机酸对重金属的活化途径包括酸化、溶解、螯合、氧化还原反应及抑制土壤矿物对重金属的吸附等。目前，外源有机酸与土壤中重金属相互作用，促进植物对重金属的富集，进而减轻土壤重金属危害的研究越来越多。Zn、Cu、Cd 等元素的无机化合物溶解度通常很低，但其离子能与有机酸形成螯合物或络合物，一经络合或螯合就改变其在土壤中的活性和对植物的有效性，如柠檬酸螯合的 Zn 在某些条件下迁移率比无机态 Zn 增加上百倍。有机酸还抑制土壤矿物对重金属的吸附而促进其解吸，如柠檬酸能降低土壤对 Cd 和 Pb 的吸附，且对 Cd 的活化能力明显强于 Pb（Chen et al.，2003）。有机酸活化土壤的重金属后，还促进植物对 Cd 等重金属的吸收积累，如向营养液中外加柠檬酸、草酸显著增加非超积累 Zn 生态型东南景天叶片、茎、根系中的 Zn 含量（龙新宪等，2002），外源 EDTA 明显提高豌豆、玉米对 Pb 的积累（Huang et al.，1997）；EDTA 和柠檬酸的添加促进马蔺，特别是其地下部对 Cd 的积累，其中柠檬酸作用效果较明显（原海燕等，2007）；与 Cd 25mg/kg 处理相比，Cd 25mg/kg+苹果酸、Cd 25mg/kg+柠檬酸处理显著增加苋菜根系和地上部的镉含量（范洪黎等，2008）；Drazic 和 Mihailovic（2005）也认为，水杨酸（SA）通过调节 K^+、Mg^{2+} 等无机离子在植株中的分配而促进 Cd 从根系向上部的运输；卢豪良和严重玲（2007）研究了生长于福建漳江口红树林湿地砂质与泥质滩涂上的红树科植物秋茄树[*Kandelia candel* (L.) Druce]幼苗根系分泌物中的低分子质量有机酸，并在室内用根系分泌的低分子质量有机酸提取沉积物中可溶态与碳酸盐结合态重金属，探讨红树根系分泌的低分子质量有机酸对红树林沉积物重金属生物有效性的影响，研究表明，低分子质量有机酸对红树林沉积物重金属的生物有效性有促进作用，各有机酸对可溶态与碳酸盐结合态重金属的提取率表现为柠檬酸＞苹果酸＞乳酸＞乙酸。因此，有机酸解吸重金属、促进植物对重金属的吸收效率与重金属种类和浓度、植物种类、土壤性质等密切相关，在不同的污染条件下，不同植物根系分泌的有机酸种类和含量都不同，不同浓度和种类的有机酸对重金属活性的影响也不同。

另一方面，有机酸促进土壤对重金属元素的吸附，或与根际中某些游离的重金属离子螯合形成稳定的金属螯合物复合体，从而降低土壤中重金属的移动性和生物有效性（Qin et al.，2004），以达到体外解毒的目的，这是植物对重金属产生避性的机制。由于植物对重金属离子的吸收与其在溶液中的活度有关，根系分泌有机酸的增加在一定程度上可减少植物对重金属的吸收和积累，直接降低某些重金属元素对植物的毒害作用（郭立泉等，2005），如柠檬酸减轻 Pb 对小麦、水稻幼苗的毒害，影响 Pb 从根部向地上部转移，并降低水稻对 Cd 的吸收（林琦等，2001）；培养液中加入柠檬酸还抑制萝卜和水稻对 Pb 的吸收（陈英旭等，2000）。

还有研究证明，有机酸对植物吸收重金属元素的影响较复杂，重金属的不同种类、有机酸的不同浓度、植物不同部位等反应均不同。如外源酒石酸、柠檬酸、草酸促进油菜对 Pb 的吸收，抑制油菜对 Cd 的吸收，第 2 茬油菜体内的 Cd 和 Pb 含量比第 1 茬多，且高浓度有机酸能使土壤中重金属淋失（杨金凤，2005）；EDTA 和柠檬酸能与 Cd 形成配位化合物，提高 Cd 的生物有效性和马蔺根系对 Cd 的吸收，但不同程度地限制了 Cd 向地上部的运输（原海燕等，2007）。关于有机酸促进植物吸收 Cd 等重金属的机制，范洪黎等（2008）采用盆栽试验及土壤培养等试验证实，苹果酸、柠檬酸显著降低土壤专性吸附态 Cd 含量，但显著增加交换态 Cd、碳酸盐结合态 Cd 和有机结合态 Cd 含量，因此添加苹果酸、柠檬酸主要通过影响土壤镉形态转化而促进苋菜等植物对镉的积累。

综上，有机酸对土壤中重金属活性及植物吸收重金属的影响受多种因素制约，有机酸吸附或解吸重金属的作用与重金属种类和浓度、土壤性质等密切相关，有机酸与植物吸收积累重金属的作用差异性及作用效率不仅与植物种类和部位、有机酸种类和浓度、重金属种类和含量等有关，可能还与植物对重金属的吸收机制等不同有关。但无论如何，有机酸与重金属的复合物在控制重金属溶解性、生物毒性和食物链污染等方面起重要作用，并最终参与土壤中重金属的解毒机制（detoxification mechanism），在重金属污染土壤的净化或植物修复中发挥重要作用（Sun et al.，2005）。

1.3.2 有机酸影响植物的生理生化特性和生长发育

土壤环境胁迫下，有机酸显著影响植物的多种生理生化特性及生长状况，进而影响养分、重金属等对植物的毒害作用。大量研究认为，有机酸可以影响植物的生理生化特性，影响效果因有机酸种类和浓度、植物种类等因素而异。一般认为，有机酸通过影响多种抗氧化酶活性、渗透调节物质含量、保护细胞膜系统等途径减缓环境对植物的毒害，且其减缓程度因有机酸种类、浓度、污染程度和植物种类等而异。水杨酸（SA）作为植物体内重要的信号分子，在植物抵御环境胁迫过程中起调控作用，作用机制在于 SA 能调控植物抗氧化系统，其与 CAT 结合，降低其活性，从而使 H_2O_2 不能及时清除、不断累积，而后者又作为信号分子来启动植物的防御系统（如程序性死亡）来应对生物胁迫（郭彬，2006）。SA 能将效率较高的清除 H_2O_2 的过氧化氢酶系统机制转变为相对较低的过氧化物酶系统机制（降幅大约 1000 倍）（Durner and Klessig，1996），SA 还有可能通过阻断线粒体中向质体醌中的电子传递链，从而导致 H_2O_2 含量增加（Norman et al.，2004）。有研究表明，Cd 胁迫下，SA 处理显著降低了水稻根部的 H_2O_2 含量，表明 SA 缓解了 Cd 对水稻根部的氧化胁迫伤害和对根部生长的抑制作用，提高了水稻对 Cd 的耐性，这可能与其提高水稻根部非蛋白巯基（non protein thiol，NPT）量有关，NPT 合成的增加可将细胞质中游离的 Cd 固定，降低其活度，从而减轻 Cd 毒害（郭彬，2006），大麦和大豆的相关研究也有类似的报道（Metwally et al.，2003）。目前，关于有机酸对植物生理生化特性的影响，主要集中于以下几方面。

1.3.2.1 影响多种抗氧化酶的活性

植物体遭受逆境胁迫时，活性氧代谢紊乱，含量升高，对植物产生破坏，导致膜质过氧化产物丙二醛（MDA）含量也会上升，使膜透性增大，影响了细胞膜系统的完整性。植物体抗氧化酶是活性氧自由基的清除系统，有机酸可以通过影响抗氧化酶活性，来调节活性氧代谢和 MDA 的含量。有研究表明，有机酸可以促进某些抗氧化酶活性的升高，也可以抑制某些酶的活性。研究发现，适当浓度的有机酸促进植物体内多种酶的活性，包括硝酸还原酶（NR）、亚硝酸还原酶（NIR）、蔗糖转化酶（INV）、谷氨酸合成酶（GOGAT）、苯丙氨酸解氨酶（PAL）、过氧化氢酶（CAT）、过氧化物酶（POD）、甘氨酸氧化酶、多酚氧化酶（PPO）、超氧化物歧化酶（SOD）、抗坏血酸过氧化物酶（APX）等。如加入外源草酸、柠檬酸、EDTA 后，Cd 胁迫下的 II 优 527 和秀水 63 水稻体内 SOD 活性增加，与上述相同处理下，两种水稻品种体内 POD、CAT 活性则降低（李仰锐，2006）。50mg/L 水杨酸（SA）浸种处理明显促进水稻根系生长，幼苗经 50mg/L SA 诱导处理 24h 后，体内 NR 活性显著增强（高夕全等，2000）；芸苔圆片离体条件下添加苹果酸、柠檬酸和琥珀酸，乙醇酸氧化酶活性增高，添加丙酮酸、柠檬酸、苹果酸和琥珀酸时，甘氨酸氧化酶活性也增大（周泽文和李明启，1994）；α-酮戊二酸和柠檬酸对蔬菜 NR 和 NIR 活性有较大的促进作用，同时有利于其生物量的提高，但这些有益作用只有在适当浓度下才能实现，浓度过高反而有抑制作用甚至有害（邢雪荣等，1995）；用苹果酸、柠檬酸、酒石酸、乳酸分别在烟草生长的团棵期和旺长期进行灌根，可明显提高烟叶 INV 和 GOGAT 活性（除柠檬酸处理外）（武雪萍等，2003）。另外，有机酸亦可能抑制某些酶的活性，如苹果酸、柠檬酸等有机酸显著抑制马铃薯 PPO 活性，且程度随酸浓度的增加而增加（刘曼西和于秀芝，1991），这种抑制作用一般与果蔬保鲜有关。

有机酸还对环境胁迫条件下植物体内多种酶的活性产生影响，并直接影响环境对植物的伤害程度。很多研究表明，有机酸可提高胁迫或非胁迫条件下植物体内多种抗氧化酶的活性，如水杨酸浸种预处理使水分胁迫下的玉米幼苗叶片 SOD、POD、APX 活性极显著升高（束良佐和李爽，2002）；经过 3d 水杨酸处理的玉米幼苗 CAT 活性增加，经 SA 处理过的玉米幼苗再进行 5d 渗透胁迫后，幼苗叶绿素含量、NR 活性、CAT 活性均提高（杨剑平等，2003）。EDTA、柠檬酸、SA 等有机酸提高了植株体内 SOD、POD 等活性，在一定程度上缓解了环境对植物的毒害（原海燕等，2007）；SA 处理显著提高龙葵 APX 活性，3d 和 6d 后 APX 活性分别较未添加 SA 的镉处理增加 23.74% 和 22.48%（$P<0.05$）（郭智，2009）；在镉污染土壤中加入草酸、柠檬酸、EDTA 后，2 个基因型水稻品种（Ⅱ优 527 和秀水 63）体内 SOD 活性增加（李仰锐，2006）。还有研究认为，有机酸也可能降低某些抗氧化酶的活性，如在镉污染土壤中加入草酸、柠檬酸、EDTA 后，2 个基因型水稻品种（Ⅱ优 527 和秀水 63）体内 POD、CAT 活性降低（李仰锐，2006）；SA 预处理显著降低水稻根部 CAT 活性，在 6d 的 Cd 胁迫下 CAT 活性恢复到对照水平（郭彬，2006）。因此，不同种类和浓度有机酸处理后，同一植物体内不同酶的活性变化趋势不同，同一植物对不同重金属的抗性不同，有机酸对缓解和修复重金属污染土壤的效果也不同，如不同 Cd 浓度下，EDTA 对不同基因型水稻体内 POD 活性的影响显著高于有机酸，而对 CAT 的影响则显著低于有机酸；酒石酸、柠檬酸和草酸等有机酸均缓解 Cd 对油菜的胁迫，这与有机酸对 Cd 的解吸/解析呈降低-升高-降低的峰形曲线变化有关，具体来讲，0～0.5mmol/kg 酒石酸、柠檬酸和草酸均增加土壤固相对 Cd 的吸附，抑制 Cd 进入油菜体内，减轻 Cd 对植物的毒害，使油菜生物量和叶绿素含量升高，叶片细胞膜透性和 MDA 含量下降，SOD、POD、CAT 活性增强，随酒石酸浓度增加（0.5～1.0mmol/kg），土壤固相对 Cd 的吸附持续增强，Cd 毒性持续下降，而柠檬酸和草酸的浓度增加（0.5～1.0mmol/kg）却促进 Cd 形成易溶于水的有机配合物结合态，提高了 Cd 在土壤溶液中可溶部分的含量，增加了 Cd 向植物根系的扩散，使油菜生物量和叶绿素含量降低，细胞膜透性和 MDA 含量上升，SOD、POD、CAT 活性减弱，即三种有机酸对

Cd 的缓解程度为酒石酸＞柠檬酸＞草酸，且与其浓度有关（杨艳，2007）。

1.3.2.2 影响植物体内渗透调节物质含量

有机酸影响植物体内多种渗透调节物质的含量，包括脯氨酸和可溶性蛋白等，且因植物品种、有机酸浓度和种类而异，渗透调节物质在植物体内的积累状况反映了环境胁迫条件下植物的适应程度及其差异性。如 5mmol/L 相对高浓度草酸的加入诱导了马蔺叶片内脯氨酸的合成，使脯氨酸含量大幅度上升（原海燕等，2007）；水杨酸（SA）可以提高 Pb 胁迫下黄瓜幼苗叶片的可溶性蛋白含量（刘素纯等，2006），能够诱导过氧化酶及蛋白激酶的合成，还能诱导葡萄幼苗叶片可溶性蛋白含量的升高（Chasan，1995；Cai and Zheng，1997；Wang et al.，2003）；Cd 污染后的 II 优 527 和秀水 63 水稻，经柠檬酸、草酸和 EDTA 处理后，可溶性蛋白和脯氨酸含量均有提高（李仰锐，2006）。茉莉酸甲酯处理的花生幼苗根、茎和叶中，还原糖、可溶性糖和淀粉含量均有所降低，根、茎和叶中的纤维素和木质素含量比对照有明显的增加，而且茎部增加最多，且主茎生长受抑、变得矮而粗，因此茉莉酸甲酯对植物的矮化及植物体内机械组织的发达有重要的促进作用，有利于植物抗倒伏，这在农业生产中将起重要作用（江月玲和潘瑞，1995）。枣树叶面喷洒不同浓度水杨酸可提高其可溶性糖和可溶性蛋白含量、叶片含水量及 POD 活性，以 1mmol/L 效果最显著（冯晓东等，2003）。向华等（2003）以水稻感白叶枯病组合威优 402 和抗白叶枯病组合威优 64 为材料，用 0.005～0.200mmol/L 水杨酸处理种子后，观察种子发芽情况、发芽种子中的过氧化物酶和淀粉酶活性、可溶性糖含量的变化，结果表明，威优 64 和威优 402 种子经较高浓度（0.1～0.2mmol/L）水杨酸处理后，萌发均受到抑制，发芽种子中过氧化物酶活性降低，淀粉酶活性升高，在威优 64 发芽种子中可溶性糖含量减少，而威优 402 发芽种子中其含量变化不明显；较低浓度（0.005～0.050mmol/L）水杨酸处理，能促进种子的萌发，发芽种子中淀粉酶活性下降，威优 64 发芽种子中过氧化物酶活性升高，可溶性糖含量增加，而威优 402 发芽种子中过氧化物酶活性下降，可溶性糖含量变化不明显。小麦开花后外施水杨酸可提高叶片 SOD 活性，抑制脂质过氧化产物丙二醛含量上升，减缓叶片脂质过氧化作用，延缓叶片衰老（张玉琼等，1999）。棉花种子经 0.005～1.00mmol/L 水杨酸浸种后，种子的发芽率、幼苗的生长、植株体内的含水量、可溶性糖含量、根系活力等都有明显的提高（牟筱玲和胡晓丽，2003）。

加入柠檬酸、草酸和 EDTA 后，水稻体内游离脯氨酸含量高于未加有机酸的 Cd 处理，相同处理下，常规品种 II 优 527 体内游离脯氨酸含量高于高积累型品种秀水 63，这说明，在 Cd 污染处理中，有机酸、EDTA 对 2 个水稻品种的作用效果为 EDTA＞有机酸+1/2EDTA＞有机酸；柠檬酸、草酸和 EDTA 还提高了高镉浓度（5.0mg/kg 土）下土壤上 2 个水稻品种（II 优 527、秀水 63）及低镉浓度（1.0mg/kg 土）下秀水 63 水稻体内可溶性蛋白的含量，但降低了低镉浓度（1.0mg/kg 土）下常规品种 II 优 527 可溶性蛋白的含量（李仰锐，2006）。

1.3.2.3　影响植物叶片的叶绿素含量及光合作用效率

适当种类和浓度的有机酸可以有效促进植物体内叶绿素的合成，对植株的光合速率特性产生种种影响，维持光合系统的正常活动，使光合作用效率得以增强，进而促进植物的代谢水平，促进植物生长，提高植物品质和产量。例如，外源 SA 显著提高龙葵叶绿素 a 和叶绿素 b 含量，也可以使盐渍下的玉米幼苗叶片叶绿素含量提高，光合作用能力增强（时丽冉，2000）。甘蓝幼苗经 0.01mg/L 水杨酸处理后，叶片的总叶绿素、叶绿素 a、叶绿素 b 含量分别增长 61.9%、75.7%和 30.1%（吴能表等，2003），适量的苹果酸、柠檬酸、酒石酸、乳酸提高了烟草的叶绿素含量，叶绿素 a、叶绿素 b、类胡萝卜素含量均明显提高，且差异明显（罗毅等，2006）；SA 可提高黄瓜幼苗叶片中的叶绿素含量，增大光合强度，使单位面积干物质含量增加，并以 250mg/L 的处理效果最佳，此时光合强度达最大值，津 4-3-1（黄瓜样品）和瓦房店（黄瓜样品）分别比对照提高 66.64%和 100.16%，平均增幅分别为 44.22%和 58.34%（孙艳等，2000）。

土壤中施加有机酸还有效缓解环境胁迫对植物叶绿体的伤害，有效阻止叶绿素含量的下降趋势，如柠檬酸、草酸等有机酸阻止了水稻叶绿体的破坏，使常规品种 II 优 527 及高镉污染下的秀水 63 叶绿素 a 含量升高，还提高了高镉污染下常规品种 II 优 527 的叶绿素 b 含量（李仰锐，2006）；同样，外源 SA 显著提高龙葵叶绿素 a 和叶绿素 b 含量，SA 施加 3d 和 6d 后，叶绿素 a 含量较未施加 SA 的镉处理分别提高 23.12%和 44.83%（$P<0.05$），叶绿素 b 含量分别提高 29.07%和 38.70%（$P<0.05$）。有机酸处理还影响植物体 Chl a/Chl b，如不同浓度有机酸处理 Pb^{2+} 胁迫的小麦幼苗后，Chl a/Chl b 变化不同（陈忠林和张利红，2005）：低浓度草酸处理后，Chl a/Chl b 升高，但随浓度增加比值开始降低，用乙酸和柠檬酸处理后比值降低，即有机酸处理后 Chl a/Chl b 变化不是单纯的升高或降低。同样，在镉污染土壤中加入草酸、柠檬酸、EDTA 后，常规水稻品种 II 优 527 和高镉污染下的秀水 63 叶绿素 a 含量增加，并最终提高其抗性（李仰锐，2006）。外源喷施一定浓度的水杨酸能够缓解盐渍条件下玉米幼苗盐害，叶片叶绿素含量提高，光合作用能力增强（时丽冉，2000）；0.1mmol/L 水杨酸处理高温胁迫下的葡萄幼苗叶片，能提高其调运同化物的能力，其本身的光合能力也可提高，特别是在高温胁迫后期比较明显（王利军等，2003）。SA 等有机酸还有效阻止重金属条件下植物叶片光合速率的下降速度，使植物维持相对较高的净光合速率，这可能与叶绿素含量增加及 SA 诱导下膜系统稳定性的保护有关，也可能与叶片气孔导度增加有关。

1.3.2.4　影响植物体内养分的吸收和运输

除影响植物体内的多种生理生化过程和特性、具有多种生理调节功能外，有机酸还影响植物根部对某些养分离子的吸收和运输（Nardi et al.，2002）。一定浓度的柠檬酸能提高植物根际土壤的酸化能力，促进植物对枸溶性磷的活化吸收能力，所以柠檬酸与枸溶性磷肥（沉淀磷肥，即 CaHPO$_4$）配合施用时增产效应显著（王庆仁等，1999）；低浓度阿魏酸、4-对叔丁基苯甲酸能促进小麦幼苗对硝态氮和铵态氮的吸收，而浓度升高时则转为抑制作用（袁光林等，1998）；外源硬脂酸和亚油酸降低大麦幼苗对 Na$^+$ 的吸收及其向地上部的运输，增加 K$^+$ 的吸收和向地上部的运输，降低根系的电解质渗漏率（龚红梅等，1999）。

1.3.2.5 影响环境对植物的毒害及植物生长与生物量的积累

有机酸是自然界普遍存在的一类活性有机物质，前人研究表明，合适浓度的有机酸对无胁迫条件下植物的生长发育有明显促进作用。目前有大量 SA 等有机酸促进植物种子萌芽，促进马铃薯、油菜（Brassica napus L.）、黄瓜、甘蓝、水曲柳、烟草等地上部分生物量和根系生长发育，提高株高、叶长、叶宽、叶面积的相关报道（李柯莹和李家儒，2004；罗毅等，2006）。不同有机酸种类对不同植物的作用效果不同，有机酸的最佳作用浓度也不一样。在 Pb、Cd 胁迫条件下，有机酸如何影响重金属对植物的毒害作用、有机酸如何影响植物的生长发育和生物量积累，不同研究者针对不同的植物和不同种类的有机酸得到了不同的结果，大致分为三类。

第一，有机酸缓解重金属对植物的毒害，减缓其生物量的降低幅度。有研究发现，SA 等有机酸能缓解 Pb、Cd 等对大麦（Metwally et al.，2003）、大豆（Drazic and Mihailovic，2005）等作物的毒害作用，苗期时 0.5mmol/L SA 浸种也能缓解 Cd 对水稻生长的抑制作用，提高地上部和根系的干重，但并没有降低水稻对 Cd 的吸收量和 Cd 在细胞可溶性组分的含量，说明 SA 减轻 Cd 对水稻毒害作用的原因，不是阻止 Cd 进入水稻体内，而是增加水稻对 Cd 耐性（郭彬，2006）。王松华等（2005）也报道，SA 浸种能缓解 Cd 对小麦的毒害，这可能是因为 SA 提高了小麦体内抗氧化系统的活性，及时清除了胁迫诱导产生的活性氧，减轻了氧化胁迫程度，增强了植株抗氧化的能力。还有研究发现，10μmol/L SA 预处理显著提高 Cd 胁迫下水稻对 P 的吸收，提高水稻根部 S 浓度（郭彬，2006），而 S 是植物螯合肽（PCs）中的关键元素，其通过—SH 螯合细胞质中的游离态 Cd，从而降低 Cd 对细胞质中功能蛋白的结合概率，达到减轻 Cd 毒害的目的（荆红梅等，2001），因此，SA 等有机酸处理能缓解重金属对植物生长的胁迫作用，这可能与有机酸促进其他元素的吸收、提高 S 等元素的代谢有关（Metwally et al.，2003），同样，Metwally 等（2003）也发现，0.5mmol/L SA 浸种促进 Cd 胁迫下苗期大麦对 S 的吸收，明显缓解了 Cd 对大麦生长的抑制和毒害。

第二，有机酸对重金属胁迫下的植物生物量影响不显著。如研究发现，与 Cd 25mg/kg 处理比较，Cd 25mg/kg+苹果酸、Cd 25mg/kg+柠檬酸处理对苋菜生物量未产生影响（范洪黎等，2008）；同样，Cd 胁迫下，1.0mmol/L SA 浸种对缓解 Cd 对苗期水稻地上部及根部生长的抑制作用效果不明显，0.5mmol/L 及 1.0mmol/L SA 浸种对 Cd 胁迫下分蘖期水稻地上部及根部生物量也无明显影响，但 0.5mmol/L SA 浸种缓解了苗期水稻地上部及根部生长的抑制作用，且在地上部表现为显著差异（$P<0.05$），因此，有机酸对重金属污染下植物生物量的作用效果与有机酸浓度和植物生育期等关系密切。

第三，有机酸抑制重金属胁迫下植物的生长，减轻其生物量。如有机酸增加马蔺对 Cd 的积累，不同程度地抑制其正常生长，EDTA 和柠檬酸使马蔺地上部生物量均有下降，其下降程度因有机酸种类和添加浓度不同略有差异，与对照相比差异均不显著；EDTA 和柠檬酸对根系生物量的影响明显大于地上部，除添加 0.5mmol/L 低浓度 EDTA 使马蔺根系生物量与对照相比下降不明显外，其余浓度有机酸处理下根系生物量均显著下降，且高浓度大于低浓度有机酸处理下根系生物量的下降程度，特别是 5mmol/L 高浓度 EDTA、柠檬酸使根系生物量明显下降，分别比对照下降 17.2%和 25.7%（原海燕等，2007），原因可能是 Cd 与有机酸形成的配合物进入马蔺体内后稳定性较差，容易重新分解为游离的金属离子和有机酸，而游离的重金属离子和过高浓度的有机酸都会对植物产生毒害（Cooper et al.，1999）。

SA 等有机酸还显著影响植物的种子萌发、根系和幼苗生长及产量，其中对地下部分的作用大于地上部分，也表现为低浓度促进、高浓度抑制（Fagbenro and Agboola，1993），即要发挥有机酸对植物生长的促进作用，必须有合适的浓度，此影响存在"低促高抑"效应。如 25μmol/L Cd 与 0.5mmol/L SA 均促进水稻种子萌发，而 50μmol/L Cd 与 1.0mmol/L SA 处理则显著抑制种子萌发（郭彬，2006）。不同浓度的有机酸对植物种子萌发的影响不同，这主要因为，适当浓度有机酸处理时，种子胚的代谢活性有可能被激活，有利于打破种子休眠（鱼小军等，2005），高浓度的抑制效应可能是有机酸降低了种子渗透调节能力或者影响了种子中物质的代谢及相关酶的活性，从而抑制其萌发（向华等，2003）。有机酸添加过量或被过量吸收也可能干扰植物对其他营养元素（如 Zn^{2+}、Cu^{2+} 等）的吸收和代谢，从而影响植物正常生长（Vassil et al.，1998），如郭彬（2006）指出，SA 作为酚类物质，其脂溶性会引起细胞膜的去极化作用，从而增加膜透性，抑制 K^+ 等的吸收，Drazic 和 Mihailovic（2005）在研究 SA 预处理对 Cd 胁迫对大豆元素的吸收也得到了相似结果。还有研究指出，高浓度（250μmol/L）SA 溶液使大麦离体根细胞细胞膜的透性增加 9 倍（Anthony et al.，1974），这可能是高浓度 SA 对水稻生长及离子吸收造成不良影响的主要原因（郭彬，2006）。不过 Chen 和 Klessig（1991）指出，番茄叶片中 SA 的受体蛋白不在细胞膜上，因此 SA 如何影响植物细胞膜从而对离子吸收及其他生理过程产生影响，尚待进一步研究。

1.4 研究的主要内容

本书以落叶松幼苗为材料，采用高效液相色谱-质谱法系统研究了不同程度 Pb、Cd 等重金属胁迫下落叶松根系分泌有机酸的种类和含量；通过落叶松幼苗胁迫诱增性有机酸的多次添加，并通过外源添加不同种类和浓度的有机酸，研究了 Pb、Cd 单一及复合胁迫下有机酸对落叶松幼苗多种生理生化特性、生长、苗木吸收积累 Pb、Cd 的影响，从而深入探讨外源有机酸对落叶松适应 Pb、Cd 等重金属单一及复合胁迫的生态意义。本研究具有重要的理论意义和现实意义，能为提高植物重金属耐性与抗性、修复与治理重金属污染土壤提供理论参考和依据。研究的主要内容包括以下几部分。

（1）土壤 Pb、Cd 胁迫下落叶松根系有机酸的分泌行为研究

主要研究不同程度 Pb、Cd 胁迫条件下，落叶松幼苗在胁迫不同时间内根系分泌有机酸的种类和含量动态。

（2）外源有机酸对 Cd 胁迫下落叶松幼苗生态适应性的影响研究

主要研究土壤 Cd 胁迫条件下，不同浓度外源草酸和柠檬酸处理不同时间对落叶松幼苗叶片相对电导率、丙二醛（MDA）、脯氨酸、可溶性蛋白和色素含量，超氧化物歧化酶（SOD）和过氧化物酶（POD）活性等多种生理生化特性的影响，以及对苗木叶片和细根内 Cd 吸收积累、苗高和地径等生长指标的影响，从而对有机酸的生态意义进行综合评价，并构建有机酸分泌行为与苗木适应土壤 Cd 胁迫条件的关系模式。

（3）外源有机酸对 Pb 胁迫下落叶松幼苗生态适应性的影响研究

主要研究不同种类和浓度的外源有机酸处理不同时间后，Pb 胁迫下落叶松幼苗多种生理生化特性、生长及元素吸收运输的变化，从而对有机酸的生态意义进行综合分析，并构建有机酸分泌行为与苗木适应 Pb 胁迫土壤条件的关系模式。具体包括叶片细胞膜透性和 MDA 含量，SOD 和 POD 活性，脯氨酸、可溶性蛋白和叶绿素含量，叶片叶绿素荧光参数（F_v/F_m 和 F_v/F_0）、根系表面积、长度、体积和比根长等形态特性，叶片和细根 Pb 及 Mg、K、Ca 和 Fe 等几种养分元素含量，苗木苗高和地径生长率，叶、茎和根等各部分生物量干重。

（4）Pb、Cd 复合胁迫下外源有机酸对落叶松幼苗抗逆性的影响研究

主要研究 Pb、Cd 复合胁迫下，不同浓度的外源草酸、柠檬酸、琥珀酸对落叶松幼苗生长及生理生化特性的影响及机制，包括叶片细胞膜透性和 MDA 含量，SOD 和 POD 活性，脯氨酸、可溶性蛋白和叶绿素含量，叶片和细根 Pb、

Cd 积累预分配，苗木死亡率、生长率和各部分生物量，从而阐明这两种重金属在影响落叶松幼苗生长发育中的交互作用，以及外源有机酸对缓解植物重金属胁迫毒害的积极效果。

1.5　研究的创新性与目的意义

1.5.1　特色与创新性

有机酸是土壤胁迫下植物根系分泌的一种高活性有机成分，主要通过调节抗氧化酶活性、渗透调节物质含量等途径影响植物的生理生态功能，进而深刻影响林木的生长、发育、存活及对胁迫土壤的生态适应能力。我国东北林区广大范围内大面积需人工造林的矿山土壤亟须复垦，如黑龙江省境内的鸡西煤矿、双鸭山矿业集团有限公司（以下简称双鸭山煤矿）、伊春市西林铅锌矿等。在这些立地条件下，土壤重金属胁迫常普遍存在。落叶松（*Larix olgensis*）作为东北山区的重要乡土树种，因存活率较高和对环境要求不甚严格，成为本地区矿山土植被恢复和林业复垦的优选树种和先锋树种。但在较严重的土壤重金属胁迫条件下，落叶松的成活与生长仍然受到很大限制，"造林不成林"现象普遍存在。因此，研究 Pb、Cd 等重金属土壤胁迫下落叶松根系有机酸的分泌行为及其对苗木生态适应性的影响及机制，具有重要的现实意义和良好的区域背景。研究的特色及创新性体现在以下几方面。

（1）目前，关于林木根系有机酸分泌行为及其适应意义的系统研究，国内外鲜见报道。本研究将"多种重金属土壤胁迫-根系有机酸分泌行为-主动适应性反应"作为一个整体系统过程来研究，建立 Pb、Cd 单一和复合重金属土壤胁迫下落叶松根系有机酸分泌行为与生态适应关系的概念模式，触及一个崭新的研究领域，在学术思想上表现出整体创新性，并有望建立一个供国内外同行参考的研究范式。

（2）外源有机酸对植物生态适应性影响的研究，特别是对生理生化特性的影响，目前仅见于对 MDA 含量、抗氧化酶活性、渗透调节物质含量、叶绿素含量等常规研究，但对于土壤胁迫下林木根系形态特征、叶绿素荧光参数等的研究几乎空白。本项目首次对有机酸对落叶松的生理生态功能进行了多方位的定量评价，特别是根系形态指标及叶绿素荧光参数。

（3）落叶松是东北山区重要的先锋造林树种，而当地多种土壤环境胁迫往往同时并存，因此研究多种土壤重金属胁迫下落叶松根系有机酸的分泌行为及其适应意义，符合东北地区特殊立地下植被恢复的现实需要，具有广阔的应用前景，能为本区矿山复垦等提供理论支持，实践指导意义显著。

（4）我国东北林区有面积广阔的矿山土壤亟须复垦，这些立地下重金属的胁迫常普遍存在。本项目系统研究了 Cd/Pb 胁迫下有机酸处理后的林木生理生态过程、细根和叶片 Cd/Pb 含量变化,并对"Cd/Pb 胁迫下根系分泌有机酸到底是增加还是降低了重金属的有效性和植物毒性"这一科学问题做出了解答。

1.5.2　目的与意义

随着资源的不合理开采和利用、工业"三废"的大量排放,生态环境遭到严重破坏,尤其是重金属问题更加严峻。土壤是我们赖以生存的载体,作为农业大国,因土壤重金属污染引起的农作物产量和品质下降问题越来越受到社会各界的关注,因此,解决重金属污染成为治理和改善环境污染的重中之重。许多学者研究了植物修复技术对土壤重金属生物有效性的影响,但植物修复技术依赖于重金属超累积植物,这类植物往往生长缓慢且生物量小,这给植物修复技术的应用造成了很大限制。近年来,关于施加外源有机酸来缓解重金属对植物解毒机制和修复治理受污土壤的研究不断涌现,通过有机酸对重金属的螯合、吸附等作用来改变其生物有效性,分析出可以降低土壤中重金属含量、并减少重金属对植物毒害的最佳有机酸的种类和浓度。目前,国内外的研究多数以农作物和蔬菜为研究对象(National Risk Management Research Laboratory et al.,2000;Drizo et al.,2002;Maia and Alexander,2002;刘超翔等,2003;刘红等,2004;吴晓芙,2005;陈彩云等,2012),针对单一重金属胁迫下,施加外源有机酸对植物生长和生理生化特性进行研究,而对重金属复合胁迫下乔木等高等植物经外源有机酸处理后各指标的变化还鲜有报道。在自然条件下,实际土壤重金属污染是较为复杂的,是多种重金属共存的,相互间通过拮抗或协同作用共同对植物的生长和发育造成影响。落叶松作为造林先锋树种,对土壤复垦有极大的意义,研究重金属胁迫下外源有机酸对其生长和生理生化特性的影响极为重要。本研究以我国东北地区先锋造林树种——落叶松为对象,以林木根系分泌的有机酸为切入点,以我国东北地区矿山土壤为基础,以当地主要森林土壤暗棕壤为对照,采用高效液相色谱-质谱法,系统研究在 Pb、Cd 等不同程度及种类重金属土壤胁迫下,落叶松根系分泌有机酸的种类和含量动态;对土壤进行 Pb、Cd 单一和复合胁迫处理后,通过落叶松苗期外源多次施加不同种类和浓度的有机酸,研究落叶松幼苗的生长、MDA 含量和叶片电导率,叶片叶绿素含量、SOD 活性、POD 活性、脯氨酸和可溶性蛋白含量,根系形态指标和叶片叶绿素荧光参数、叶片和细根内 Pb/Cd 和几种养分元素含量的变化,从而系统分析不同土壤胁迫条件下落叶松根系分泌有机酸的生态适应意义,探讨外源有机酸对重金属污染下的落叶松幼苗是否具有解毒作用,并对土壤逆境下落叶松根系有机酸的分泌行为及其生态意义做出科学评价,旨在为提高植物重金属耐性与抗性、修复与治理重金属污染土壤提供理论参考和依据。研究的科学意义在于以下几方面。

1.5.2.1　森林土壤和森林培育学知识创新

本研究是针对国内外已有的知识积累和最新发展趋势，并结合我国东北地区特点而设计的，旨在探索 Pb、Cd 单一和复合污染等不同土壤胁迫下，落叶松根系有机酸的分泌行为及其适应意义，研究将揭示多种胁迫立地条件下落叶松根系有机酸的分泌行为与生态适应关系的某些本质特征，研究结果能填补我国森林土壤学研究中的某些空白，不但有助于我国森林土壤和森林培育学知识的创新，而且这些内容是国外尚未触及的。

1.5.2.2　森林生态学的理论意义

本研究将"多种土壤重金属胁迫-根系有机酸分泌行为-主动适应性反应"作为一个整体系统过程来研究，建立单一和复合重金属胁迫下落叶松根系有机酸分泌行为与其生态适应性的关系模式，具有重要的森林生态学理论意义。研究成果能填补我国森林土壤学研究中的知识空白，为森林生态系统管理提供重要的理论依据。

1.5.2.3　植被恢复的现实意义

Pb、Cd 等单一或复合重金属污染等多种土壤逆境条件是我国东北地区矿山植被恢复中必须面对的严酷现实，研究成果在区域性植被恢复、林木生理生态过程的外源调控等领域都有良好的应用前景。研究能为落叶松对多种土壤胁迫的适应能力及机制寻求理论支持，为有机酸的定向调控寻求技术途径；同时，还能为东北地区矿山造林树种的筛选及生态风险规避等提供可能的普适性指标，对于重金属胁迫土壤的有效利用及修复也具有重要的现实意义。

参 考 文 献

艾涛, 王华, 温小芳. 2006. 有机磷农药乐果降解菌株 L3 的分离鉴定及其性质的初步研究. 农业环境科学学报, 25(5): 1250-1254

柏文琴, 何凤琴, 邱星辉. 2004. 有机磷农药生物降解研究进展. 应用与环境生物学报, 10(5): 675-680

包景岭, 邹克华, 王连生. 2009. 恶臭环境管理与污染控制. 北京: 中国环境科学出版社: 3-10

鲍士旦. 2000. 土壤农化分析. 3 版. 北京: 中国农业出版社: 370-380

曹翠玲, 刘林丽, 田强兵. 2004. 水杨酸对玉米幼苗抗旱性的影响. 玉米科学, 12(增刊): 103-104

曹莹, 李建东, 赵天宏, 等. 2007. 镉胁迫对玉米生理生化特性的影响. 农业环境科学学报, 200(S1): 8-11

常二华, 杨建昌. 2006. 根系分泌物及其在植物生长中的作用. 耕作与栽培, (5): 13-16

常红军, 刘兰霞. 2006. 植物抗旱分子机理研究进展. 安徽农业科学, 34(18): 4509-4510, 4514

陈彩云, 龙健, 李娟, 等. 2012. 植物对土壤重金属复合污染的生理生态适应机制研究进展. 贵州农业科学, 40(11): 50-55

陈怀满, 陈能场, 陈英旭, 等. 1996. 土壤-植物系统中的重金属污染. 北京: 科学出版社

陈怀满, 郑春荣, 周东美, 等. 2002. 土壤中的化学物质的行为与环境质量. 北京: 科学出版社

陈凯, 马敬, 曹一平, 等. 1999. 磷亏缺下不同植物根系有机酸的分泌. 中国农业大学学报, 4(3): 58-62

陈磊, 罗立新. 1999. 镉离子对大豆幼苗生长发育的影响. 河南科学, 17(6): 26-29

陈立松, 刘星辉. 2001. 果树重金属毒害及抗性机理. 福建农业大学学报, 30(4): 462-469

陈茂铨, 应俊辉, 王东明, 等. 2010. 铅胁迫对萝卜种子萌发、幼苗生长及生理特性的影响. 江苏农业科学, (2): 172-174

陈平, 张伟锋, 余士元, 等. 2001. Cd 对水稻幼苗生长及部分生理特性的影响. 仲恺农业技术学院学报, 14(4): 18-21, 27

陈士夫, 梁新, 陶跃武, 等. 1999. 空心玻璃微球附载 TiO$_2$ 光催化降解有机磷农药. 感光科学与光化学, 17(1): 85-88

陈晓远, 高志红, 刘晓英, 等. 2004. 水分胁迫对冬小麦根、冠生长关系及产量的影响. 作物学报, 30(7): 723-728

陈雄文. 2000. 不同环境条件下水稻叶片中叶绿体内碳酸酐酶活性的变化. 湖北师范学院学报(自然科学版), 20(4): 40-42

陈英旭, 林琦, 陆芳, 等. 2000. 有机酸对铅、镉植株危害的解毒作用研究. 环境科学学报, 20(4): 467-472

陈忠林, 张利红. 2005. 有机酸对铅胁迫小麦幼苗部分生理特性的影响. 中国农学通报, 21(5): 393-395

陈宗保. 2006. 土壤中有机农药残留分析及有机磷农药降解行为研究. 南昌大学硕士学位论文

程瑞平, 束怀瑞, 顾曼如. 1992. 水分胁迫对苹果树生长和叶片中矿质含量的影响. 植物生理学通讯, 28(1): 32-34

崔晓阳, 方怀龙. 2001. 城市绿地土壤及其管理. 北京: 中国林业出版社

戴开结, 沈有信, 周文君, 等. 2005. 在控制条件下云南松幼苗根系对低磷胁迫的响应. 生态学报, 25(9): 2423-2426

丁海东, 朱为民, 杨少军, 等. 2005. 镉、锌胁迫对番茄幼苗生长及脯氨酸和谷胱甘肽含量的影响. 江苏农业学报, 21(3): 191-196

范洪黎, 王旭, 周卫. 2008. 添加有机酸对土壤镉形态转化及苋菜镉积累的影响. 植物营养与肥料学报, 14(1): 132-138

范永仙, 陈小龙, 姜晓平, 等. 2002. 甲胺磷农药的生物降解研究进展. 微生物学杂志, 22(3): 45-48

房娟, 陈光才, 楼崇, 等. 2011. Pb 胁迫对柳树根系形态和生理特性的影响. 安徽农业科学, 39(15): 8951-8953, 8989

冯晓东, 曹娟云, 陈综礼. 2003. 水杨酸对枣树组织培养苗几种生理生化指标的影响. 西北植物学报, 23(9): 1625-1627

符娟林, 章明奎, 厉仁安. 2005. 基于 GIS 的杭州市居民区土壤重金属污染现状及空间分异研究. 土壤通报, 36(4): 575-578

高明华, 周湘梅. 1999. 甲胺磷生产废水中处理实验研究. 化工环保, 1(2): 69-74

高夕全, 刘爱荣, 叶梅荣, 等. 2000. 水杨酸对水稻幼苗硝酸还原酶活性和根系生长的影响. 安徽农业技术师范学院学报, 14(1): 13-15

高彦征, 贺纪正, 凌婉婷. 2003. 有机酸对土壤中镉的解析及影响因素. 土壤学报, 40(5):

731-737

龚红梅, 於丙军, 刘友良. 1999. 脂肪酸对盐胁迫大麦幼苗液泡膜微膜脂组分及功能的影响. 植物学报, 41(4): 414-419

谷巍, 施国新, 张超英, 等. 2002. Hg^{2+}、Cu^{2+}和Cd^{2+}对菹草光合系统和保护酶系统的毒作用. 植物生理与分子生物学学报, 28(1): 69-74

关东明. 2002. 水稻抗旱性与光合特征的资源评价及其根系抗旱生理基础的研究. 中国科学院植物究所博士后学位论文

关军锋, 马春红, 李广敏. 2004. 干旱胁迫下小麦根冠生物量变化及其抗旱性的关系. 河北农业大学报, 27(1): 1-5

关义新, 戴俊英, 林艳. 1995. 水分胁迫下植物叶片光合的气孔和非气孔因素. 植物生理学通讯, 31(4): 293-297

管东生, 陈玉娟, 阮国标. 2001. 广州城市及近郊土壤重金属含量特征及人类活动的影响. 中山大学学报(自然科学版), 40(4): 93-96

郭彬. 2006. 外源水杨酸缓解镉对水稻毒害的生理机制. 南京农业大学博士学位论文

郭立泉, 石德成, 马传福. 2005. 植物在响应逆境胁迫过程中的有机酸代谢调节及分泌现象. 长春教育学院学报, 21(3): 19-24

郭智. 2009. 超富集植物龙葵(*Solanum nigrum* L.)对镉胁迫的生理响应机制研究. 上海交通大学博士学位论文

韩东昱, 龚庆杰, 岑况. 2005. 北京市公园土壤 Cu、Pb、Zn 的含量特征. 地学前缘, 12(2): 132

韩东昱, 龚庆杰, 岑况. 2006. 北京市公园土壤铜、铅含量及化学形态分布特征. 环境科学与技术, 29(3): 31-37

韩建秋. 2008. 白三叶对干旱胁迫的适应性研究. 山东农业大学博士学位论文

何翠屏, 王慧忠. 2003. 重金属镉、铅对草坪植物根系代谢和叶绿素水平的影响. 湖北农业科学, (5): 60-63

何念祖. 1990. 铅对小麦生长和土壤酶活性的影响. 浙江农业大学学报, 16(2): 195-198

何友兰. 2009. 不同马尾松家系对酸性土壤磷胁迫的适应机制研究. 福建农林大学硕士学位论文

洪仁远, 杨广笑, 刘东华, 等. 1991. 镉对小麦幼苗的生长和生理生化反应的影响. 华北农学报, 6(3): 70-75

洪仁远. 1993. 镉对小麦幼苗超氧化物歧化酶活性和脂质过氧化作用变化的影响. 中国植物生理学会第 6 次全会论文汇编

胡安生, 梁建斌, 张孝建. 2009. 不同营养液浓度对土人参几个生理指标的影响. 江西农业学报, 21(8): 86-90

胡国臣, 王忠, 常晓青. 1999. 预防水体黑臭的水质指标研究. 上海环境科学, 18(11): 523-525

胡晓健. 2007. 水分胁迫下不同种源马尾松苗木生理特性的研究. 南京林业大学硕士学位论文

虎瑞, 苏雪, 唐洁娟, 等. 2009. 重金属 Pb(Ⅱ)对萝卜种子萌发及幼苗生长的影响. 种子, 28(9): 7-10, 15

黄爱缨, 代先祝, 王三根, 等. 2008. 低磷胁迫对玉米自交系苗期根系分泌有机酸的影响. 西南大学学报(自然科学版), 30(4): 73-77

黄会一, 张春兴, 张有标, 等. 1983. 木本植物对大气重金属污染物——铅、镉、铜、锌吸收积累作用的研究. 生态学报, 3(4): 305-313

黄建凤, 吴昊. 2008. 植物根系分泌的有机酸及其作用. 现代农业科技, (20): 323-324

黄韶承. 2006. 水分胁迫对鹅掌楸属苗木生理影响的研究. 南京林业大学硕士学位论文

黄苏珍. 2008. 铅(Pb)胁迫对黄菖蒲叶片生理生化指标的影响. 安徽农业科学, 36(25): 10760-10762

黄苏珍, 原海燕, 孙延东. 2008. 有机酸对黄菖蒲镉、铜积累及生理特性的影响. 生态学杂志, 27(7): 1181-1186

黄晓华, 周青, 程宏英, 等. 2000. 五种常绿树木对铅污染胁迫的反应. 城市环境与城市生态, 13(6): 48-50

黄雅, 李政一, 赵博生. 2009. 有机磷农药乐果降解的研究现状与进展. 环境科学与管理, 34(4): 20-24

黄颜梅, 张健, 罗承德. 1997. 树木抗旱性研究. 四川农业大学学报, 15(1): 49-54

黄勇, 郭庆荣, 任海, 等. 2005. 城市土壤重金属污染研究综述. 热带地理, 25(1): 14-18

霍仕平, 曼庆九, 宋光英, 等. 1995. 玉米抗旱鉴定的形态和生理生化指标研究进展. 干旱区农业研究, 13(3): 67-73

江力, 张荣铣. 2000. 不同氮钾水平对烤烟光合作用的影响. 安徽农业大学学报, 27(4): 328-331

江行玉, 赵可夫. 2001. 植物重金属伤害及其抗性机理. 应用与环境生物学报, 7(1): 92-99

江月玲, 潘瑞. 1995. 茉莉酸甲酯对花生幼苗各器官中碳水化合物含量影响的研究. 植物学通报, 12(2): 51-53

姜中珠, 陈祥伟. 2004. 水杨酸对灌木幼苗抗旱性的影响. 水土保持学报, 18(2): 166-185

蒋建东, 曹慧, 张瑞福, 等. 2005. 有机磷农药对韭菜虫害的防治效果及农药的微生物降解. 应用生态学报, 15(8): 1459-1462

蒋明义, 荆家海, 王韶唐. 1991. 渗透胁迫对水稻膜脂过氧化及体内保护酶系统的影响. 植物生理学报, 17(1): 80-84

蒋齐, 梅曙光. 1992. 宁夏黄土地区主要灌木树种抗旱机制的初步研究. 宁夏农林科技, (5): 25-27

荆红梅, 郑海雷, 赵中秋, 等. 2001. 植物对镉胁迫响应的研究进展. 生态学报, 21(12): 2125-2130

景蕊莲. 2007. 作物抗旱节水研究进展. 中国农业科技导报, 9(1): 1-5

柯世省. 2006. 水分胁迫下夏蜡梅光合作用的气孔和非气孔限制. 浙江林业科技, 26(6): 1-5

孔祥生, 张妙霞, 郭秀璞. 1999. Cd^{2+}毒害对玉米幼苗细胞膜透性及保护酶活性的影响. 农业环境科学学报, 18(3): 133-134

兰彦平, 周军, 曹慧, 等. 2001. 茉莉酸对苹果幼树抗旱效应的研究. 干旱地区农业研究, 19(2): 71-74

李嫣玲. 2006. 镉、铅及其复合污染对菊科植物生长和品质安全性的影响. 南京农业大学硕士学位论文

李纯, 岑况, 王雪. 2006. 北京市主要公园土壤中铅含量及污染评价. 环境科学与技术, 29(10): 64-66

李德华, 贺立源, 刘武定. 2001. 土壤中非生物逆境胁迫与根系有机酸分泌. 武汉植物学研究, 19(6): 497-507

李德明, 朱祝军, 刘永华, 等. 2005. 镉对小白菜光合作用特性影响的研究. 浙江大学学报(农业与生命科学学报), 31(4): 459-464

李锋, 潘晓华, 刘水英, 等. 2004. 低磷胁迫对不同水稻品种根系形态和养分吸收的影响. 作物学报, 30(5): 438-442

李海波, 夏铭, 吴平. 2001. 低磷胁迫对水稻苗期侧根生长及养分吸收的影响. 植物学报, 43(11):

1154-1160

李吉跃. 1991. 植物耐旱性及其机理. 北京林业大学学报, 13(3): 92-99

李嘉瑞, 任小林, 王民柱. 1996. 干旱对果树光合的影响及水分胁迫信息的传递. 干旱地区农业研究, 14(3): 67-72

李锦树, 王洪春. 1983. 干旱对玉米叶片细胞透性及质膜的影响. 植物生理学报, 9(3): 223-228

李柯莹, 李家儒. 2004. 水杨酸对油菜幼苗侧根形成的影响. 武汉植物学研究, 22(4): 345-348

李明, 王根轩. 2001. 干旱胁迫对甘草幼苗保护酶活性及脂质过氧化作用的影响. 生态学报, 22(4): 503-507

李庆逸, 胡祖光. 1956. 甘家山试验厂对于磷灰石肥效试验第三次报告. 土壤学报, 4(1): 43-49

李荣春. 1997. Cd、Pb 及其复合污染对烟叶生理生化指标的影响. 云南农业大学学报, 12(1): 45-50

李绍华. 1993. 果树生长发育、产量和果实品质对水分胁迫反应的敏感期及节水灌溉. 植物生理学通讯, 29(1): 10-16

李西腾. 2008. 养分胁迫对油菜碳酸酐酶活性的影响. 农业科技与装备, (5): 10-11

李晓丹, 耿晓伟, 张晓薇. 2003. 重金属复合污染对小麦生物量的影响. 辽宁工程技术大学学报, 22(S1): 62-63

李雪萍, 庞学群, 张昭其, 等. 1999. 水杨酸对玫瑰切花保鲜机理的研究. 福建农业学报, 14(3): 38-42

李仰锐. 2006. 有机酸、EDTA 对镉污染土壤水稻生理生化指标的影响. 西南大学硕士学位论文

李瑛, 张桂银, 李洪军, 等. 2004. 有机酸对根际土壤中铅形态及其生物毒性的影响. 生态环境, 13(2): 164-166

李章平, 陈玉成, 杨学春, 等. 2006. 重庆市主城区街道地表物中重金属的污染特征. 水土保持学报, 20(1): 114-116

李兆亮, 原永兵, 刘成连, 等. 1998. 水杨酸对黄瓜叶片抗氧化剂酶系的调节作用. 植物学报, 40(4): 356-361

李振侠, 徐继忠, 高仪, 等. 2007. 苹果砧木SH_{40}和八棱海棠缺铁胁迫下根系有机酸分泌的差异. 园艺学报, 34(2): 279-282

李正文, 李兰平, 周琼, 等. 2013. 不同浓度 Pb、Cd 对红麻抗逆生理特性的影响. 湖北农业科学, 52(15): 3568-3571

梁芳, 郭晋平. 2007. 植物重金属毒害作用机理研究进展. 山西农业科学, 35(11): 59-61

梁君瑛. 2008. 水分胁迫对桑树苗生长及生理生化特性的影响. 北京林业大学硕士学位论文

梁彦秋, 潘伟, 刘婷婷, 等. 2006. 有机酸在修复 Cd 污染土壤中的作用研究. 环境科学与管理, 31(8): 76-78

梁银丽. 1999. 不同水分条件下小麦生长特性及氮磷营养的调节作用. 干旱地区农业研究, 17(4): 133-145

廖红, 严小龙. 2000. 菜豆根构型对低磷胁迫的适应性变化及基因型差异. 植物学报, 42(2): 158-163

林海涛, 史衍玺. 2005. 铅、镉胁迫对茶树根系分泌有机酸的影响. 山东农业科学, (2): 32-34

林琦, 陈英旭, 陈怀满, 等. 2000. 小麦根际铅、镉的生态效应. 生态学报, 20(4): 634-638

林琦, 陈英旭, 陈怀满, 等. 2001. 有机酸对 Pb、Cd 的土壤化学行为和植株效应的影响. 应用生态学报, 12(4): 619-622

刘长利, 王文全, 李帅英, 等. 2004. 干旱胁迫对甘草生长的影响. 中国中药杂志, 29(10):

931-934

刘超翔, 胡洪营, 黄霞, 等. 2003. 滇池流域农村污水生态处理系统设. 中国给水排水, 19(2): 93-94

刘大林, 曹喜春, 张华, 等. 2014. 铅、镉胁迫对饲用高粱部分生理指标的影响. 草地学报, 22(1): 122-125

刘丹. 2004. 植物生长调节剂对几种灌木树种抗旱性的影响. 东北林业大学硕士学位论文

刘红, 刘学燕, 欧阳威, 等. 2004. 人工湿地植物系统优化管理研究. 农业环境科学学报, 23(5): 1003-1008

刘洪升, 宋秋华, 李凤民. 2002. 根分泌物对根际矿物营养及根际微生物的效应. 西北植物学报, 22(3): 693-702

刘继芳, 蒋以超, 王桔. 1993. 锌络合物的稳定性与其对植物有效性的关系. 土壤学报, 30(增刊): 146-152

刘建伟, 刘雅荣, 王世绩. 1993. 水分胁迫下不同杨树无性系苗期的光合作用. 林业科学研究, 6(1): 65-69

刘建伟, 刘雅荣, 王世绩. 1994. 不同杨树无性系光合作用与其抗旱能力的初步研究. 林业科学, 30(1): 83-87

刘军, 李先恩, 王涛, 等. 2002. 药用植物中铅的形态和分布研究. 农业环境保护, 21(2): 143-145

刘曼西, 于秀芝. 1991. 有机酸对马铃薯多酚氢化酶活性的影响. 植物生理学通讯, 27(5): 350-353

刘明美, 李建农, 沈益新. 2007. Pb^{2+}污染对多花黑麦草种子萌发及幼苗生长的影响. 草业科学, 24(1): 52-54

刘素纯, 萧浪涛, 廖柏寒, 等. 2006. 水杨酸对铅胁迫下黄瓜幼苗叶片膜脂过氧化的影响. 生态环境, 15(1): 45-49

刘素纯. 2006. 铅对黄瓜幼苗生长发育的影响研究. 湖南农业大学博士学位论文

刘学师. 2003. 野生酸枣抗旱性研究. 西北农林科技大学硕士学位论文

刘拥海, 俞乐, 陈奕斌, 等. 2006. 不同荞麦品种对铅胁迫的耐性差异. 生态学杂志, 25(11): 1344-1347

刘友良. 1992. 植物水分逆境生理. 北京: 农业出版社

龙新宪, 倪吾钟, 叶正钱, 等. 2002. 外源有机酸对两种生态型东南景天吸收和积累锌的影响. 植物营养与肥料学报, 8(4): 467-472

卢从明, 张其德, 匡廷云, 等. 1994. 水分胁迫对甘薯叶肉细胞光合电子传递的影响. 植物学通报, 11(1): 43-47

卢豪良, 严重玲. 2007. 秋茄[*Kandelia candel* (L.)]根系分泌低分子量有机酸及其对重金属生物有效性的影响. 生态学报, 27(10): 4173-4181

卢萍, 卢青, 杜荣骞. 1999. *LEA* 基因及 Lea 蛋白的研究进展. 内蒙古师范大学学报, 28(2): 138-141

卢瑛, 龚子同, 张甘霖, 等. 2004. 南京城市土壤重金属含量及其影响因素. 应用生态学报, 15(1): 123-126

陆长梅, 施国新, 吴国荣, 等. 1999. Hg、Cd 对莼菜冬芽茎、叶叶绿素含量及活性氧清除系统的影响. 湖泊科学, 11(4): 322-327

陆文静, 何振立, 许建平, 等. 1999. 石灰性土壤难溶态磷的微生物转化和利用. 植物营养与肥料学报, 5(4): 377-383

陆文龙. 1998. 低分子量有机酸活化土壤磷的机理. 中国农业大学博士学位论文

陆文龙, 王敬国, 曹一平, 等. 1998. 低分子量有机酸对土壤磷释放动力学的影响. 土壤学报, 35(4): 493-499

陆文龙, 曹一平, 张福锁. 1999a. 根分泌的有机酸对土壤磷和微量元素的活化作用. 应用生态学报, 10(3): 379-382

陆文龙, 曹一平, 张福锁. 1999b. 低分子量有机酸对土壤无机磷形态转化的影响. 华北农学报, 14(2): 1-5

陆云梅. 2007. 水杨酸对干旱胁迫下柑橘生理生化特性的影响. 华中农业大学硕士学位论文

吕金印, 高俊凤. 1996. 水分胁迫对小麦根质膜透性与质膜组分的影响. 干旱地区农业研究, 14(1): 96-100

罗立新, 孙铁珩, 靳月华. 1998. 镉胁迫下小麦叶中超氧阴离子自由基的积累. 环境科学学报, 18(5): 495-499

罗毅, 夏国军, 姜玉梅, 等. 2006. 施用有机酸对烤烟生长发育的影响. 安徽农业科学, 34(24): 6524-6526

马常耕. 1996. 世界林木树种抗逆性育种研究进展. 世界林业研究, (3): 4-12

马敬, 李春俭. 1994. 磷胁迫植物根系有机酸的分泌及其对土壤难溶性磷的活化. 北京: 中国农业科技出版社

马丽娜, 官雪芳, 朱育菁, 等. 2008. 乐果降解菌的分离、筛选和鉴定. 中国农学通报, 24(7): 441-444

马文丽, 金小弟, 王转花, 等. 2004. 铅胁迫对乌麦种子萌发及幼苗生长的影响. 山西大学学报(自然科学版), 27(2): 202-204

马新蕾, 王玉军, 谢胜利, 等. 2006. 根施甜菜碱对水分胁迫下烟草幼苗光合机构的保护. 植物生理与分子生物学学报, 32(4): 465-472

毛学文, 张海林. 2003. 重金属镉对南瓜种子发芽和出苗的影响. 种子, 127(1): 70-71

莫淑勋. 1986. 土壤中有机酸的产生、转化及对土壤肥力的某些影响. 土壤学进展, 14(4): 1-10

牟筱玲, 胡晓丽. 2003. 水杨酸浸种对棉花种子萌发及幼芽的影响. 中国棉花, 30(12): 19-21

南旭阳, 张碧双. 2005. 白兰花、雪松对重金属(Cd、Cu、Pb、Zn)累积性研究. 陕西农业科学, (3): 7-11

庞欣, 王东红, 彭安. 2001. 铅胁迫对小麦幼苗抗氧化酶活性的影响. 环境科学, 20(5): 108-111

彭方仁. 1997. 板栗密植园树冠结构特征与光能分布规律研究. 南京林业大学学报, 21(2): 27-31

秦天才, 吴玉树, 王焕校, 等. 1998. 镉、铅及其相互作用对小白菜根系生理生态效应的研究. 生态学报, 18(3): 320-325

秦天才, 吴玉树, 王焕校. 1994. 镉、铅及其相互作用对小白菜生理生化特征的影响. 生态学报, 14(1): 46-49

邱栋梁, 黄水菊, 李丽萍, 等. 2006. $CuSO_4$ 对枇杷生长的影响. 福建农林大学学报(自然科学版), 35(1): 111-112

邱全胜, 李林, 梁厚果, 等. 1994. 水分胁迫对小麦根细胞质膜氧化还原系统的影响. 植物生理学报, (2): 145-151

曲桂敏, 李兴国, 赵飞, 等. 1999. 水分胁迫对苹果叶片和新根显微结构的影响. 园艺学报, 26(3): 147-151

任安芝, 高玉葆, 梁宇, 等. 1999. 白草和赖草无性系生长对干旱胁迫的反应. 中国沙漠, 19(1): 30-34

任安芝, 高玉葆, 刘爽. 2000. 铬、镉、铅胁迫对青菜叶片几种生理生化指标的影响. 应用与环境生物学报, 6(2): 112-116

任继凯, 陈清朗, 陈灵芝, 等. 1982. 土壤中镉、铅、锌及其相互作用对作物的影响. 植物生态学与地植物学丛刊, 6(4): 320-329

尚庆茂, 宋士清, 张志刚, 等. 2007. 水杨酸增强黄瓜幼苗耐盐性的生理机制. 中国农业科学, 40(l): 147-152

尚英男, 尹观, 倪师军, 等. 2005. 成都市土壤-植物系统铅污染状况初步研究. 广东微量元素科学, 12(3): 8-13

申建波, 张福锁, 毛达如. 1995. 磷胁迫下大豆根分泌有机酸的动态变化. 中国农业大学学报, 1998(s3): 44-48

沈凤娜, 柯世省, 何丽娜, 等. 2008. 镉对紫茉莉叶片蛋白质、脯氨酸和抗氧化酶活性的影响. 安徽农业科学, 36(35): 15329-15332

沈宏, 严小龙. 2000. 根分泌物研究现状及其在农业与环境领域的应用. 农村生态环境, 16(3): 51-54

生秀梅. 2005. 甲胺磷农药对小白菜污染的生物标志物研究. 华中师范大学硕士学位论文

石利利, 林玉锁, 徐亦钢. 2001. DLL-1 菌在土壤中对甲基对硫磷农药的降解性能与影响因素研究. 环境科学学报, 21(5): 598-601

时丽冉. 2000. 外源水杨酸对玉米幼苗盐害的缓解作用. 衡水师专学报, 2(2): 35-38

史贵涛, 陈振楼, 李海雯, 等. 2006a. 城市土壤重金属污染研究现状与趋势. 环境监测管理与技术, 18(6): 9-12

史贵涛, 陈振楼, 许世远, 等. 2006b. 上海市区公园土壤重金属含量及其污染评价. 土壤通报, 37(3): 490-494

束良佐, 李爽. 2002. 水杨酸浸种对水分胁迫下玉米幼苗某些生理过程的影响. 南京农业大学学报, 25(3): 9-11

宋金凤. 2003. 凋落物中的有机酸及其对森林土壤的磷释放效应. 东北林业大学硕士学位论文

孙昌祖. 1993. 渗透胁迫对青杨叶片氧自由基伤害及膜脂过氧化的影响. 林业科学, 29(2): 104-109

孙存普, 张建中, 段绍瑾. 1999. 自由基生物学导论. 合肥: 中国科学技术大学出版社: 12-84

孙华. 2008. 镉、铅胁迫对野生地被植物甘野菊种子萌发、幼苗生长及生理特性的影响. 内蒙古农业大学硕士学位论文

孙瑞莲, 周启星. 2006. 高等植物金属抗性中有机酸的作用及其机理. 生态学杂志, 25(10): 1275-1279

孙向阳. 2005. 土壤学. 北京: 中国林业出版社

孙艳, 马艳蓉, 崔鸿文, 等. 2000. 水杨酸对黄瓜幼苗光合作用的影响. 西北农业学报, 9(3): 110-111

檀建新, 尹君, 王文忠, 等. 1994. 镉对小麦、玉米幼苗生长和生理生化反应的影响. 河北农业大学学报, 17(s1): 83-87

汤章城. 1991. 植物抗逆性生理生化研究的某些进展. 植物通讯, (2): 146-148

唐罗忠, 黄选瑞, 李彦慧. 1998. 水分胁迫对白杨杂种无性系生理和生长的影响. 河北林果研究, 3(2): 99-102

唐先兵, 赵恢武, 林忠平. 2002. 植物耐旱基因工程研究进展. 首都师范大学学报(自然科学版), 23(3): 47-51

陶俊, 陈刚才, 赵琦, 等. 2003. 重庆市大气 TSP 中重金属分布特征. 重庆环境科学, 25(12): 15-16

田中民, 李春俭, 王晨, 等. 2000. 缺磷白羽扇豆排根与非排根区根尖分泌有机酸的比较. 植物生理学报, 26(4): 317-322

田中民. 2001. 根系分泌物在植物磷营养中的作用. 咸阳师范学院学报, 16(6): 60-69

涂书新, 孙锦荷, 郭智芬. 2000. 根系分泌物与根际营养关系评述. 土壤与环境, 9(1): 64-67

王臣立, 韩士杰, 黄明茹. 2001. 干旱胁迫下沙地樟子松滴落酸变化及生理响应. 东北林业大学学报, 29(1): 40-43

王宏镔, 王焕校, 文传浩, 等. 2002. 镉处理下不同小麦品种几种解毒机制探讨. 环境科学学报, 22(4): 523-528

王华, 艾涛, 温晓芳, 等. 2006. 土壤中乐果降解菌的筛选及其特性研究. 农业环境科学学报, 25(5): 1255-1259

王焕华. 2000. 南京市不同功能城区表土重金属污染特点与微生物活性的研究. 南京农业大学硕士学位论文

王会利, 农必昌, 王东雪, 等. 2011. 养分胁迫对桉树幼苗叶片营养吸收的影响. 广西林业科学, 40(1): 17-21

王慧忠. 2003. 植物根系内活性氧清除酶对铅胁迫的反应. 三峡环境与生态, 25(10): 23-24

王慧忠, 张新全, 何翠屏. 2006. Pb 对匍匐翦股颖根系超氧化物歧化酶活性的影响. 农业环境科学学报, 25(3): 644-647

王利军, 李家永, 战吉成, 等. 2003. 水杨酸对受高温胁迫的葡萄幼苗光合作用和同化物分配的影响. 植物生理学通讯, 39(3): 215-216

王林权, 周春菊, 王俊儒, 等. 2000. 粪肥堆腐过程中有机酸的变化. 植物营养与肥料学报, 6(4): 430-435

王美青, 章明奎. 2002. 杭州市城郊土壤重金属含量和形态的研究. 环境科学学报, 22(5): 603-608

王淼, 代力民, 姬兰柱. 2001. 长白山阔叶红松林主要树种对干旱胁迫的生态反应及生物量分配的初步研究. 应用生态学报, 12(4): 496-500

王庆仁, 李继云, 李振声. 1999. 柠檬酸与枸溶性磷肥对磷高效基因型小麦产量的影响. 生态农业研究, 7(4): 9-13

王三根. 2001. 植物生理生化. 北京: 中国农业出版社

王淑芬, 贾炜珑, 杨丽莉. 1996. 药剂处理玉米种子对种子萌发及苗期抗旱力的影响//中国植物生理学会. 中国植物生理第七次全国会议学术论文汇编. 太原: 中国植物生理学会: 331

王树起, 韩晓增, 乔云发, 等. 2009. 缺磷胁迫条件下大豆根系有机酸的分泌特性. 大豆科学, 28(3): 409-414

王松华, 卫红, 周正义, 等. 2005. 水杨酸对小麦镉毒害的缓解效应. 种子, 24(10): 15-17

王伟. 1998. 植物对水分亏缺的某些生理反应. 植物生理学通讯, 34(5): 388-393

王翔, 汪琳琳, 方凤满, 等. 2011. 芜湖市三山区菜地土壤重金属污染特征分析. 城市环境与城市生态, 24(1): 31-33, 37

王胤, 杨章旗. 2006. 木本植物耐盐抗旱机理研究及评价方法. 广西林业科学, 35(3): 117-122

王永杰, 李顺鹏, 沈标. 2001. 有机磷农药乐果降解菌的分离及其活性研究. 南京农业大学学报, 24(2): 71-74

韦莉莉, 张小全, 侯振宏, 等. 2005. 杉木苗木光合作用及其产物分配对水分胁迫的响应. 植物生态学报, 29(3): 394-402

吴海卿. 2000. 冬小麦对不同土壤水分的生理和形态响应. 华北植物学报, 15(3): 92-96

吴开勇, 陈根成. 1999. FA 旱地龙对旱地桑园的影响. 北方蚕业, 20(1): 10

吴能表, 曹潇潇, 阳义健, 等. 2003. 外源水杨酸对甘蓝生理指标的影响. 西南师范大学学报(自然科学版), 28(2): 275-278

吴舜泽, 夏青, 刘鸿亮. 2000. 中国流域水污染分析. 环境科学与技术, 18(2): 1-6

吴思英, 田俊, 王绵珍, 等. 2004. 镉污染对居民亚健康状态和慢性病发生的影响. 中国公共卫生, 20(9): 1053-1054

吴思英, 田俊, 周天枢, 等. 2003. 镉污染区居民疾病死亡谱分析. 中国公共卫生, 19(1): 29-30

吴晓芙. 2005. 湿地与景观. 北京: 中国林业出版社

吴月燕, 陈赛, 张燕忠, 等. 2009. 重金属胁迫对 5 个常绿阔叶树种生理生化特性的影响. 核农学报, 23(5): 843-852

武维华. 2003. 植物生理学. 北京: 科学出版社

武雪萍, 刘国顺, 朱凯, 等. 2003. 施用有机酸对烟草生理特性及烟叶化学成分的影响. 中国烟草科学, 9(2): 23-27

夏奎, 丁晓波, 向利红, 等. 2008. Pb^{2+}、Cd^{2+}对青稞幼苗生理指标的影响. 内江师范学院学报, 23(b08): 272-274

夏晓明, 王开运, 崔淑华, 等. 2005. 氧乐果在小麦上的消解动态及最终残留量研究. 农业环境科学学报, 24(s1): 291-294

夏增禄. 1988. 土壤环境容量及其应用. 北京: 气象出版社

向华, 饶力群, 肖立锋. 2003. 水杨酸对水稻种子萌发及其生理生化的影响. 湖南农业大学学报(自然科学版), 29(1): 12-14

肖冬梅, 王水, 姬兰柱. 2004. 水分胁迫对长白山阔叶红松林主要树种生长及生物量分配的影响. 生态学杂志, 23(5): 93-97

谢会成, 朱西存. 2004. 水分胁迫对栓皮栎幼苗生理特性及生长的影响. 山东林业科技, (2): 6-7

谢金水, 邵彩虹, 唐秀英, 等. 2011. 养分胁迫对籽粒灌浆期水稻叶片衰老影响的蛋白质组学分析. 中国水稻科学, 25(2): 143-149

邢雪荣, 吕春生, 郭大立. 1995. 有机酸对蔬菜硝酸还原酶、亚硝酸还原酶活性的影响. 植物学通报, 12(生态学专辑): 156-162

邢增涛, 曲明清, 李明容, 等. 2007. 培养料中重金属元素对金针菇产品质量安全的影响. 上海农业学报, 23(2): 24-27

徐会兰, 储金宇, 柴晓娟. 2008. 一株长江优势菌的降解特性研究. 水资源保护, 24(1): 59-62

徐澜, 杨锦忠, 安伟, 等. 2010. Cr、Pb 单一及其复合胁迫对小麦生理生化的影响. 中国农学通报, 26(6): 119-126

徐龙君, 袁智. 2009. 外源镉污染及水溶性有机质对土壤中 Cd 形态的影响研究. 土壤通报, 40(6): 1442-1445

徐悦华, 古国榜, 伍志锋, 等. 2001. 纳米 TiO_2 光催化降解有机磷农药的研究. 土壤与环境, 10(3): 173-175

徐祝龄, 王汶, 衣纯真. 1995. 作物水分胁迫监测的国内外研究进展. 中国农业气象, 16(4): 41-47

许明丽, 孙晓艳, 文汇祁. 2000. 水杨酸对水分胁迫下小麦幼苗叶片膜损伤的保护作用. 植物生理学通讯, 36(1): 35-36

严重玲, 傅舜珍, 杨先科, 等. 1997a. 土壤中 Pb、Hg 及其相互作用对烟草叶片抗氧化酶的影响. 环境科学学报, 17(4): 469-473

严重玲, 洪业汤, 付舜珍, 等. 1997b. Pb、Cd 胁迫对烟草叶片中活性氧清除系统的影响. 生态学报, 17(5): 488-492

阎秀峰. 1999. 干旱胁迫对红松幼苗保护酶活性及脂质过氧化作用的影响. 生态学报, 19(6): 850-854

杨丹慧. 1991. 重金属离子对高等植物光合膜结构与功能的影响. 植物学通报, 8(3): 26-29

杨建峰, 贺立源. 2006. 缺磷诱导植物分泌低分子量有机酸的研究进展. 安徽农业科学, 34(20): 5171-5175

杨剑平, 段碧华, 潘金豹, 等. 2002. 水杨酸和水分胁迫对玉米苗过氧化氢代谢的影响. 中国农学通报, 18(2): 8-11

杨剑平, 徐红梅, 王文平, 等. 2003. 水杨酸和渗透胁迫对玉米幼苗生理特性的影响. 北京农学院学报, 18(1): 7-9

杨金凤. 2005. 重金属对油菜生长和有机酸对重金属生物有效性影响的研究. 山西农业大学硕士学位论文

杨敏生, 黄选瑞, 李彦慧. 1998. 水分胁迫对白杨杂种无性系生理和生长的影响. 河北林果研究, 13(2): 99-102

杨敏生, 裴保华, 赵敏英. 1995. 优良白杨新品种 BL193 对水分胁迫的反应. 河北林学院学报, 10(3): 194-199

杨敏生, 梁海永, 王进茂, 等. 2002. 水分胁迫下白杨双交杂种无形系苗木生长研究. 河北农业大学学报, 25(4): 1-7

杨其伟, 郝泗城, 孙建华, 等. 1993. 镉对冬小麦叶片叶绿体超微结构的影响. 生物学杂志, 4(3): 17-18

杨小勇. 2002. 重金属胁迫对水稻伤害机理及水稻耐性机制的研究. 扬州大学硕士学位论文

杨艳. 2007. 有机酸对镉胁迫下油菜生理特性的影响. 安徽师范大学硕士学位论文

姚庆群, 谢贵水. 2005. 干旱胁迫下光合作用的气孔与非气孔限制. 热带农业科学, 25(4): 80-83

叶海波, 杨肖娥, 何冰, 等. 2003. 东南景天对锌镉复合污染的反应及其对锌镉吸收和积累特性的研究. 农业环境科学学报, 22(5): 513-518

于成龙. 2004. 水分胁迫对几种造林树种抗旱性及水分利用的影响. 东北林业大学硕士学位论文

鱼小军, 王芳, 龙瑞军. 2005. 破除种子休眠方法研究进展. 种子, 24(7): 46-49

俞元春, 余健, 房莉, 等. 2007. 缺磷胁迫下马尾松和杉木苗根系有机酸的分泌. 南京林业大学学报, 31(2): 9-12

喻方圆, 徐锡增. 2003. 植物逆境生理研究进展. 世界林业研究, 16(5): 6-11

喻晓丽. 2007. 土壤水分胁迫对火炬树幼苗生长和生理生态特征的影响. 东北林业大学硕士学位论文

原海燕, 黄苏珍, 郭智, 等. 2007. 外源有机酸对马蔺幼苗生长、Cd 积累及抗氧化酶的影响. 生态环境, 16(4): 1079-1084

袁光林, 马瑞霞, 刘秀芬, 等. 1998. 化感物质对小麦幼苗吸收氮的影响. 生态农业研究, 6(2): 37-39

张波, 梁永超, 褚贵新, 等. 2010. 小麦幼苗对氧乐果胁迫的生理学响应. 植物营养与肥料学报, 16(6): 1387-1393

张敦论, 乔勇进, 郗金标, 等. 2000. 水分胁迫下 8 个树种几项生理指标的分析. 山东林业科技, 3: 5-11

张福锁. 1993. 环境胁迫与植物育种. 北京: 农业出版社

张国军, 邱栋梁, 刘星辉. 2004. Cu 对植物毒害研究进展. 福建农林大学学报(自然科学版), 33(3): 289-294

张辉, 马东升. 2001. 城市生活垃圾向土壤释放重金属研究. 环境化学, 20(1): 43-47

张金屯, Pouyat R. 1997. "城—郊—乡"生态样带森林土壤重金属变化格局. 中国环境科学, 17(5): 410-413

张锦鹏, 彭新湘, 李明启. 2000. 草酸对黄瓜根中铁还原的促进作用. 植物生理学报, 26(4): 311-316

张利红, 李培军, 李雪梅, 等. 2005. 镉胁迫对小麦幼苗生长及生理特性的影响. 生态学杂志, 24(4): 458-460

张霞, 李妍. 2007. 铅胁迫对补血草种子萌发和幼苗初期生长及膜透性的影响. 德州学院学报, 23(2): 23-25

张义贤. 1997. 重金属对大麦的毒性. 环境科学学报, 17(2): 199-201

张义贤, 李晓科. 2008. 镉、铅及其复合污染对大麦幼苗部分生理指标的影响. 植物研究, 28(1): 43-46, 53

张玉琼, 叶爱华, 蔡永萍. 1999. 水杨酸对小麦开花后叶片脂质过氧化和灌浆速率的影响. 中国农学通报, 15(5): 19-21

章永松, 林咸永, 罗安程. 1998. 有机肥（物）对土壤中磷的活化作用及机理研究——Ⅱ.有机肥(物)分解产生的有机酸及其对不同形态磷的活化作用. 植物营养与肥料学报, 4(2): 151-155

赵凤君, 沈应柏, 高荣孚, 等. 2006. 黑杨无性系间长期水分利用效率差异的生理基础. 生态学报, 26(7): 2079-2086

赵海泉, 洪法水. 1998. 汞毒害下小麦幼苗生长过程中保护酶活性变化规律的研究. 农业环境保护, 17(1): 20-21

赵小蓉, 林启美. 2001. 微生物解磷的研究进展. 土壤肥料, (3): 7-11

赵燕, 李吉跃, 刘海燕, 等. 2008. 水分胁迫对 5 个沙柳种源苗木水势和蒸腾耗水的影响. 北京林业大学学报, 30(5): 19-25

郑国栋, 张新明. 2008. 养分胁迫对荔枝叶片矿质营养的影响研究. 安徽农业科学, 36(1): 244-245

郑永良. 2009. 有机磷农药甲基对硫磷降解菌的代谢途径及酶学性质研究. 华中师范大学博士学位论文

周红卫, 施国新, 徐勤松. 2003. Cd 污染水质对水花生根系抗氧化酶活性和超微结构的影响. 植物生理学通讯, 39(3): 211-214

周启星, 宋玉芳. 2004. 污染土壤修复原理与方法. 北京: 科学出版社

周启星, 孙铁珩. 2004. 土壤-植物系统污染生态学研究与展望. 应用生态学报, 15(10): 1698-1702

周瑞莲, 张承烈. 1991. 水分胁迫下紫花苜蓿叶片含水量、质膜透性、SOD、CAT 活性变化与抗旱性关系的研究. 中国草地, 58(2): 20-24

周希琴, 莫灿坤. 2003. 植物重金属胁迫及其抗氧化系统. 新疆教育学院学报, 19(2): 103-108

周泽文, 李明启. 1994. 几种有机酸对芸苔光呼吸代谢的影响. 植物生理学通讯, 30(6): 420-422

朱维琴, 吴良欢, 陶勤南. 2002. 作物根系对干旱胁迫逆境的适应性研究进展. 土壤与环境, 11(4): 430-433

朱宇林, 曹福亮, 汪贵斌, 等. 2006. Cd、Pb 胁迫对银杏光合特性的影响. 西北林学院学报, 21(1): 47-50

朱志国, 周守标. 2014. 铜锌复合胁迫对芦竹生理生化特性、重金属富集和土壤酶活性的影响. 水土保持学报, 28(1): 276-280, 288

朱中平, 沈彤, 杨永坚, 等. 2006. 环境铅污染对幼儿体格发育的影响. 安徽预防医学杂志, 12(1): 10-14

邹海明, 李粉茹, 官楠, 等. 2006. 大气中 TSP 和降尘对土壤重金属累积的影响. 中国农学通报, 22(5): 393-395

Anthony D, Glass M, Dun1op J. 1974. Influence of phenolic acids on ion uptake: IV. Depolarization of membrane potentials. Plant Physiol, 54(6): 855-858

Aprea C, Centi L, Santini S, et al. 2005. Exposure to omethoate during stapling of ornamental plants in intensive cultivation tunnels influence of environmental conditions on absorption of the pesticide. Arch Environ Contam Toxicol, 49(4): 577-588

Ashraf M, Iram A. 2005. Drought stress induced changes in some organic substances in nodules and other plant parts of two potential legumes differing in salt tolerance. Flora, 200(6): 535-546

Barceló J, Poschenrieder C. 1990. Plant water relations as affected by heavy metal stress: a review. J Plant Nutr, 13(1): 1-37

Barceló J, Poschenrieder C. 2002. Fast root growth responses, root exudates, and internal detoxification as clues to the mechanisms of aluminium toxicity and resistance: a review. Environ Exp Bot, 48(1): 75-92

Basiouny F M. 1997. Responses of peach seedlings to water-stress and saturation conditions. Proc Fla State Hort Sci, 90: 261-263

Bhadbhade B J, Sarnaik S S, Kanekar P P. 2002. Biomineralization of an organophosphorus pesticide, Monocrotophos, by soil bacteria. J Appl Microbio, 93(2): 224-234

Blamey F P C, Edmeades D C, Wheeler D M. 1992. Empirical models to approximate calcium and magnesium ameliorative effects and genetic differences in aluminium tolerance in wheat. Plant and Soil, 144(2): 281-287

Boussama N, Ouariti O, Suzuki A, et al. 1999. Cd stress on nitrogen assimilation. J Plant Physiol, 155(3): 310-317

Brewster J, Bhat K, Nye P. 1976. The possibility of predicting solute uptake and plant growth response from independently measured soil and plant characteristics IV.The growth and uptake of rape in solution of different phosphorus concentrations. Plant Soil, 42(1): 171-195

Burton K W, King J B, Morgan E. 1986. Chlorophyll as an indicator of the upper critical tissue concentration of cadmium in plants. Water, Air & Soil Pollution, 27(27): 147-154

Cai X G, Zheng Z. 1997. Biochemical mechanisms of salicylic acid-induced resistance to rice seedling blast. Acta Phytopathologica Sinica, 27(3): 231-236

Caldwell M M, Richards J H. 1989. Hydraulic lift: water efflux from upper roots improves effectiveness of water uptake by deep roots. Oecologia, 79(1): 1-5

Chaouia A, Mazhoudia S, Ghorbalb M H, et al. 1997. Cadmium and zinc induction of lipid peroxidation and effects on antioxidant enzyme activities in bean (Phaseolus vulgaris L.). Plant Sci, 127(2): 139-147

Chasan R. 1995. Eliciting phosphorylation. Plant Cell, 7(5): 495-497

Chen C R, Condron L M, Xu Z H. 2008. Impacts of grassland afforestation with coniferous trees on soil phosphorus dynamics and associated microbial processes: a review. Forest Ecology and Management, 255(3): 396-409

Chen W, Mulchandani A. 1998. The use of live biocatalysts for pesticide detoxification. Trends Biotechnol, 16(2): 71-76

Chen X T, Wang G, Liang Z C. 2002. Effect of amendments on growth and element uptake of

Pakchoi in a cadmium, zinc and lead contaminated soil. Pedosphere, 12(3): 243-250

Chen Y X, Lin Q, Luo Y M, et al. 2003. The role of citric acid on the phytoremediation of heavy metal contaminated soil. Chemosphere, 50(6): 807-811

Chen Z X, Klessig D F. 1991. Identification of a soluble SA-binding protein that may function in signal transduction in the plant disease resistance response. Proceedings of the National Academy of Sciences, 88(18): 8179-8183

Cho U H, Park J O. 2000. Mercury-induced oxidative stress in tomato seedlings. Plant Sci, 156(1): 1-9

Chris B, Marc V H, Dirk I. 1992. Superoxide dismutase and stress tolerance. Annu Rev Plant Biol, 43(1): 83-116

Cieśliński G, Van Rees K C J, Szmigielska A M, et al. 1998. Low-molecular-weight organic acids in rhizosphere soils of durum wheat and their effect on cadmium bioaccumulation. Plant Soil, 203: 109-117

Cooper E, Sims J T, Cunningham S D, et al. 1999. Chelate-assisted phytoextraction of lead from contaminated soils. J Environ Qual, 28(6): 1709-1719

Dave K, Phillips L, Luckow V, et al. 1994. Expression and post translational processing of a broad-spectrum organophosphorus-neurotoxin-degrading enzyme in insect tissue culture. Biotechnol Appl Biochem, 19(3): 271-284

Dechassa N, Schenk M K. 2001. Root exudation of organic anions by cabbage, carrot and potato plants as affected by P supply//Horst W J. Plant Nutrition-Food Security and Sustainability of Agro-ecosystems. Netherlands: Kluwer Academic Publishers: 544-545

Delauney A J, Verma D P S. 1993. Proline biosynthesis and osmoregulation in plants. Plant J, 4(2): 215-223

Delhaize E, Hebb D M, Ryan P R. 2001. Expression of a *Pseudomonas aeruginosa* citrate synthase gene in tobacco is not associated with either enhanced citrate accumulation or efflux. Plant Physiol, 125(4): 2059-2067

Dinkelaker B, Römheld V, Marschner H. 1989. Citric acid excretion and precipitation of calcium citrate in the rhizosphere of white lupin (*Lupinus albus* L.). Plant Cell Environ, 12(3): 285-292

Drazic G, Mihailovic N. 2005. Modification of cadmium toxicity in soybean seedlings by salicylic acid. Plant Sci, 168(2): 511-517

Drizo A, Comeau Y, Forget C, et al. 2002. Phosphorus saturation potential: a parameter for estimating the longevity of constructed wetland systems. Environmental Science & Technology, 36(21): 4642-4648

Durner J, Klessig D F. 1996. Salicylic acid is a modulator of tobacco and mammalian catalases. J Biol Chem, 271(45): 28492-28501

Fagbenro J A, Agboola A A. 1993. Effect of different levels of humic acid on the growth and nutrient of teak seedlings. J Plant Nutr, 16(8): 1465-1483

Farquhar G D, Sharkey T D. 1982. Stomatal conductance and photosynthesis. Annual Review of Plant Physiology, 33(1): 317-345

Feller U K, Hageman R H. 1977. Leaf proteolytic activities and senescence during grain development of field grow corn (*Zea mays* L.). Plant Physiol, 59(2): 290-295

Fischer F, Bipp H P. 2002. Removal of heavy metals from soil components and soils by natural chelating agents. II. Soil extraction by sugar acids. Water Air Soil Poll, 138(1-4): 271-288

Gallego S M, Benavides M P, Tomaro M L. 1996. Effect of heavy metal ion excess on sunflower leaves: evidence for involvement of oxidative stress. Plant Sci, 121(2): 125-159

Gaume A, Mächler F, León C D, et al. 2001. Low-P tolerance by maize (*Zea mays* L.) genotypes:

significance of root growth, and organic acids and acid phosphatase root exudation. Plant Soil, 228(2): 253-264

Gerke J, Römer W, Jungk A. 1994. The excretion of citric and malic acid by proteoid roots of *Lupinus albus* L.: effect on soil solution concentrations of phosphate, iron, and aluminum in the proteoid rhizosphere in samples of an oxisol and a luvisol. Z Pflanzenernähr Bodenk. Journal of Plant Nutrion & Soil Science, 157(4): 289-294

Gunasekera D, Berkowitz G A. 1992. Evaluation of contrasting cellular-level acclimation responses to leaf water deficits in three wheat genotypes. Plant Sci, 86(1): 1-12

Hajiboland R, Yang X E, Römheld V, et al. 2005. Effect of bicarbonate on elongation and distribution of organic acids in root and root zone of Zn-efficient and Zn-inefficient rice (*Oryza sativa* L.) genotypes. Environ Exp Bot, 54(2): 163-173

Han Y L, Yuan H Y, Huang S Z, et al. 2007. Cadmium tolerance and accumulation by two species of Iris. Ecotoxicology, 16(8): 557-563

Heuer B. 1994. Osmoregulatory role of praline in water and salt-stressed plants//Pessarakli M. Handbook of Plant and Crop Stress. New York: Marcel Dekker: 363-381

Hinsinger P, Elsass F, Jaillard B, et al. 1993. Root-induced irreversible transformation of a trioctahedral mica in the rhizosphere of rape. European Journal of Soil Science, 44(3): 535-545

Hinsinger P, Gilkes R J. 1995. Root-induced dissolution of phosphate rock in the rhizosphere of Lupins grown in alkaline soil. Aust J Soil Res, 33(3): 477-489

Hoffland E, Findenegg G R, Nelemans JA. 1989. Solubilization of rock phosphate by rape. II Local root exudation of organic acids as a response to P-starvation. Plant Soil, 113(2): 155-160

Hoffland E. 1991. Mobilization of rock phosphate by rape (*Brassica napus* L.). Wageningen: Wageningen Agricultural University: 1-93

Hoffland E. 1992. Quantitative evaluation of the role of organic acid exudation in the mobilization of rock phosphate by rape. Plant Soil, 140(2): 279-291

Hsiao T C. 1973. Plant responses to water stress. Ann Rev Plant Physiol, 24: 519-570

Huang J W, Chen J J, Berti W R, et al. 1997. Phytoremediation of lead-contaminated soils: Role of synthetic chelates in lead phytoextraction. Environ Sci Technol, 31(3): 800-805

Ishikawa S, Adu-Gyamfi J, Nakamura T, et al. 2002. Genotypic variability in phosphorus solubilizing activity of root exudates by pigeonpea grown in low-nutrient environments. Plant Soil, 245(1): 71-81

Johnson J F, Allan D L, Vance C P. 1996a. Root carbon dioxide fixation by phosphorus-deficient *Lupinus albus* (Contribution to organic acid exudation by proteoid roots). Plant Physiol, 112(1): 19-30

Johnson J F, Vance C P, Allan D L. 1996b. Phosphorus deficiency in *Lupinus albus*. I. Altered lateral root development and enhanced expression of phosphoenolpyruvate carboxylase. Plant Physiol, 112(1): 31-41

Jones D L, Darrah P R. 1994. Role of root derived organic acids in the mobilization of nutrients from the rhizosphere. Plant Soil, 166(2): 247-257

Jones D L, Edwards A C, Donachie K, et al. 1994. Role of proteinaceous amino acids released in root exudates in nutrient acquisition from the rhizosphere. Plant and Soil, 158(2): 183-192

Jones D L, Kochian L V. 1996. Aluminum-organic acid interaction in acid soil I. Effect of root-derived organic acids on the kinetics of Al dissolution. Plant Soil, 182(2): 221-228

Jones D L. 1998. Organic acids in the rhizosphere-a critical review. Plant Soil, 205(1): 25-44

Keerthisinghe G, Hocking P J, Ryan P R, et al. 1998. Effect of phosphorus supply on the formation and function of proteoid of white lupin (*Lupinus albus* L.) plant. Cell and Environment, 21(5):

467-478

Kpomblekou-A K, Tabatabai M A. 2003. Effect of low-molecular weight organic acids on phosphorus release and phytoavailabilty of phosphorus in phosphate rocks added to soil. Agriculture, Ecosystems and Environment, 94(2): 275-284

Kramer P J. 1983. Water Relations of Plants. NewYork: Academic Press: 405-409

Krupa Z. 1988. Cadmium-induced changes in the composition and structure of the light-harvesting complex in radish cotyledons. Physiol Plant, 73(4): 518-524

Lan W S, Gu J D, Zhang J L, et al. 2006. Coexpression of two detoxifying pesticide-degrading enzymes in a genetically engineered bacterium. International Biodeterioration & Biodegradation, 58(2): 70-76

Larsson E H, Bordman J F, Asp H. 1998. Influence of UV-B radiation and Cd^{2+} on chlorophyll fluorescence, growth and nutrient content in *Brassica napus*. J Exp Bot, 49(323): 1031-1039

Leita L, Contin M, Maggioni A. 1991. Distribution of cadmium and induced Cd-binding proteins in roots, stems and leaves of *Phaseolus vulgaris*. Plant Sci, 77(2): 139-147

Li X F, Matsumoto H, Ma J F. 2000. Pattern of aluminum-induced secretion of organic acids differs between rye and wheat. Plant Physiol, 123(4): 1537-1543

Lindsay W L. 1991. Iron oxide solubilization by organic matter and its effect on iron availability//Chen Y, Hadar Y. Iron Nutrition and Interactions in Plants. Netherlands: Kluwer Academic Publishers: 29-36

Lipton D S, Blanchar R W, Blevins D G. 1987. Citrate, malate and succinate concentration in exudates from P-sufficient and P-stressed *Medicago sativa* L. seedings. Plant Physiol, 85(2): 315-317

Liu Y, Mi G H, Chen F J, et al. 2004. Rhizosphere effect and root growth of two maize (*Zea mays* L.) genotypes with contrasting P efficiency at low P availability. Plant science, 167(2): 217-223

Lllamas A, Ullrich C I, Sanz A, et al. 2000. Cd^{2+} effects on transmembrane electrical potential difference, respiration and membrane permeability of rice (*Oryza sativa* L.) roots. Plant Soil, 219(1): 21-28

Lu H L, Yan C L, Liu J C. 2007. Low-molecular-weight organic acids exuded by mangrove [*Kandelia candel* (L.) Druce] roots and their effect on cadmium species change in the rhizosphere. Environ Exp Bot, 61(2): 159-166

Luna C M, González C A, Trippi V S. 1994. Oxidative damage caused by an excess of copper in oat leaves. Plant Cell Physiol, 35(1): 11-15

Ma J F. 2000. Role of organic acids in detoxification of aluminum in higher plants. Plant Cell Physiol, 41(4): 383-390

Macnair M R. 1981. Tolerance of higher plants to toxic materials//Bishop J A, Cook L M. Genetic Consequence of Man Made Charge. London and New York: Academic Press: 177-207

Maia S Firming-Singer, Alexander J. 2002. Enhanced nitrate removal efficiency in wetland microcosms using an episediment layer for denitrification. Environmental Science Technology, 36(6): 1231-1237

Malato S, Blanco J, Richter C. 1999. Solar photocataintic mineralization of commercial pesticides (methamidophos). Chemosphere, 38(5): 1145-1156

Mccree K J. 1986. Whole-plant carbon balnance during osmotic adjustment to drought and salinity stress. Functional Plant Biology, 13(1): 33-44

Mclaughlin M J, Parker D R, Clarke J M. 1999. Metals and micronutrients-food safety issues. Field Crop Res, 60(1): 143-163

Metwally A, Finkemeier I, Georgi M, et al. 2003. Salicylic acid alleviates the cadmium toxicity in barley seedlings. Plant Physiol, 132(1): 272-281

Muir D C G, Teixeira C, Wania F. 2004. Empirical and modeling evidence of regional atmospheric transport of current-use pesticides. Environ Toxicol Chem, 23(10): 2421-2432

Nardi S, Sessi E, Pizzeghello D, et al. 2002. Biological activity of soil organic matter mobilized by root exudates. Chemosphere, 47(7): 1075-1081

Narusawa K, Hayashida M, Kamiya Y, et al. 2003. Deterioration in fuel cell performance resulting from hydrogen fuel containing impurities: poisoning effects by CO, CH_4, HCHO and HCOOH. JSAE Review, 24(1): 41-46

National Risk Management Research Laboratory, U.S. Environmental Protection Agency, Office of Research and Development. 2000. US EPA Manual: Constructed wetlands treatment of municipal waste waters. Cincinnati, Ohio: EPA: 111-119

Natsch A, Keel C, Troxler J, et al. 1994. Importance of preferential flow and soil management in vertical transport of a biocontrol strain of *Pseudomonas fluorescens* in structured field soil. Appl Environ Microbiol, 62(1): 33-40

Nigam R, Srivastava S, Prakash S, et al. 2001. Cadmium mobilization and plant availability-the impact of organic acids commonly exuded from roots. Plant Soil, 230(1): 107-113

Norman C, Howell K A, Millar A H, et al. 2004. Salicylic acid is an uncoupler and inhibitor of mitochondrial electron transport. Plant Physiol, 134(1): 492-501

Nriagu J O. 1984. Changing Metal Cycles and Human Health. Berlin: Springer Verlag: 113-141

Ohshiro K, Kakuta T, Sakai T, et al. 1996. Biodegradation of organophosphorus insecticides by bacteria isolated from turf green soil. J Ferment Bioeng, 82(3): 299-305

Ohwaki Y, Sugauara K. 1997. Active extrusion of protons and exudation of carboxylic acids in response to iron deficiency by roots of chickpea (*Cicer arietinum* L.). Plant Soil, 189(1): 49-55

Olsen R A, Bennett J H, Blume D, et al. 1981. Chemical aspects of Fe stress response mechanism in tomatoes. J Plant Nutr, 3(6): 905-921

Orlova A O, Bannon D I, Farfel M R, et al. 1995. Pilot study of sources of lead exposure in Moscow, Russia. Environ Geochem Hl, 17(4): 200-210

Ozawa K, Osaki M. 1995. Purification and properties of acid phosphatase secreted from Lupin roots under phosphorus-deficiency conditions. Soil Sci Plant Nutr, 41(3): 461-469

Palazoglu M, Tor E R, Holstege D K, et al. 1998. Multiresidue analysis of nine anticoagulant rodenticides in Serum. J Agric Food Chem, 46(10): 4260-4266

Palomo L, Claassen N, Jones D L. 2006. Differential mobilization of P in the maize rhizosphere by citric acid and potassium citrate. Soil Biol Biochem, 38(4): 683-692

Petroianu G A. 2007. Comparison of two pre-exposure treatment regimens in acuteorganophospha-te(paraoxon)poisoning in rats: tiapride vs. pyridostigmine. Toxicol Appl Pharmacol, 219(2-3): 235-240

Pizzeghello D, Zanella A, Carletti P, et al. 2006. Chemical and biological characterization of dissolved organic matter from silver fir and beech forest soils. Chemosphere, 65(2): 190-200

Prasad D D K, Prasad A R K. 1987. Effect of lead and mercury on chlorophylls synthesis in mung bean seedlings. Phytochemistry, 26(4): 881-883

Purdey M. 1998. High-dose exposure to systemic phosmet insecticide modifies the phospha-tidylinositol anchor on the prion protein: the origins of new variant transmissible spongiform encephalopathies. Medical Hypotheses, 50(2): 91-111

Qiang W Y, Chen T, Tang H G, et al. 2003. Effect of cadmium and enhanced UV-B radiation on soybean root excretion. Acta Phythecologica Sinica, 27(3): 293-298

Qiao C L, Huang J, Li X, et al. 2003. Bioremediation of organophosphate pollutants by a genetically-engineered enzyme. Bull Environ Contain Toxicol, 70(3): 455-461

Qin F, Shan X Q, Wei B. 2004. Effects of low-molecular-weight organic acids and residence time on desorption of Cu, Cd, and Pb from soils. Chemosphere, 57(4): 253-263

Quintanilla-Vega B, Hoover D, Bal W, et al. 2000. Lead effects on protamine-DNA binding. Am J Ind Med, 38(3): 324-329

Qureshi M I, Abdin M Z, Qadir S, et al. 2007. Lead-induced oxidative stress and metabolic alterations in *Cassia angustifolia* Vahl. Biol Plantarum, 51(1): 121-128

Ragnarsdottir K V. 2000. Enviromental fate and toxicology of organophosphate pesticides. Journal of Geological Society, l57(4): 859-876

Ranney T G, Bassuk N L, Whitlow T H. 1991. Osmotic adjustment and solute constituents in leaves and roots of water-stressed cherry trees. Journal of the American Society for Horticultural Science, 116(4): 684-688

Rizvi H U S. 1995. Companies still export banned pesticides. http: //www.albionmonitor. com/12-21-95/bannedexports.html[2016-12-24]

Robinson D. 1994. The response of plant to nonuniform supplies of nutrient. New Phytol, 127(4): 635-647

Ryan P R, Delhaize E, Jones D L. 2001. Function and mechanism of organic anion exudation from plant roots. Ann Rev Plant Physiol Plant Mol, 52: 527-560

Ryan P R, Elhaize E D, Randall P J. 1995. Malate efflux from rot apices: evidence for a general mechanism of Al-tolerance in wheat. Aust J Plant Physiol, 22(22): 531-536

Saab I N. 1999. Involvement of the cell wall in responses to water deficit and flooding//Lerner H R. Plant Responses to Environmental Stresses. New York: Marcel Dekker: 413-429

Sakamoto A, Murata N. 2002. The role of glycine betaine in Protection of Plants from stress: clues from transgenic Plants. Plant, Cell and Environment, 25: 163-171

Sandnes A, Eldhuset T D, Wollebæk G. 2005. Organic acids in root exudates and soil solution of norway spruce and silver birch. Soil Biol Biochem, 37(2): 259-269

Scandalios J G. 1993. Oxygen stress and superoxide dismutases. Plant Physiol, 101(1): 7-12

Schat H, Sharma S S, Vooijs R. 2006. Heavy metal-induced accumulation of free proline in a metal-tolerant and a nontolerant ecotype of *Silene vulgaris*. Physiologia Plantarum, 101(3): 477-482

Schiefelbein J W, Benfey P N. 1991. The development of plant root: New approaches to underground problems. Plant Cell, 3(11): 1147-1154

Schöttelndreier M, Norddahl M M, Ström L, et al. 2001. Organic acid exudation by wild herbs in response to elevated Al concentrations. Annals of Botany, 87(6): 769-775

Schulze J, Tesfaye M, Litjens R, et al. 2002. Malate plays a central role in plant nutrition. Plant Soil, 247(1): 133-139

Schwertmann U. 1991. Solubility and dissolution of iron oxides//Chen Y, Hadar Y. Iron Nutrition and Interactions in Plants. Netherlands: Kluwer Academic Publishers: 3-27

Seiler J R, Johnson J D. 1985. Photosynthesis and transpiration of loblolly pine seedlings as influenced by moisture-stress conditioning. Forest Sci, 31(3): 742-749

Shabani A, Rabbani A. 2000. Lead nitrate induced apoptosis in alveolar macrophages from rat lung. Toxicology, 149(2): 109-114

Shah K, Dubey R S. 1998. Cadmium elevates level of protein, amino acids and alters activity of proteolytic enzymes in germinating rice seeds. Acta Physiol Plant, 20(2): 189-196

Shen H, Yan X L, Zhao M, et al. 2002. Exudation of organic acids in common bean as related to mobilization of aluminum- and iron-bound phosphates. Environ Exp Bot, 48(1): 1-9

Siedlecka A, Krupa Z. 1996. Interaction between cadmium and iron and its effects on Photosynthetic capacity of primary leaves of *Phaseolus vulgaris*. Plant Physiol Biochem, 34(6): 833-841

Simon L. 1998. Cadmium accumulation and distribution in sunflower Plant. Plant Nutr, 21(2): 341-352

Singh B K, Walker A, Morgan J A, et al. 2004. Biodegradation of chlorpyrifos by *Enterobacter* strain B-14 and its use in bioremediation of contaminated soils. Appl Environ Microbiol, 70: 4855-4863

Sørensen S R, Bending G D, Jacobsen C S, et al. 2003. Microbial degradation of isoproturon and related phenylurea herbicides in and below agricultural fields. Microbiology Ecology, 45(1): 1-11

Stobart A K, Griffiths W T, Ameen-Bukhari I, et al. 1985. The effect of Cd on the biosynthesis of chlorophyll in leaves of barley. Physiol Plant, 63(3): 293-298

Struthers J K, Jayachandran K, Moorman T B. 1998. Biodegradation of atrazine by *Agrobaetcrium radiobacter* J14a and use of this strain in bioremediation of contaminated soil. Appl Environ Microbiol, 64(9): 3368-3375

Sun Q, Wang X R, Ding S M, et al. 2005. Effects of exogenous organic chelators on phytochelatins production and its relationship with cadmium toxicity in wheat (*Triticum aestivum* L.) under cadmium stress. Chemosphere, 60(1): 22-31

Tan C S, Buttery B R. 1982. Response of stomatal conductance, transpiration, photosynthesis and leaf water potential in peach seedlings to different watering regimes. Hortscience, 17: 222-223

Tao Y G, Wang Y M, Yan S L, et al. 2008. Optimization of omethoate degradation conditions and a kinetics model. International Biodeterioration & Biodegradation, 62(3): 239-243

Teisseire H, Guy V. 2000. Copper-induced changes in antioxidant enzymes activities in fronds of duckweed (*Lemna minor*). Plant Sci, 153(1): 65-72

Tolrá R P, Poschenrieder C, Luppi B, et al. 2005. Aluminium-induced changes in the profiles of both organic acids and phenolic substances underlie Al tolerance in *Rumex acetosa* L. Environ Exp Bot, 54(3): 231-238

Toppi L S, Gabbrielli R. 1999. Response to cadmium in higher plants. Environ Exp Bot, 41(2): 105-130

Undeger U, Basaran N. 2005. Effects of pesticides on human peripheral lymphocytes in vitro: induction of DNA damage. Archives of Toxicology, 79(3): 169-176

Vassil A D, Kapulnik Y, Raskin I, et al. 1998. The role of EDTA in lead transport and accumulation by Indian mustard. Plant Physiol, 117(2): 447-453

Verma S, Dubey R S. 2001. Effect of cadmium on soluble sugars and their metabolism in rice. Biologia Plantarum, 44(1): 117-123

Vieira D. 1976. Water and Plant Life. Berlin: Springer Verlag: 224-227

Wallander H, Wickman T, Jacks G. 1997. Apatite as a P source in mycorrhizal and non-mycorrhizal *Pinus sylvestris* seedlings. Plant Soil, 196(1): 123-131

Wallander H. 2000. Uptake of P from apatite by *Pinus sylvestris* seedlings colonised by different ectomycorrhizal fungi. Plant Soil, 218(1): 249-256

Wallin G, Karlsson P E, Selldén G. 2002. Impact of four years exposure to different levels of ozone, phosphorus and drought on chlorophyll, mineral nutrients, and stem volume of Noway spruce, *Picea abies*. Physiologia Plantarum, 114(2): 192-206

Wang L J, Huang W D, Li J Y. 2003. Effects of salicylic acid on the peroxidation of membrane-lipid of leaves in grape seedlings. Scientia Agriculture Sinica, 36(9): 1076-1 080

Wu J, Laird D A. 2003. Abiotic transformation of chlorpyrifos oxon in chlorinated water. Environ

Toxicol Chem, 22(2): 261-264

Yang H, Jongathan W C W, Yang Z M, et al. 2001. Ability of *Agrogyron elongatum* to accumulate the single metal cadmium, copper, nickel and lead and root exudation of organic acids. J Environ Sci, 13(3): 368-375

Yang Z M, Sivaguru M, Horst W, et al. 2000. Aluminium tolerance is achieved by exudation of citric acid from roots of soybean (*Glycine max*). Physiol Plant, 110(1): 72-77

Yoshimura E, Nagasaka S, Satake K, et al. 2000. Mechanism of aluminium tolerance in *Cyanidium caldarium*. Hydrobiologia, 433(1): 57-60

Yuan J Z, Howard W C. 1998. Evaluation of the role of boll weevill aliesterases in noncatalytic detoxication of four organophosphorus insecticides. Pesticide Biochemistry and Physiology, 61: 135-143

Zeng F R, Chen S, Miao Y, et al. 2008. Changes of organic acid exudation and rhizosphere pH in rice plants under chromium stress. Environ Pollut, 155(2): 284-289

Zhang F S, Ma J, Cao Y P. 1997. Phosphorus deficiency enhances root exudation of low-molecular weight organic acids and utilization of sparingly soluble inorganic phosphates by radish (*Raphanus sativus* L.) and rape (*Brassica napus* L.) plants. Plant Soil, 196: 261-264

Zhang G C, Taylor G J. 1990. Kinetics of aluminum uptake in *Triticum aestivum* L.: identity of the linear phase of aluminum uptake by excised roots of aluminum-tolerant and aluminum sensitive cultivars. Plant Physiol, 91(3): 1094-1099

Zhang G P, Fukami M, Sekimoto H. 2002. Influence of cadmium on mineral concentrations and components in wheat genotypes differing in Cd tolerance at seedling stage. Field Crops Res, 77(2): 93-98

2 土壤 Pb、Cd 胁迫下落叶松根系有机酸的分泌行为研究

在植物的正常生长发育过程中，不可避免地会遇到各种不良的外界环境。特别是目前由于人口的急剧增长和工业的迅速发展，我国农村、城市环境受工业、交通等人类活动的影响严重，土壤污染问题仍在不断恶化，特别是重金属污染，能对植物生长发育和生物量积累等产生严重影响，甚至影响人类的健康，所以重金属污染已引起了人们的广泛关注。铅（Pb）和镉（Cd）是重金属污染物中影响较严重的元素（Han et al.，2007），土壤中过量的 Pb 能在植物组织中大量积累而使植物体内活性氧代谢失调，从而引起细胞膜脂过氧化，植物生长受抑，产量和品质降低（Odjegba and Fasidi，2004）。因此，植物对土壤重金属胁迫条件的响应规律和适应性一直是多学科关注的热点。

有研究表明，植物在遭受土壤重金属等逆境条件后，植物根系是最先感受胁迫的器官，其会迅速做出相应的反应，并通过根系生理上的一系列改变来适应胁迫环境（Barceló and Poschenrieder，2002；Hajiboland et al.，2005）。目前，还有很多研究表明，某些胁迫因素能诱导植物根系大量分泌有机酸，这是一种较为普遍的主动适应性反应（Tolrá et al.，2005；Schöttelndreier et al.，2001；Zeng et al.，2008），且多种胁迫条件均能诱导植物根系有机酸分泌量的大量增加。目前也有研究发现，磷、铁等某些矿质元素胁迫可诱导植物根系特异性地分泌有机酸（Ozawa and Osaki，1995；申建波等，1995；Ishikawa et al.，2002；Liu et al.，2004；Shen et al.，2002；黄爱缨等，2008；Yang et al.，2000；Ma，2000），以使植物适应养分环境胁迫（陈凯等，1999；Zhang et al.，1997），这是植物对养分胁迫产生的一种生理适应机制（俞元春等，2007；Gerke et al.，1994）。水分胁迫条件下，植物根系也合成或分泌某些类型的有机酸，以改善干旱胁迫下植物的活性氧代谢，使细胞膜系统损伤减轻，并减轻膜脂过氧化作用，增强膜的稳定性和功能（李兆亮等，1998；Pancheva et al.，1996），从而减轻水分胁迫对植物的伤害，提高植物对干旱胁迫的抗性（许明丽等，2000；杨剑平等，2002）。

值得指出的是，重金属胁迫也诱导植物根系分泌物大量增加，特别是大量分泌有机酸，这是一种较为普遍的主动适应性反应（Tolrá et al.，2005；Zeng et al.，2008），如植物受 Pb、Cd 等胁迫时，根系能增加分泌一些有机酸（如草酸、柠檬酸、酒石酸和琥珀酸），来整合、活化污染土壤中的重金属或形成配位化合物，并促进植物对重金属的吸收（孙瑞莲和周启星，2006），从而降低土壤中重金属离子

的含量和活度（Cieśliński et al., 1998），提高植物抵御重金属胁迫的能力。一般认为，植物对重金属的抗性与该金属诱导根系分泌的有机酸有极显著的相关性（Ryan et al., 1995）。在重金属胁迫下，植物根系有机酸分泌种类和含量的变化具有胁迫因子与植物类型等因素间高度的特异性（Ashraf and Iram, 2005），在不同因子或不同浓度重金属胁迫下，植物根系有机酸的分泌量和种类都不同。

我国东北地区广大范围内有一定面积的矿山土壤亟须复垦，如黑龙江省境内的伊春西林铅锌矿、鸡西煤矿、鹤岗煤矿、黑河金矿等。这些特殊的土壤立地条件下，Pb、Cd 等重金属污染条件常普遍存在。落叶松是我国东北山区的重要乡土树种，其对环境条件要求不严格，所以就成为本地区矿山土壤植被恢复和林业复垦的优选树种和先锋树种。但在较严重的土壤重金属胁迫下，落叶松的成活与生长仍然受到很大限制（Wang and Jia, 2007）。通过前人的研究可以假设，在 Pb、Cd 等重金属胁迫条件下，落叶松也能通过根系有机酸分泌的变化调节其自身功能，并适应环境胁迫，但目前不同程度的 Pb、Cd 等重金属胁迫条件下落叶松根系各种有机酸分泌行为的研究还未见报道。所以，本研究以我国东北林区先锋造林树种——落叶松为对象，以林木根系分泌的有机酸为切入点，通过在不同程度的 Pb、Cd 胁迫土壤中栽植落叶松苗木，进而采用高效液相色谱-质谱法，系统研究了不同程度的 Pb、Cd 等重金属胁迫条件下落叶松根系分泌有机酸的种类和含量，并对野外重金属污染条件下生长的落叶松人工林采集根际土壤进行了有机酸定性和定量分析，从而确定重金属污染下落叶松根系能否发生有机酸分泌行为的变化，以及其变化程度如何，从而更好地研究落叶松对土壤环境胁迫的适应机制，本研究对理解落叶松对抗多种重金属土壤胁迫的机制也有重要意义。

2.1　材料与方法

2.1.1　野外研究

2.1.1.1　样地设置

实验样地选在黑龙江省伊春市西林铅锌矿区。西林铅锌矿是黑龙江省大型铅锌矿床之一，通过 40 多年的开采，矿区内有大量尾矿及生产后的矿渣堆积。本次研究共设 3 块落叶松人工林样地（图 2-1，林龄 35a 左右），具体位置如下。

样地 1：位于红旗坑口上坡，距镇中心 18km。

样地 2：位于五公里检查站。

样地 3：位于三号泵站，俗称大猪圈，样地附近有矿渣等尾矿堆积的青黑色矿坝，以矿区内矿渣堆积的矿坝为零点，落叶松人工林样地位于距矿坝零点 56.8m 处。

样地的立地状况和植被组成见表 2-1。

图 2-1 伊春市西林铅锌矿区的落叶松样地（彩图请扫封底二维码）

表 2-1 样地的立地状况和植被组成

生态系统	样地标号	纬度	经度	海拔/m	坡度/(°)	坡向	其他树种
落叶松人工林	1	47°29.032′N	129°15.376′E	189.2	3	南	水曲柳、红松、云杉、接骨木、青楷槭、五角槭
	2	47°28.417′N	129°16.526′E	252.7	10	南	平榛子
	3	47°27.097′N	129°17.759′E	174.6	5	南	蒙古栎、茶条槭、山槐、春榆、忍冬

2.1.1.2 样品采集与分析

在上述采样点内，采用分层采样法采集各层土壤样品，用原子吸收分光光度法测定 Pb、Cd 含量，确定其污染程度，具体结果见表 2-2。

表 2-2 各样地不同土层的 Pb、Cd 含量　　　　　（单位：mg/kg）

样地 1	Cd	Pb	样地 2	Cd	Pb	样地 3	Cd	Pb
A	0.169±0.022	25.440±4.356	A	0.221±0.076	37.613±4.459	A	0.242±0.079	47.787±11.092
AB	0.134±0.013	23.176±4.187	AB	0.099±0.005	24.850±1.997	B	0.124±0.018	23.737±3.135
B	0.135±0.012	22.564±2.781	B	0.097±0.006	26.338±3.917	C	0.129±0.016	19.801±2.328
			C	0.119±0.004	26.490±2.192			

再用抖落法分别采集各样地根际土壤，用液相色谱-质谱法测定有机酸含量，所用的仪器设备及色谱条件如下。

Waters 高效液相色谱-质谱仪。

色谱柱：Waters T3 1.7μm，2.1（id）×50mm，或相当者。

流动相：梯度洗脱，详见表 2-3。

进样量：5μl。

流速：0.30ml/min。

柱温：30℃。

质谱条件：离子源，电喷雾离子源；扫描方式，负离子；检测方式，多反应监测（MRM）。

表 2-3 有机酸测定时采用的流动相

时间/min	0.2%甲酸/%	乙腈/%	梯度类型
0.0	0	100	6
0.8	5	95	6
2.0	20	80	6
3.0	0	100	1

有机酸的定量方法：根据样液中有机酸浓度的大小，选定峰高相近的标准工作溶液，标准工作溶液和样液中有机酸的响应值均要在仪器的检测线性范围之内。对标准工作溶液和样液等体积参差进样测定，在上述色谱条件下，有机酸的参考保留时间参考色谱图。

有机酸的定性方法：在相同的实验条件下，样品与标准工作液中待测物质的质量色谱峰相对保留时间控制在 2.5%以内，且在扣除背景后的样品质量色谱图中，所选择的离子对均出现，与标准品相对离子丰度允许误差不超过表 2-4 规定的范围，则可判断样品中存在对应的被检测物质。

表 2-4   使用定性液相色谱-质谱时的相对离子丰度最大允许误差

相对丰度（基峰）	液相色谱-质谱时相对离子丰度最大允许误差
>50%	±20%
>20%	≤50%
>10%	≤20%
≤10%	±50%

空白试验：除不加试样外，均按上述操作过程进行。

结果计算：用外标法或绘制标准曲线，计算样品中有机酸的含量。

2.1.2   室内实验研究

2.1.2.1   实验材料

实验在东北林业大学帽儿山实验林场进行，此区地带性土壤类型为典型暗棕壤。以落叶松一年生和二年生苗为对象，苗木当年或前一年 5 月育成。

2.1.2.2   苗木处理

共设计 2 种胁迫因子，每因子包括 4 水平，具体如下。

Pb 胁迫：以 A_1 层暗棕壤栽植落叶松幼苗，充分缓苗后以 $Pb(NO_3)_2$ 溶液对土壤进行 Pb 胁迫处理，使土壤的 Pb^{2+} 浓度分别达到 20mg/kg、40mg/kg、80mg/kg、100mg/kg，分别以 1、2、3、4 水平表示。

Cd 胁迫：以 A_1 层暗棕壤栽植落叶松幼苗，充分缓苗后以 $CdCl_2$ 溶液对土壤进行 Cd 胁迫处理，使土壤的 Cd^{2+} 浓度分别达到 1mg/kg、2mg/kg、4mg/kg、8mg/kg，分别以 1、2、3、4 水平表示。均以 A_1 层暗棕壤为对照，不加重金属处理为对照，以 CK 表示。

按照上述实验方案，在塑料盆内分别用上述几种土壤基质栽植生长一致的落叶松一年生苗，塑料盆的上口径宽和长分别为 19cm 和 42cm，下口径宽和长分别为 10cm 和 33cm，高为 18cm，在接近盆底 2cm 处有一层硬塑料网，此网土壤不能漏下，而水和溶液可以漏下，从而有助于处理时液体的回填。每盆内栽植落叶松幼苗 30 株，每处理重复 6 次（图 2-2）。将栽植好的落叶松幼苗在温室内进行正常的日常管理，充分缓苗后再进行重金属胁迫处理。分别在胁迫因子处理后第 3 天、第 10 天和第 30 天，用抖落法采集不同处理的根际土壤样品，立即用液相色谱-质谱法测定土壤中有机酸的种类和含量，所用仪器设备及色谱条件同野外研究。还对二年生落叶松苗进行了上述的相同处理，处理后 10d 以同样方法取土样进行有机酸定性分析与定量分析。

图 2-2　实验用落叶松幼苗

2.2　结果与分析

2.2.1　Pb 和 Cd 污染下落叶松人工林根系有机酸的分泌行为

2.2.1.1　根系分泌有机酸的种类与含量

野外生长的落叶松人工林根系能分泌特定的有机酸,已经定性的有柠檬酸、琥珀酸、草酸、酒石酸、苹果酸、没食子酸和延胡索酸等 7 种,其中柠檬酸含量最大,约占有机酸分泌总量的 80%;其次为苹果酸和琥珀酸,占有机酸总量的 6%～10%;再次为草酸,占 1%～5%;酒石酸、没食子酸和延胡索酸含量较低,在有机酸总量中所占比例均低于 0.5%。

通过测定样地 3 土壤各层次的 Pb、Cd 含量及各样地落叶松根系有机酸的分泌状况,发现样地 1、样地 2、样地 3 内 A 层土壤中 Pb 和 Cd 含量逐渐增加,即样地 3＞样地 2＞样地 1(对照组),与对照组相比,根系分泌的 7 种有机酸在有机酸分泌总量中所占的比例大体未变,但样地 2 和样地 3 处理的有机酸分泌总量和各有机酸的分泌量均与样地 1 不同,即有所变化。从有机酸分泌总量看,样地 2 的有机酸总量分别为样地 3 和样地 1 的 1.38 倍和 2.42 倍,即有机酸总量大小表现为样地 2＞样地 3＞样地 1,因此与对照组相比,土壤中 Pb、Cd 含量增加导致落叶松根系有机酸的分泌总量增加,但污染较重又使有机酸分泌量降低。从各有机酸的分泌量看,分泌量较大的 3 种有机酸(柠檬酸、琥珀酸、苹果酸)分泌量也表现为样地 2＞样地 3＞样地 1,这与各样地有机酸的分泌总量规律一致,而各样地内其余有机酸的分泌量规律则有所不同,草酸分泌量为样地 1＞样地 2＞样地 3,酒石酸为样地 2＞样地 1＞样地 3,没食子酸为样地 3＞样地 2＞样地 1,延胡索酸为样地 3＞样地 2＞样地 1。总之,一定程度的 Pb、Cd 污染导致落叶松根系有机酸的分泌总量增加，且分泌量较大的 3 种有机酸（柠檬酸、琥珀酸、苹果酸）分泌量也增加，污染较重时有机酸分泌总量和柠檬酸、琥珀酸、苹果酸分泌量却降低。Pb、Cd 污染较重的处理没食子酸和延胡索酸分泌量也增加，且增加量大于轻度污染处理。Pb、Cd 污染并未使草酸分泌量增加，轻度 Pb、Cd 污染还增加了酒石酸的分泌，但污染较重时酒石酸分泌量反而降低（表 2-5）。

表 2-5　各样地落叶松根系分泌的有机酸　　　　　（单位：μg/kg）

样地	项目	柠檬酸	琥珀酸	草酸	酒石酸	苹果酸	没食子酸	延胡索酸	总量
1	平均值	10 682.54	1 259.06	626.84	20.92	1 260.38	43.45	10.49	13 903.68
	标准差	10 430.28	958.24	144.92	20.21	858.19	54.72	4.83	
	占总量比例/%	76.83	9.06	4.51	0.15	9.07	0.31	0.08	
2	平均值	27 093.90	2 223.74	558.95	58.06	3 571.46	115.43	33.19	33 654.73
	标准差	18 176.12	587.79	77.25	21.19	2 359.65	117.86	11.91	
	占总量比例/%	80.51	6.61	1.66	0.17	10.61	0.34	0.10	
3	平均值	19 595.56	1 628.50	498.78	20.20	2 418.57	179.55	33.60	24 374.76
	标准差	15 914.09	1 100.22	81.12	15.53	1 899.66	300.41	19.32	
	占总量比例/%	80.39	6.68	2.05	0.08	9.92	0.74	0.14	

2.2.1.2　小结

野外生长的落叶松人工林根系能分泌有机酸，已定性的有柠檬酸、琥珀酸、草酸、酒石酸、苹果酸、没食子酸和延胡索酸，其中柠檬酸含量最大，其次为苹果酸和琥珀酸，再次为草酸，酒石酸、没食子酸和延胡索酸含量较低。一定程度的 Pb、Cd 污染使落叶松根系有机酸的分泌总量增加，分泌量较大的 3 种有机酸（柠檬酸、琥珀酸、苹果酸）分泌量也增加，污染较重时有机酸分泌总量和柠檬酸、琥珀酸、苹果酸分泌量却降低。其余有机酸的变化规律有所不同：没食子酸和延胡索酸分泌量随污染程度的增加而增大，Pb、Cd 污染未增加草酸的分泌，轻度的 Pb、Cd 污染还增加了酒石酸的分泌，但污染较重时酒石酸分泌量反而降低。

2.2.2　Cd 胁迫下一年生落叶松苗根系有机酸的分泌行为

2.2.2.1　胁迫 3d 时苗木根系分泌有机酸的种类与含量

（1）对照处理结果

不加 Cd 处理的落叶松一年生苗正常情况下分泌柠檬酸、琥珀酸、草酸、苹果酸等 4 种有机酸，其中柠檬酸占有机酸分泌总量的 26.52%，琥珀酸占有机酸分泌总量的 11.38%，草酸占有机酸分泌总量的 58.97%，苹果酸占有机酸分泌总量的 3.13%，即各有机酸含量从大到小依次为草酸、柠檬酸、琥珀酸、苹果酸（表 2-6）。

表 2-6　不同 Cd 胁迫条件下 3d 时落叶松根系分泌的有机酸　　（单位：g/kg）

有机酸	1	2	3	4	CK
柠檬酸	161.92（26.53）	188.42（26.87）	504.27（42.01）	463.63（40.05）	139.83（26.52）
琥珀酸	65.71（10.77）	73.16（10.43）	69.3（5.77）	56.56（4.89）	60.02（11.38）
草酸	321.85（52.74）	401.56（57.26）	531.44（44.27）	514.47（44.44）	310.98（58.97）
酒石酸	0.81（0.13）	1.64（0.23）	0.54（0.04）	1.94（0.17）	—
苹果酸	58.24（9.54）	34.9（4.98）	92.31（7.69）	120.42（10.4）	16.51（3.13）
没食子酸	—	—	—	—	—
磺基水杨酸	0.79（0.13）	0.08（0.01）	—	—	—
延胡索酸	0.94（0.15）	1.51（0.22）	2.57（0.21）	0.54（0.05）	—
总量	610.26	701.29	1200.43	1157.56	527.34

注："—"表示未检出，括号内数据为各有机酸分泌量在有机酸分泌总量中所占百分比，下同

（2）有机酸种类的变化

与 CK 相比，Cd 胁迫处理后，落叶松根系有机酸的分泌种类增加，且不同水平下增加分泌的有机酸种类不同，具体讲：1、2 水平处理下，落叶松幼苗根系分泌有机酸的种类增加了 3 种，分别是酒石酸、磺基水杨酸、延胡索酸。与 CK 相比，3、4 水平处理有机酸种类增加了 2 种，分别是酒石酸、延胡索酸，这表明 Cd 胁迫使落叶松根系分泌有机酸种类增加，但随着 Cd 胁迫程度增加有机酸种类稍有减少（表 2-6）。

（3）有机酸含量的变化

与 CK 相比，Cd 胁迫使落叶松根系有机酸的分泌总量增加，各水平处理下有机酸的总量增加依次为 3>4>1>2，这说明胁迫较重时有机酸分泌量的增加程度较大。Cd 胁迫处理后，与 CK 相比，落叶松根系分泌的单个有机酸含量也有变化，且随胁迫程度而变化：柠檬酸分泌量随着 Cd 胁迫程度加大先增加后下降（3>4>2>1），但与 CK 相比仍呈增加趋势；柠檬酸在有机酸中所占百分比与柠檬酸分泌量呈相同变化趋势。琥珀酸分泌量随着 Cd 胁迫程度加大先增加后下降（2>3>1>4），与 CK 相比 1、2、3 呈增加趋势，4 呈减少趋势；琥珀酸在有机酸中所占百分比逐渐减少且比 CK 处理小。草酸分泌量随着 Cd 胁迫程度加大先增加后下降（3>4>2>1），但与 CK 相比仍呈增加趋势；草酸在有机酸中所占百分比与 CK 相比减少且 2>1>4>3。Cd 胁迫下新增了酒石酸分泌，随着 Cd 胁迫程度加大先增加后减少再增加（4>2>1>3），所占百分比 2>4>1>3。苹果酸分泌量随着 Cd 胁迫程度加大而增加（4>3>1>2）；苹果酸在有机酸中所占百分比与 CK 相比增大，其中 4>1>3>2。磺基水杨酸只有 1、2 处理时存在，且含量逐渐减少，其百分比也呈相同规律。Cd 胁迫下新增延胡索酸分泌，随着 Cd 胁迫程度加大先增加后减

少（3>2>1>4），所占百分比 2>3>1>4。1、2、3、4 水平处理时占优势的有机酸为草酸，与 CK 对照处理相同。总的来说，Cd 胁迫使有机酸分泌总量增加，各有机酸分泌量大体增加。但随着胁迫程度加大个别有机酸分泌量相应减少，甚至停止分泌（表 2-6）。

2.2.2.2 胁迫 10d 时苗木根系分泌有机酸的种类与含量

（1）对照处理结果

不加 Cd 处理 10d 时，落叶松一年生苗正常情况下能分泌柠檬酸、琥珀酸、草酸、苹果酸 4 种有机酸。其中柠檬酸占有机酸分泌总量的 28.09%，琥珀酸占有机酸分泌总量的 13.48%，草酸占有机酸分泌总量的 52.93%，苹果酸占有机酸分泌总量的 5.50%，即各有机酸含量从大到小依次为草酸、柠檬酸、琥珀酸、苹果酸（表 2-7）。

表 2-7 不同 Cd 胁迫条件下 10d 时落叶松根系分泌的有机酸 （单位：g/kg）

有机酸	1	2	3	4	CK
柠檬酸	290.73（32.52）	309.46（34.1）	472.86（40.21）	426.85（39.07）	195.43（28.09）
琥珀酸	54.26（6.07）	51.09（5.63）	109.19（9.28）	59.92（5.48）	93.81（13.48）
草酸	472.76（52.88）	490.06（54）	494.11（42.02）	550.34（50.38）	368.29（52.93）
酒石酸	0.84（0.09）	1.74（0.19）	1.23（0.1）	3.98（0.36）	—
苹果酸	72.91（8.15）	55.14（6.08）	96.1（8.17）	51.32（4.7）	38.24（5.50）
没食子酸	2.55（0.29）	—	2.48（0.21）	—	—
磺基水杨酸	—	—	—	—	—
延胡索酸	—	—	—	—	—
总量	894.05	907.49	1175.97	1092.41	695.77

（2）有机酸种类的变化

与 CK 相比，1、3 水平处理下落叶松幼苗根系分泌有机酸的种类增加了 2 种，分别是酒石酸、没食子酸。与 CK 相比，2、4 水平处理有机酸种类增加了 1 种，为酒石酸，这表明 Cd 胁迫使落叶松根系分泌有机酸种类增加，但随着 Cd 胁迫程度增加有机酸种类先减后增再增又减（表 2-7）。

（3）有机酸含量的变化

与 CK 相比，Cd 胁迫使落叶松根系有机酸的分泌总量增加。各处理有机酸的总量增加量依次为 3>4>2>1，这说明胁迫较重时有机酸分泌量的增加程度较大。Cd 胁迫处理后，与 CK 相比，落叶松根系分泌的单个有机酸含量也有变化，且随胁迫程度而变化：柠檬酸分泌量随着 Cd 胁迫程度加大先增加后下降（3>4>2>1），但与 CK 相比仍呈增加趋势；柠檬酸在有机酸中所占百分比与柠檬酸分泌量呈相同变化趋势。琥珀酸分泌量随着 Cd 胁迫程度加大先减少后增加再下降（3＞4＞1＞2），与 CK 相比 3 呈增加趋势，1、2、4 呈减少趋势；琥珀酸在有机酸中所占百分比 3＞1＞2＞4，且比 CK 处理小。草酸分泌量随着 Cd 胁迫程度加大而增加（4＞3＞2＞1）；草酸在有机酸中所占百分比先升后降再升，且 2＞1＞4＞3。Cd 胁迫下新增了酒石酸，分泌量随着 Cd 胁迫程度加大先增加后减少再增加（4＞2＞3＞1），所占百分比 4＞2＞1＞3。苹果酸分泌量随着 Cd 胁迫程度加大呈 3＞1＞2＞4，且均比 CK 增加；苹果酸在有机酸中所占百分比呈相同变化趋势。Cd 胁迫下新增了没食子酸，只有 1、3 处理时存在，且含量逐渐减少，其百分比也呈相同规律。1、2、3、4 处理时占优势的有机酸为草酸，与 CK 对照处理相同。总的来说，Cd 胁迫使有机酸分泌总量增加，各有机酸分泌量大体增加。但随着胁迫程度加大，个别有机酸分泌量相应减少甚至停止分泌（表 2-7）。

2.2.2.3　胁迫 30d 时苗木根系分泌有机酸的种类与含量

（1）对照处理结果

不加 Cd 处理 30d 时，落叶松一年生苗正常情况下分泌柠檬酸、琥珀酸、草酸、苹果酸 4 种有机酸。各有机酸含量从大到小依次为柠檬酸、琥珀酸、草酸、苹果酸（表 2-8）。

表 2-8　不同 Cd 胁迫条件下 30d 时落叶松根系分泌的有机酸　（单位：g/kg）

有机酸	1	2	3	4	CK
柠檬酸	298.77（51.42）	343.2（56.18）	286.94（63.29）	241.29（56.52）	297.6（66.94）
琥珀酸	95.91（16.5）	110.17（18.03）	92.11（20.32）	77.45（18.14）	95.53（21.49）
草酸	144.72（24.9）	111.49（18.25）	46.49（10.26）	82.95（19.43）	41.74（9.39）
酒石酸	—	0.34（0.06）	0.86（0.19）	0.41（0.1）	—
苹果酸	41.42（7.13）	38.91（6.37）	22.71（5.01）	24.8（5.81）	9.7（2.18）
没食子酸	—	6.68（1.09）	4.26（0.94）	—	—
磺基水杨酸	0.14（0.02）	—	—	—	—
延胡索酸	0.12（0.02）	0.08（0.01）	—	—	—
总量	581.08	610.87	453.37	426.90	444.57

（2）有机酸种类的变化

与 CK 相比，1 水平处理下落叶松幼苗根系分泌有机酸的种类增加了 2 种，分别是磺基水杨酸、延胡索酸。与 CK 相比，2 水平处理下有机酸的种类增加了 3 种，分别为酒石酸、没食子酸、延胡索酸。与 CK 相比，3 水平处理下有机酸的种类增加了 2 种，分别为酒石酸和没食子酸。与 CK 相比，4 水平处理下有机酸的种类增加了 1 种，为酒石酸，这表明 Cd 胁迫使落叶松根系分泌有机酸种类增加，但随着 Cd 胁迫程度增加有机酸种类稍有减少（表 2-8）。

（3）有机酸含量的变化

与 CK 相比，Cd 胁迫 30d 时落叶松根系有机酸的分泌量先增加后减少。各水平处理下有机酸的总量依次为 2＞1＞3＞CK＞4。整体来说，Cd 胁迫使各有机酸的分泌量先增加，但随着胁迫程度的增加分泌量减少甚至停止分泌（表 2-8）。

2.2.2.4 不同胁迫时间落叶松根系分泌有机酸的对比

（1）有机酸种类的对比

30d 时新增分泌的有机酸种类多于 3d 和 10d，这说明胁迫时间越长，有机酸分泌的种类越多，特别是 30d 时新增分泌了 4 种有机酸，分别为酒石酸、磺基水杨酸、延胡索酸和没食子酸，这对提高植物对土壤 Cd 胁迫的耐性有积极作用（但 30d 时胁迫时间的增长使有机酸分泌量降低，苗木可能通过增加有机酸分泌种类的方式提高其对土壤 Cd 的耐性）。3d 时新增分泌的有机酸种类多于 10d。从不同时间内新增分泌同一种有机酸的量也可看出，胁迫时间对有机酸分泌种类有影响，3d 时新增分泌某种有机酸的量较多，随胁迫时间延长，根系活动受抑制，10d 时有机酸种类低于 3d，但 30d 新增的有机酸种类又高于 10d（表 2-6～表 2-8）。

（2）有机酸含量的对比

从胁迫水平看，在胁迫 3d 和 10d 时，有机酸总量以 3 和 4 水平较高且 3＞4，30d 时以 1、2 水平较高，说明在较短的时间内，有机酸分泌总量随胁迫水平增加而增大，苗木受较长时间的胁迫后，较高水平的胁迫反而抑制有机酸分泌，使 30d 时污染较轻的 1、2 水平有机酸总量高于污染较重的 3、4 水平，因此，在一定程度的 Cd 胁迫内，有机酸分泌量随胁迫水平增加而提高，胁迫程度再加重则降低，但从整体上来看，各处理下有机酸分泌量都高于对照，这有助于提高落叶松幼苗对 Cd 污染的适应性。Cd 胁迫的时间也影响有机酸的分泌总量，3d＞10d＞30d，即随 Cd 胁迫时间的延长，有机酸分泌总量呈下降趋势（表 2-6～表 2-8）。

2.2.2.5 讨论

土壤中有机酸可活化污染土壤中 Pb、Zn、Cd 和 Cu 等重金属，如 Romheld 和 Awad（2000）的研究表明，多种低分子质量有机酸均影响土壤固相 Cd 的释放，形成 Cd-LMWOA 复合物，以增加土壤 Cd 的溶解性。还有大量研究证实，在 Cd 胁迫下，植物根系可分泌一些有机物，如有机酸、氨基酸、多肽和酰胺等，特别是有机酸（如草酸、柠檬酸、酒石酸和琥珀酸），来螯合、活化污染土壤中的重金属或形成配位化合物，并促进植物对重金属的吸收（孙瑞莲和周启星，2006），降低土壤中的金属离子含量和活度（Cieśliński et al.，1998），间接促进其抵御重金属胁迫的能力，如 Cd、Ni 和 Pb 均诱导多年生草本植物 *Agrogyron elongatum* 根系分泌草酸、苹果酸和柠檬酸等有机酸，其中 Cu 能力最强（Yang et al.，2001）；与对照相比，Cd^{2+} 胁迫使茶树根系琥珀酸和苹果酸分泌量显著增加，且 Cd^{2+} 浓度低于 8mg/kg 时，琥珀酸和苹果酸分泌量随 Cd^{2+} 浓度增大而增加，低浓度 Cd^{2+}（0.5mg/kg）和高浓度 Cd^{2+}（8mg/kg）均使草酸分泌量增加，Cd^{2+} 胁迫下有机酸总量随 Cd^{2+} 浓度变化先增后减再增，浓度为 0.5mg/kg 和 8mg/kg Cd^{2+} 有机酸分泌量显著高于对照和其他处理（林海涛和史衍玺，2005）；Cd^{2+} 引起蛭石中有机酸、硫及全氮的含量变化，这可能与其刺激大豆根系加强了有机酸、氨基酸、多肽和酰胺等有机物的分泌有关，这些有机物分泌的增加促进了对 Cd^{2+} 的络合作用，加强了主动抵御 Cd^{2+} 毒害的能力（强维亚等，2003）；Ryan 等（1995）认为，植物对重金属的抗性与该金属诱导根系分泌的有机酸（如苹果酸、柠檬酸）有极显著的相关性。还有研究发现，在高 Cd 积累品种根际土中低分子质量有机酸的总量明显高于低积累品种，植物 Cd 积累量与根际土中低分子质量有机酸含量成正比，这表明植物根系分泌物与植物体内 Cd 积累可能存在着某种内在联系。由于植物对金属离子的吸收与其在溶液中的活度有关，有机酸等异常根系分泌物增加在一定程度上还可能减少植物对重金属的吸收（郭立泉，2005）。

根系有机酸分泌的种类和含量与植物对重金属毒害的抗性、重金属的浓度等有关，如硬质小麦根际土壤中有许多水溶性低分子质量的有机酸，特别是乙酸和琥珀酸，而在非根际土壤中未检测到，高 Cd 积累品种（Kyle）的根际土壤中低分子质量有机酸显著高于低 Cd 积累品种（Arcola），且植物组织中总 Cd 积累量与根际土壤中低分子质量有机酸含量成正比（Cieśliński et al.，1998）。

2.2.2.6 小结

在 Cd 污染下，一年生落叶松苗根系有机酸的分泌种类增多，30d 时新增有机酸分泌种类多于 3d 和 10d，3d 多于 10d，且以 3d 时新增分泌某种有机酸的量较多；1 水平或 3 水平增加分泌的有机酸种类较多，即在一定胁迫内，苗木遭受胁迫时间较短、胁迫较重时新增加分泌的有机酸种类较多。Cd 污染还增加了有机酸的分泌总量。从胁迫水平看，3d 和 10d 时有机酸总量以 3 和 4 水平较高（3＞4），30d 时 1、2 水平较高，说明在一定程度胁迫内，有机酸分泌量随胁迫程度增加而提高，胁迫再重则降低；苗木受胁迫时间也影响有机酸总量，表现为3d＞10d＞30d，即随胁迫时间延长有机酸分泌总量降低。某种有机酸分泌量也因胁迫水平和胁迫时间而异：胁迫越重的水平下有机酸分泌量增加越多；在不同时间内，同一水平下大多数有机酸以 3d 分泌量增幅最大。在相同时间内，不同有机酸分泌量增幅不同，一般苹果酸最大，其次为柠檬酸或草酸，琥珀酸较低。与对照相比，各有机酸的分泌量在有机酸总量中所占比例稍有变化，但在总量中比例排序未变。

2.2.3 Pb 胁迫下一年生落叶松苗根系有机酸的分泌行为

2.2.3.1 胁迫 3d 时苗木根系分泌有机酸的种类与含量

（1）对照处理结果

在无 Pb 胁迫处理的对照组中，一年生落叶松苗根系能分泌某些种类的有机酸，包括柠檬酸、琥珀酸、草酸和苹果酸等 4 种。有机酸的分泌量依次是草酸＞柠檬酸＞琥珀酸＞苹果酸（表 2-9）。

表 2-9 Pb 胁迫 3d 时对照组落叶松根系分泌的有机酸 （单位：μg/kg）

有机酸	柠檬酸	琥珀酸	草酸	苹果酸	总量
分泌量	139.83（26.52）	60.02（11.38）	310.98（58.97）	16.51（3.13）	527.34

（2）有机酸种类的变化

Pb 胁迫 3d 时，与同时期的 A_1 层对照相比，落叶松一年生苗根系分泌的有机酸种类增加：1 水平下增加了 2 种有机酸，为酒石酸和磺基水杨酸；2 水平下增加了 3 种有机酸，为酒石酸、磺基水杨酸和延胡索酸；3 水平下增加了 2 种有机酸，为酒石酸和延胡索酸；4 水平下增加了 2 种有机酸，为酒石酸和延胡索酸（表 2-10）。

表 2-10 Pb 胁迫 3d 时落叶松根系分泌的有机酸 （单位：μg/kg）

有机酸	1	2	3	4	CK
柠檬酸	300.23（34.37）	252.26（27.14）	419.06（35.83）	346.68（34.78）	139.83（26.52）
琥珀酸	45.62（5.22）	71.88（7.73）	76.45（6.54）	70.78（7.1）	60.02（11.38）
草酸	387.69（44.38）	554.43（59.65）	590.14（50.45）	537.05（53.88）	310.98（58.97）
酒石酸	3.98（0.46）	0.53（0.06）	0.2（0.02）	0.21（0.02）	—
苹果酸	135.22（15.48）	48.75（5.25）	80.36（6.87）	41.54（4.17）	16.51（3.13）
没食子酸	—	—	—	—	
磺基水杨酸	0.79（0.09）	0.08（0.01）			
延胡索酸	—	1.51（0.16）	3.51（0.3）	0.54（0.05）	
总量	873.53	929.44	1169.72	996.80	527.34

（3）有机酸含量的变化

与对照组相比，土壤进行 Pb 胁迫处理 3d 时，除 1 水平下落叶松幼苗根系琥珀酸分泌量稍低于对照外，其余所有处理的各有机酸分泌量均表现出增加趋势，这在有机酸分泌总量和某种有机酸的分泌量上均有体现（表 2-10）。

对于不同的有机酸，其分泌量与对照相比的增加率不同：1 水平下，各有机酸分泌量依次是草酸＞柠檬酸＞苹果酸＞琥珀酸＞酒石酸＞磺基水杨酸，与对照组的增加率依次是苹果酸＞酒石酸＞柠檬酸＞磺基水杨酸＞草酸＞琥珀酸。2 水平下，分泌量依次是草酸＞柠檬酸＞琥珀酸＞苹果酸＞延胡索酸＞酒石酸＞磺基水杨酸，与对照组的增加率依次是苹果酸＞延胡索酸＞柠檬酸＞草酸＞酒石酸＞琥珀酸＞磺基水杨酸。3 水平下，分泌量依次是草酸＞柠檬酸＞苹果酸＞琥珀酸＞延胡索酸＞酒石酸，与对照组的增加率依次是苹果酸＞延胡索酸＞柠檬酸＞草酸＞琥珀酸＞酒石酸。4 水平下，分泌量依次是草酸＞柠檬酸＞琥珀酸＞苹果酸＞延胡索酸＞酒石酸，与对照组的增加率依次是苹果酸＞柠檬酸＞草酸＞延胡索酸＞酒石酸＞琥珀酸。整体看，此时期的四个水平下苹果酸分泌量的增长率较大，其次是柠檬酸和草酸，其余有机酸增幅较小（表 2-10）。

不同 Pb 胁迫浓度（水平）下，与对照相比，同种有机酸的分泌量变化趋势也不同。柠檬酸的分泌量随 Pb 浓度增加呈先降后升又下降的趋势，琥珀酸和草酸随 Pb 浓度增加呈先升后降的趋势，酒石酸呈下降趋势，苹果酸先下降再增加又下降，磺基水杨酸在 Pb 低浓度胁迫下分泌量降低，随 Pb 浓度增大则不分泌；延胡索酸 Pb 浓度较低时不分泌，当浓度增加时其分泌量先升后降。即上述有机酸的分泌量均随 Pb 浓度的变化而变化，大体呈先升后降的趋势，但总体分泌量都高于对照组（表 2-10）。

不同胁迫水平下，有机酸总量在这一时期的排序为水平 3＞4＞2＞1，大体表现为胁迫较重时分泌的有机酸总量较多（表 2-10）。

2.2.3.2 胁迫 10d 时苗木根系分泌有机酸的种类与含量

（1）对照处理结果

在无 Pb 胁迫处理的对照组中，一年生落叶松苗根系能分泌某些种类的有机酸，包括柠檬酸、琥珀酸、草酸和苹果酸。分泌量依次是草酸＞柠檬酸＞琥珀酸＞苹果酸（表 2-11）。

表 2-11　Pb 胁迫 10d 时对照组落叶松根系分泌的有机酸　（单位：μg/kg）

有机酸	柠檬酸	琥珀酸	草酸	苹果酸	总量
分泌量	195.43（28.09）	93.81（13.48）	368.29（52.93）	38.24（5.5）	695.77

（2）有机酸种类的变化

Pb 胁迫 10d 时，与同时期的 A_1 层对照相比，落叶松一年生苗根系分泌的有机酸种类增加：1 水平下增加了 2 种有机酸，为酒石酸和没食子酸；2 水平下增加了 2 种有机酸，为酒石酸和没食子酸；3 水平下增加了 1 种有机酸，为酒石酸；4 水平下增加了 1 种有机酸，为酒石酸（表 2-12）。

表 2-12　Pb 胁迫 10d 时落叶松根系分泌的有机酸　　　（单位：μg/kg）

有机酸	1	2	3	4	CK
柠檬酸	359.81（35.94）	390.96（38.01）	371.35（35.71）	477.79（39.81）	195.43（28.09）
琥珀酸	83.94（8.38）	55.86（5.43）	67.02（6.45）	67.63（5.63）	93.81（13.48）
草酸	479.68（47.91）	517.35（50.29）	543.24（52.24）	567（47.24）	368.29（52.93）
酒石酸	1.86（0.19）	0.39（0.04）	3.78（0.36）	1.77（0.15）	—
苹果酸	73.36（7.33）	61.58（5.99）	54.46（5.24）	86.06（7.17）	38.24（5.5）
没食子酸	2.48（0.25）	2.55（0.25）			
磺基水杨酸	—	—	—	—	—
延胡索酸	—	—	—	—	—
总量	1001.13	1028.69	1039.85	1200.25	695.77

（3）有机酸含量的变化

与对照组相比，土壤进行 Pb 胁迫处理后，除这 4 种水平下落叶松幼苗根系琥珀酸含量都低于对照外，其余所有处理的各有机酸分泌量均表现出增加趋势，这在有机酸分泌总量和某种有机酸的分泌量上均有体现。

对于不同的有机酸，其分泌量与对照相比的增加率不同：1 水平下，各有机酸分泌量依次是草酸＞柠檬酸＞琥珀酸＞苹果酸＞没食子酸＞酒石酸；与对照组的增加率依次是没食子酸＞酒石酸＞苹果酸＞柠檬酸＞草酸＞琥珀酸。2 水平下，分泌量依次是草酸＞柠檬酸＞苹果酸＞琥珀酸＞没食子酸＞酒石酸；与对照组的增加率依次是没食子酸＞柠檬酸＞苹果酸＞草酸＞酒石酸＞琥珀酸。3 水平下，分泌量依次是草酸＞柠檬酸＞琥珀酸＞苹果酸＞酒石酸；与对照组的增加率依次是酒石酸＞柠檬酸＞草酸＞苹果酸＞琥珀酸。4 水平下，分泌量依次是草酸＞柠檬酸＞苹果酸＞琥珀酸＞酒石酸；与对照组的增加率依次是酒石酸＞柠檬酸＞苹果酸＞草酸＞琥珀酸。整体看，此时期的 4 个水平下酒石酸分泌量的增长率较大，其次是柠檬酸和苹果酸，其余有机酸增幅较小。

不同 Pb 胁迫浓度（水平）下，与对照相比，同种有机酸的分泌量变化趋势也不同。柠檬酸的分泌量随着 Pb 浓度的增加呈先升后降又上升的趋势；琥珀酸和苹果酸的分泌随着 Pb 浓度增加呈先降后升的趋势；草酸呈上升的趋势；酒石酸的分泌呈先下降再增加最后又下降的趋势；没食子酸在 Pb 低浓度胁迫下分泌量上升，但是随着 Pb 浓度的增大则不分泌；除琥珀酸以外，剩下有机酸的分泌量随 Pb 浓度的变化而变化，但总体分泌量都高于对照组。琥珀酸的分泌量总体低于对照组。

有机酸总量的变化：不同胁迫水平下有机酸总量为 4＞3＞2＞1，即有机酸总量随 Pb 胁迫加重而增加（表 2-12）。

2.2.3.3 胁迫 30d 时苗木根系分泌有机酸的种类与含量

（1）对照处理结果

没有进行 Pb 处理的对照组中，一年生落叶松苗根系分泌的有机酸有柠檬酸、琥珀酸、草酸和苹果酸。分泌量依次是柠檬酸＞琥珀酸＞草酸＞苹果酸（表 2-13）。

表 2-13　Pb 胁迫 10d 时对照组落叶松根系分泌的有机酸　　（单位：g/kg）

有机酸	柠檬酸	琥珀酸	草酸	苹果酸	总量
分泌量	297.6（66.94）	95.53（21.49）	41.74（9.39）	9.7（2.18）	444.57

（2）有机酸种类的变化

Pb 胁迫 30d 时，与同时期的 A_1 层对照相比，落叶松一年生苗根系分泌的有机酸种类增加：1 水平下增加了 4 种有机酸，为酒石酸、没食子酸、磺基水杨酸和延胡索酸；2 水平下增加了 1 种有机酸，为酒石酸；3 水平下增加了 1 种有机酸，为没食子酸；4 水平下增加了 2 种有机酸，为酒石酸和没食子酸（表 2-14）。

表 2-14　Pb 胁迫 30d 时落叶松根系分泌的有机酸　　（单位：μg/kg）

有机酸	1	2	3	4	CK
柠檬酸	284.15（56.1）	391.58（56.01）	217.34（56.49）	277.13（57.51）	297.6（66.94）
琥珀酸	91.21（18.01）	125.7（17.98）	69.77（18.13）	88.96（18.46）	95.53（21.49）
草酸	98.53（19.45）	138.82（19.86）	73.88（19.2）	74.42（15.45）	41.74（9.39）
酒石酸	0.34（0.07）	0.86（0.12）	—	0.41（0.08）	—
苹果酸	30.93（6.11）	42.17（6.03）	18.44（4.79）	36.3（7.53）	9.7（2.18）
没食子酸	1.01（0.2）		5.3（1.38）	4.62（0.96）	—
磺基水杨酸	0.14（0.03）		—	—	—
延胡索酸	0.2（0.04）		—	—	—
总量	506.53	699.13	384.73	481.84	444.57

（3）有机酸含量的变化

与对照组相比，土壤进行 Pb 胁迫处理后，除 1、3、4 水平下落叶松幼苗根系柠檬酸和琥珀酸分泌量稍低于对照外，其余所有处理的各有机酸分泌量均表现出增加趋势，这在有机酸分泌总量和某种有机酸的分泌量上均有体现（表 2-14）。

对于不同的有机酸，其分泌量与对照相比的增加率不同：1 水平下，各有机酸分泌量依次是柠檬酸＞草酸＞琥珀酸＞苹果酸＞没食子酸＞酒石酸＞延胡索酸＞磺基水杨酸；与对照组的增加率依次是苹果酸＞草酸＞没食子酸＞酒石酸＞延胡索酸＞磺基水杨酸＞柠檬酸＞琥珀酸。2 水平下，分泌量依次是柠檬酸＞草酸＞琥珀酸＞苹果酸＞酒石酸；与对照组的增加率依次是苹果酸＞草酸＞酒石酸＞柠檬酸＞琥珀酸。3 水平下，分泌量依次是柠檬酸＞草酸＞琥珀酸＞苹果酸＞没食子酸；与对照组的增加率依次是没食子酸＞苹果酸＞草酸＞柠檬酸＞琥珀酸。4 水平下，分泌量依次是柠檬酸＞琥珀酸＞草酸＞苹果酸＞没食子酸＞酒石酸；与对照组的增加率依次是没食子酸＞苹果酸＞草酸＞酒石酸＞柠檬酸＞琥珀酸。整体看，此时期的 4 个水平下苹果酸分泌量的增加率较大，其次是没食子酸和草酸，其余有机酸增幅较小。

不同 Pb 胁迫浓度（水平）下，与对照相比，同种有机酸的分泌量变化趋势也不同。柠檬酸、琥珀酸、草酸、苹果酸、酒石酸、没食子酸的分泌量随着 Pb 浓度的增加呈先升后降又上升的趋势；磺基水杨酸和延胡索酸则在 Pb 低浓度胁迫下分泌，但是随着 Pb 浓度的增大则不分泌。除柠檬酸和琥珀酸以外的有机酸的分泌量随 Pb 浓度的变化而变化，但总体分泌量均高于对照组。柠檬酸和琥珀酸的分泌量总体低于对照组。

不同胁迫水平下有机酸总量为 2＞1＞4＞3，大体表现为胁迫中等时分泌的有机酸总量较多（表 2-14）。

2.2.3.4　不同胁迫时间落叶松根系分泌有机酸的对比

（1）有机酸种类的变化

与无 Pb 污染、A_1 层对照相比，Pb 胁迫下一年生落叶松苗根系有机酸的分泌种类增加，30d 时新增有机酸分泌种类多于 3d 和 10d，3d 多于 10d。在同一胁迫时间内，3d 时以 3、4 水平增加分泌有机酸种类较多，10d 和 30d 时则 1 水平增加种类较多，即苗木遭受胁迫时间较短时，胁迫较重的处理新增有机酸种类最多，而胁迫较长时间时则胁迫较轻的处理增加种类较多；对于某种有机酸，3d 时新增分泌此有机酸的水平数较多，因此，苗木受胁迫时间较短、胁迫较重时增加分泌的有机酸种类较多（表 2-9～表 2-14）。

（2）有机酸含量的对比

与对照相比，除 30d 3 水平外，不同程度的 Pb 污染均使有机酸分泌量增加。就各有机酸而言，所有处理的草酸和苹果酸分泌量均增加，某些处理的柠檬酸和琥珀酸也增加，除上述 4 种有机酸外，在不同胁迫时间和水平下还新增了某些有机酸的分泌（表 2-9～表 2-14）。

Pb 胁迫下，有机酸分泌总量因胁迫程度和时间而异：从胁迫程度看，有机酸总量的增幅在胁迫 3d 时以 3 水平较高，10d 时以 3、4 水平较高，30d 时以 1、2 水平较高，说明在较短的胁迫时间内，有机酸总量随胁迫程度增加而增大，但超过一定时间，较高水平的胁迫反而抑制有机酸分泌；Pb 胁迫时间也影响有机酸的分泌总量，随胁迫时间的延长，有机酸总量的增幅逐渐降低，即增幅为 3d＞10d＞30d（表 2-10，表 2-12，表 2-14）。

各有机酸分泌量也因 Pb 胁迫水平和时间而异。对于 1、2、3、4 水平，在胁迫 3d、10d 和 30d 时，大多数有机酸分泌量的增幅分别以 3、4、2 水平最大，即在较短的胁迫时间内，胁迫越重有机酸分泌量增幅越大，时间较长时则胁迫较轻的处理增幅较大。在不同胁迫时间内，各有机酸增加的分泌量不同，对于对照处理中分泌的 4 种有机酸，苹果酸分泌量增幅为 3d＞30d＞10d，柠檬酸为 3d＞10d＞30d，琥珀酸为 3d＞30d＞10d，草酸大体为 30d＞3d＞10d，即大多数有机酸以 3d 时增幅最大。在相同的胁迫时间内，不同有机酸增加的分泌量也不同，3d 时各有机酸分泌量增幅为苹果酸＞柠檬酸＞草酸＞琥珀酸，10d 为柠檬酸＞苹果酸＞草酸＞琥珀酸，30d 为苹果酸＞草酸＞琥珀酸＞柠檬酸，即 3d 和 10d 时苹果酸和柠檬酸增幅较大，30d 时苹果酸和草酸增幅较大。不同 Pb 胁迫水平和时间处理下，各有机酸分泌量在有机酸总量中所占比例稍有变化，但排序未变（表 2-10，表 2-12，表 2-14）。

2.2.3.5　讨论

在 Pb 等重金属污染的土壤中，植物根系能分泌一些有机酸，如草酸、柠檬酸、酒石酸和琥珀酸等，这些有机酸可改变金属的化学行为与生态行为，从而改变重金属的有效性和对植物的毒性。一方面，有机酸与根际中某些游离的重金属离子螯合形成稳定的金属螯合物复合体，以降低其活度，从而降低土壤中重金属的移动性，达到体外解毒的目的，这是植物对重金属产生避性的机制；另一方面，有机酸可通过多种途径活化根际中有毒的重金属，使之成为植物可吸收的状态，有利于植物吸收利用，降低土壤中重金属含量和活度，增强植物抵抗环境胁迫的能力，这表现为植物对重金属的积累性，是植物耐性机制的体现。因此，针对不同的土壤污染物类型，不同植物根系分泌的有机酸种类和含量不同，不同浓度和种类的有机酸对土壤中重金属活性的影响也不同，如 Chen 等（2003）通过吸附实验发现，柠檬酸能降低土壤对 Cd 和 Pb 的吸附，其对 Cd 的活化能力明显强于 Pb；柠檬酸能减轻 Cd 和 Pb 对萝卜的毒害作用，促进重金属从根部向地上部的转移。卢豪良和严重玲（2007）研究了生长于福建漳江口红树林湿地砂质与泥质滩涂上的红树科植物秋茄树[*Kandelia candel*（L.）Druce]幼苗根系分泌物中的低分子质量有机酸，并在室内模拟秋茄树根系分泌的低分子质量有机酸，作为重金属提取剂提取沉积物中可溶解态与碳酸盐结合态重金属，探讨红树根系分泌的低分子质量有机酸对红树林沉积物重金属生物有效性的影响，研究表明，秋茄树根系分泌低分子质量有机酸为甲酸、丁酸、苹果酸、柠檬酸、乳酸，不同土壤结构对秋茄树根系分泌的苹果酸、柠檬酸、乳酸有显著影响（$P<0.05$）；以低分子质量有机酸

作为提取剂对沉积物中可溶解态与碳酸盐结合态重金属的提取率表现为柠檬酸＞混合酸＞苹果酸＞乳酸＞乙酸，低分子质量有机酸对红树林沉积物重金属的生物有效性有促进作用。Pb 等重金属污染还促使某些植物根系有机酸的分泌量增加，且有机酸的分泌种类和分泌量因 Pb 浓度等而异，如与对照相比，Pb^{2+} 胁迫使茶树根系琥珀酸和苹果酸的分泌量显著增加，且 Pb^{2+} 浓度＜100mg/kg 时，琥珀酸和苹果酸的分泌量随着 Pb^{2+} 浓度增大而增加；低浓度 Pb^{2+}（20mg/kg）和高浓度 Pb^{2+}（100mg/kg）都使草酸分泌量增加，Pb^{2+} 浓度＞40mg/kg 时，草酸分泌量随 Pb^{2+} 浓度增加而增大；随 Pb^{2+} 处理浓度增加，茶树根系分泌的有机酸总量呈先增后降再增后微降的趋势，Pb^{2+} 浓度为 20mg/kg 和 60mg/kg 的处理有机酸分泌量显著高于对照和其他处理（林海涛和史衍玺，2005）。

2.2.3.6　小结

（1）Pb 胁迫使一年生落叶松苗根系有机酸的分泌种类增加，一般 30d 时新增有机酸种类多于 3d 和 10d，3d 时多于 10d。

（2）Pb 胁迫使落叶松根系有机酸分泌总量增加，且有机酸总量增幅因胁迫程度和胁迫处理时间而异。3d 时以 3 水平较高，30d 时以 1、2 水平较高，即在一定程度胁迫下，有机酸分泌总量随胁迫程度增加而提高，胁迫时间过长则降低；不同胁迫时间内有机酸分泌总量的增幅顺序为 3d＞10d＞30d，即随胁迫时间延长有机酸分泌总量增幅逐渐降低。

（3）Pb 胁迫使落叶松根系某种有机酸的分泌量增加，且各有机酸分泌量也因胁迫水平和胁迫时间而异：在 3d、10d 和 30d 时，大多数有机酸分别以 3、4、2 水平增幅最大，即在较短胁迫时间内，胁迫越重增加的有机酸分泌量越大，胁迫时间较长时则胁迫较轻的处理分泌量增加较多；在不同胁迫时间内，大多数有机酸以 3d 时增幅最大。对于有机酸种类而言，3d 和 10d 时苹果酸和柠檬酸分泌量增幅较大，而 30d 时苹果酸和草酸分泌量增幅较大。

（4）不同胁迫水平和时间处理下，各有机酸的分泌量在有机酸总量中所占的比例稍有变化，但排序未变。

2.2.4　Pb、Cd 胁迫下二年生落叶松根系有机酸的分泌行为

2.2.4.1　无胁迫时苗木根系有机酸的分泌情况

二年生落叶松苗根系能分泌有机酸，已定性的有柠檬酸、琥珀酸、草酸、苹果酸和酒石酸等 5 种（比一年生苗多分泌酒石酸，说明不同生育期苗木分泌的有机酸种类不同），其中草酸含量及其比例最高，其次为柠檬酸，再次为琥珀酸、苹果酸，酒石酸最低，这与处理 10d 的一年生苗一致（表 2-15）。

表 2-15   不同土壤胁迫条件下二年生落叶松根系分泌的有机酸   （单位：g/kg）

有机酸	Pb 胁迫				
	1	2	3	4	CK
柠檬酸	246.3 (27.5)	157.47 (18.53)	507.11 (43.71)	489.51 (46.69)	188.1 (25.99)
琥珀酸	75.34 (8.41)	95.44 (11.23)	99.5 (8.58)	94.15 (8.98)	113.98 (15.75)
草酸	518.32 (57.88)	548.92 (64.61)	475.98 (41.02)	380.12 (36.26)	387.58 (53.56)
酒石酸	0.13 (0.01)	3.98 (0.47)	1.9 (0.16)	—	1.35 (0.19)
苹果酸	51.64 (5.77)	40.58 (4.78)	72.98 (6.29)	70.16 (6.69)	32.64 (4.51)
没食子酸				11.31 (1.08)	
磺基水杨酸	—				
延胡索酸	3.84 (0.43)	3.25 (0.38)	2.81 (0.24)	3.19 (0.3)	
总量	895.57	849.64	1160.28	1048.44	723.65

有机酸	Cd 胁迫				
	1	2	3	4	CK
柠檬酸	292.02 (28.28)	384.6 (40.32)	291.77 (29.4)	432.01 (44.31)	188.1 (25.99)
琥珀酸	89.4 (8.66)	87.83 (9.21)	77.51 (7.81)	109.7 (11.25)	113.98 (15.75)
草酸	582.14 (56.38)	423.13 (44.36)	549.54 (55.37)	368.53 (37.8)	387.58 (53.56)
酒石酸	4.22 (0.41)	—	1.19 (0.12)	0.61 (0.06)	1.35 (0.19)
苹果酸	61.15 (5.92)	52.96 (5.55)	62.14 (6.26)	59.1 (6.06)	32.64 (4.51)
没食子酸	—	2.01 (0.21)	9.3 (0.94)	—	—
磺基水杨酸					
延胡索酸	3.6 (0.35)	3.25 (0.34)	1.12 (0.11)	5.11 (0.52)	—
总量	1032.53	953.78	992.57	975.06	723.65

2.2.4.2   单一胁迫下苗木有机酸分泌种类的变化

与对照相比，在各种胁迫条件下，二年生落叶松苗根系有机酸的分泌种类大多增加，2 种胁迫因素的 4 个水平处理均增加了延胡索酸，Pb 胁迫的 4 水平和 Cd 胁迫的 2、3 水平还增加了没食子酸，可以看出，各种胁迫因素和不同胁迫水平下，落叶松根系增加分泌的有机酸种类不完全一致（表 2-15）。

对于不同的胁迫水平，根系分泌的有机酸种类不同，新增分泌的有机酸种类也不同，如 Cd 胁迫时，2 水平未检出酒石酸，2、3 水平增加了没食子酸和延胡索酸；Pb 胁迫时，4 水平未检出酒石酸，但增加了没食子酸和延胡索酸，说明在一定范围内，重金属胁迫越重新增分泌的有机酸种类越多（表 2-15）。

2.2.4.3　单一胁迫下苗木有机酸分泌量的变化

与对照相比，2 种因素的所有水平处理都增加了有机酸总量。就某种有机酸而言，在 2 种胁迫因素处理时，所有处理苹果酸的分泌量都增加，大多数处理的柠檬酸、草酸分泌量增加，特别是苹果酸和柠檬酸增量较大，酒石酸分泌量有增有减，琥珀酸分泌量降低。在不同的胁迫因素处理下还新增分泌了某些有机酸（表 2-15）。

有机酸分泌总量和各种有机酸的分泌量因胁迫因素和胁迫水平而异，一般 Cd 胁迫时有机酸分泌总量较大，Pb 胁迫时较小。对于同一胁迫因素的不同水平，Pb 胁迫以 3、4 水平分泌量较高，Cd 胁迫以 1、3、4 水平较高（表 2-15），因此对于不同的胁迫因素，不同水平下增加分泌的有机酸总量不同，同时也说明，在一定程度的胁迫内，有机酸分泌总量随胁迫程度的增加而增大。不同胁迫因素处理下，各有机酸分泌量在有机酸总量中所占的比例稍有变化，但排序未变（表 2-15），这与一年生苗在相应胁迫因素处理下的结果类似。

2.2.4.4　小结

二年生落叶松苗根系能分泌有机酸，已定性的有柠檬酸、琥珀酸、草酸、苹果酸和酒石酸等 5 种，这与一年生苗略有不同，说明不同生育期苗木分泌的有机酸种类不同。与对照相比，在各胁迫因素的大多数水平处理下，二年生落叶松幼苗根系有机酸的分泌种类大多增加，但胁迫因素和水平不同增加分泌的有机酸的种类也不同。土壤胁迫也增加二年生苗的有机酸分泌量，有机酸分泌总量一般以 Cd 胁迫时较大、Pb 胁迫时较小。对于同一胁迫因素的不同水平，Pb 胁迫以 3、4 水平分泌量较高，Cd 胁迫以 1、3、4 较高，因此对于不同胁迫因素，不同水平下增加分泌的有机酸总量不同，同时也说明，在一定程度的胁迫条件内，有机酸分泌总量随胁迫程度增加而增大。不同胁迫因素处理下各有机酸分泌量在有机酸分泌总量中所占比例稍有变化，但排序未变，这与一年生苗类似。

2.3　本　章　结　论

（1）一定程度的 Pb、Cd 污染使落叶松人工林根系有机酸的分泌总量增加，分泌量较大的 3 种有机酸（柠檬酸、琥珀酸、苹果酸）分泌量也增加，污染较重时有机酸分泌总量和柠檬酸、琥珀酸、苹果酸分泌量却降低。其余有机酸的变化规律有所不同。

（2）在 Cd 污染下，一年生落叶松苗根系有机酸的分泌种类增多，30d 时新增有机酸分泌种类多于 3d 和 10d，3d 多于 10d，且在一定胁迫内，苗木遭受胁迫时间较短且胁迫较重时新增加分泌的有机酸种类较多。Cd 污染还增加了有机酸的分泌总量。在一定程度胁迫内，有机酸分泌量随胁迫程度增加而提高，胁迫再重则降低；随胁迫时间延长有机酸分泌总量降低。某种有机酸分泌量也因胁迫水平和胁迫时间而异：胁迫越重的水平有机酸分泌量增加越多；在不同时间内，同一水平下大多数有机酸以 3d 分泌量增幅最大。

（3）Pb 胁迫使一年生落叶松苗根系有机酸的分泌种类增加，一般 30d 时新增有机酸种类多于 3d 和 10d，3d 时多于 10d。在一定程度的 Pb 胁迫下，有机酸分泌总量随胁迫程度增加而提高，胁迫时间过长则降低；随胁迫时间延长有机酸分泌总量增幅逐渐降低。各有机酸的分泌量也因胁迫水平和胁迫时间而异：在较短胁迫时间内，胁迫越重增加的有机酸分泌量越大，胁迫时间较长时则胁迫较轻的处理分泌量增加较多；在不同胁迫时间内，大多数有机酸以 3d 时增幅最大。

（4）在各胁迫因素的大多数水平处理下，二年生落叶松幼苗根系有机酸的分泌种类大多增加，但胁迫因素和水平不同增加分泌的有机酸的种类也不同。土壤胁迫也增加二年生苗的有机酸分泌量，有机酸分泌总量一般以养分和 Cd 胁迫时较大、Pb 胁迫时较小。对于不同胁迫因素，不同水平下增加分泌的有机酸分泌总量不同，在一定程度的胁迫条件内，有机酸分泌总量随胁迫程度增加而增大。

参 考 文 献

陈凯, 马敬, 曹一平, 等. 1999. 磷亏缺下不同植物根系有机酸的分泌. 中国农业大学学报, 4(3): 58-62

郭立泉. 2005. 盐、碱胁迫下星星草体内有机酸积累比较. 东北师范大学硕士学位论文

黄爱缨, 代先祝, 王三根, 等. 2008. 低磷胁迫对玉米自交系苗期根系分泌有机酸的影响. 西南大学学报(自然科学版), 30(4): 73-77

李兆亮, 原永兵, 刘成连, 等. 1998. 水杨酸对黄瓜叶片抗氧化剂酶系的调节作用. 植物学报, 40(4): 356-361

林海涛, 史衍玺. 2005. 铅、镉胁迫对茶树根系分泌有机酸的影响. 山东农业科学, (2): 32-34

卢豪良, 严重玲. 2007. 秋茄[Kandelia candel (L.)]根系分泌低分子量有机酸及其对重金属生物有效性的影响. 生态学报, 27(10): 4173-4181

强维亚, 陈拓, 汤红官, 等, 2003. Cd 胁迫和增强 UV-B 辐射对大豆根系分泌物的影响. 植物生态学报, 27(3): 293-298

申建波, 张福锁, 毛达如. 1995. 磷胁迫下大豆根分泌有机酸的动态变化. 中国农业大学学报, 3(增刊): 44-48

孙瑞莲, 周启星. 2006. 高等植物金属抗性中有机酸的作用及其机理. 生态学杂志, 25(10): 1275-1279

许明丽, 孙晓艳, 文汇祁. 2000. 水杨酸对水分胁迫下小麦幼苗叶片膜损伤的保护作用. 植物生理学通讯, 36(1): 35-36

杨剑平, 段碧华, 潘金豹, 等. 2002. 水杨酸和水分胁迫对玉米苗过氧化氢代谢的影响. 中国农

学通报, 18(2): 8-11

杨剑平, 徐红梅, 王文平, 等. 2003. 水杨酸和渗透胁迫对玉米幼苗生理特性的影响. 北京农学院学报, 18(1): 7-9

俞元春, 余健, 房莉, 等. 2007. 缺磷胁迫下马尾松和杉木苗根系有机酸的分泌. 南京林业大学学报, 31(2): 9-12

Ashraf M, Iram A. 2005. Drought stress induced changes in some organic substances in nodules and other plant parts of two potential legumes differing in salt tolerance. Flora, 200(6): 535-546

Barceló J, Poschenrieder C. 2002. Fast root growth responses, root exudates, and internal detoxification as clues to the mechanisms of aluminium toxicity and resistance: a review. Environmental and Experimental Botany, 48(1): 75-92

Chen Y X, Lin Q, Luo Y M, et al. 2003. The role of citric acid on the phytoremediation of heavy metal contaminated soil. Chemosphere, 50(6): 807-811

Cieśliński G, Van Rees K C J, Szmigielska A M, et al. 1998. Low-molecular-weight organic acids in rhizosphere soils of durum wheat and their effect on cadmium bioaccumulation. Plant Soil, 203: 109-117

Gerke J, Wilhelm R, Albrecht J. 1994. The excretion of citric and malic acid by proteoid roots of *Lupinus albus* L.: effect on soil solution concentrations of phosphate, iron, and aluminum in the proteoid rhizosphere in samples of an oxisol and a luvisol. Z. Pflanzernernährung, Bodenk, 157(4): 289-294

Hajiboland R, Yang X E, Römheld V, et al. 2005. Effect of bicarbonate on elongation and distribution of organic acids in root and root zone of Zn-efficient and Zn-inefficient rice (*Oryza sativa* L.) genotypes. Environmental and Experimental Botany, 54(2): 163-173

Han Y L, Yuan H Y, Huang S Z, et al. 2007. Cadmium tolerance and accumulation by two species of *Iris*. Ecotoxicology, 16(8): 557-563

Ishikawa S, Adu-Gyamfi J J, Nakamura T, et al. 2002. Genotypic variability in phosphorus solubilizing activity of root exudates by pigeonpea grown in low-nutrient environments. Plant and Soil, 245(1): 71-81

Liu Y, Mi G H, Chen F J, et al. 2004. Rhizosphere effect and root growth of two maize (*Zea mays* L.) genotypes with contrasting P efficiency at low P availability. Plant Science, 167(2): 217-223

Ma J F. 2000. Role of organic acids in detoxification of aluminum in higher plants. Plant Cell Physiol., 41(4): 383-390

Odjegba V J, Fasidi I O. 2004. Accumulation of trace elements by *Pistia stratiotes*: implications for phytoremediation. Ecotoxicology, 13(7): 637-646

Ozawa K, Osaki M. 1995. Purification and properties of acid phosphatase secreted from Lupin roots under phosphorus-deficiency conditions. Soil Sci Plant Nutr, 41(3): 461-469

Pancheva T V, Popowa L P, Uzunova A N. 1996. Effects of dalicylic acid on growth and photosynthesis in barely plants. J Plant Physiol., 149(s1-2): 57-63

Romheld V, Awad F. 2000. Significance of root exudates in acquisition of heavy metal from a contaminate calcareous soil by graminaceous species. J Plant Nutr, 23(11-12): 1857-1866

Ryan P R, Elhaize E D, Randall P J. 1995. Malate efflux from rot apices: evidence for a general mechanism of Al-tolerance in wheat. Aust J Plant Physiol, 22(22): 531-536

Schöttelndreier M, Norddahl M M, Ström L, et al. 2001. Organic acid exudation by wild herbs in response to elevated Al concentrations. Annals of Botany, 87(6): 769-775

Shen H, Yan X L, Zhao M, et al. 2002. Exudation of organic acids in common bean as related to mobilization of aluminum-and iron-bound phosphates. Environmental and Experimental Botany,

48(1): 1-9

Tolrá R P, Poschenrieder C, Luppi B, et al. 2005. Aluminium-induced changes in the profiles of both organic acids and phenolic substances underlie Al tolerance in *Rumex acetosa* L. Environ Exp Bot, 54(3): 231-238

Wang X, Jia Y F. 2007. Study on absorption and remediation by Poplar and Larch in the soil contaminated with heavy metals. Ecology and Environment, 16: 432-436

Yang H, Jongathan W C W, Yang Z M, et al. 2001. Ability of *Agrogyron elongatum* to accumulate the single metal cadmium, copper, nickel and lead and root exudation of organic acids. J Environ Sci, 13(3): 368-375

Yang Z M, Sivaguru M, Horst W, et al. 2000. Aluminium tolerance is achieved by exudation of citric acid from roots of soybean (*Glycine max*). Physiol Plant, 110(1): 72-77

Zeng F R, Chen S, Miao Y, et al. 2008. Changes of organic acid exudation and rhizosphere pH in rice plants under chromium stress. Environ Pollut, 155(2): 284-289

Zhang F S, Ma J, Cao Y P. 1997. Phosphorus deficiency enhances root exudation of low-molecular weight organic acids and utilization of sparingly soluble inorganic phosphates by radish (*Raghanus satiuvs* L.) and rape (*Brassica napus* L.) plants. Plant and Soil, 196(2): 261-264

3 外源有机酸对 Cd 胁迫下落叶松幼苗生态适应性的影响研究

随着工业化、城市化、农业现代化的发展，土壤重金属污染日益严重，特别是 Cd 污染，其是植物生长的非必需元素，土壤中过量的 Cd 不仅在植物体内残留，对一些植物产生毒害，影响其产量和品质（杨艳，2007），还对人类具有积累性危害，成为威胁人类健康与影响人类生活质量的环境问题和社会问题。因此，修复Cd 污染土壤、恢复土壤原有功能已引起国内外的广泛关注（孙景波等，2009；El-Tayeb and El-Enany，2006；王笑峰等，2009），成为近年来生态修复研究领域的重要内容之一。

在污染土壤的修复技术中，除采用常规工程措施或化学治理措施外，植物修复技术由于投资少、不破坏土壤结构、不引起二次污染而被认为是最有前途和发展前景的一种绿色修复治理技术（Glass，2000；黄苏珍，2008）。在植物修复治理重金属污染过程中，植物修复技术的效果与土壤中重金属的生物有效性密切相关，而大部分重金属在土壤中的有效性较低，如何提高重金属的活性、获得缓解土壤重金属对植物胁迫的理想途径尤为重要（郭艳杰等，2008）。作为一种天然螯合剂，土壤中各种来源的有机酸在控制重金属溶解性、植物有效性和生物毒性方面发挥了重要作用，显著影响了重金属在土壤和环境中的迁移转化行为、重金属对植物的有效性和对环境的毒性（Cristofaro et al.，1998；Nigam et al.，2001；高彦征等，2003；杨亚提等，2003）。有研究表明，有机酸能与重金属配位结合，从而增加土壤中重金属离子的活化以强化植物各部位对重金属的吸收和积累，以达到减轻土壤污染、解毒植物体内重金属的目的，同时还提高植物修复效率、缩短修复周期（Zhang and Chai，1999；Fischer and Bipp，2002）。目前，外源有机酸与土壤中重金属的相互作用，及其提高植物对重金属的富集浓度，进而减轻土壤重金属危害的研究越来越多，还有不少学者研究了有机酸对重金属胁迫下植物生理生化特性和生长发育的影响，如向营养液中外加柠檬酸、草酸可显著增加非超积累 Zn 生态型东南景天叶片、茎、根系中的 Zn 含量（龙新宪等，2002）；外源EDTA 明显提高豌豆和玉米对 Pb 的积累能力（Huang et al.，1997）；有机酸对 Cd胁迫下的黑麦草具有解毒作用（廖敏和黄昌勇，2002）；酒石酸、柠檬酸、草酸等有机酸显著影响 Cd 胁迫下油菜的生长和生理生化特征，降低其毒害（杨艳等，2007）。当然，关于有机酸如何影响植物对重金属的吸收及其生长发育和生理生化特性，也有不一致的报道，如向土壤添加 EDTA 明显抑制水稻和小麦对 Cd 的吸收，并显著降低水稻籽粒中 Cd 的含量（张敬锁等，1999a，1999b），培养液中加入柠檬酸还可抑制萝卜和水稻对 Pb 的吸收（陈英旭等，2000）。因此，有机酸对植物生长、生理生化特性及其吸收重金属的影响受多种因素制约，有机酸对植物作用的这种差异性不仅与植物种类有关，可能还与植物对重金属的吸收机制、有机酸种类和浓度、重金属种类和含量等不同有关。

我国东北地区广大范围内有一定面积的矿山土壤亟须复垦，如黑龙江省境内的伊春市西林铅锌矿、鸡西煤矿、鹤岗煤矿、黑河金矿等。这些特殊的土壤立地条件下，土壤 Cd 污染常普遍存在。落叶松是我国东北山区的重要乡土树种，其对环境条件要求不严格，所以成为本地区矿山土壤植被恢复与林业复垦的优选树种和先锋树种。但在较严重的土壤 Cd 胁迫下，落叶松的成活与生长仍然受到很大限制（Wang and Jia，2007）。通过前期研究我们发现，落叶松凋落物能源源不断释放多种有机酸，包括草酸、柠檬酸和琥珀酸等，且分泌量较大（Song and Cui，2003）；在土壤 Cd、养分等胁迫条件下，落叶松根系还能分泌草酸、柠檬酸等多种类型的有机酸，很多有机酸分泌量相当可观（Huang et al.，2014；Song et al.，2014a）。综合前人研究，我们可以假设，外源有机酸亦可能通过影响落叶松幼苗的多种生理生化特性，进而提高落叶松对 Cd 胁迫土壤的抗性和适应能力。但目前，外源有机酸如何影响 Cd 等重金属胁迫下落叶松幼苗的生理生化特性、生长，以及如何影响其吸收运输 Cd 等还未见报道。本研究通过外源添加不同浓度的草酸和柠檬酸溶液，系统研究了 Cd 污染条件下，有机酸对落叶松幼苗多种生理生化特性、生长和 Cd 吸收积累的影响及机制，探讨了不同种类和浓度的外源有机酸对土壤 Cd 胁迫的解毒作用及其程度，从而为有机酸应用于植物修复土壤 Cd 污染提供理论指导，为探索 Cd 污染土壤的控制途径、提高落叶松对 Cd 污染的适应意义和修复效率提供科学依据，同时也为 Cd 污染土壤的有效利用开辟新思路。

3.1　材料与方法

3.1.1　实验材料与处理

实验在黑龙江省东北林业大学帽儿山实验林场温室内进行。落叶松种子经过选种、消毒后，进行雪藏催芽、播种，覆土材料为质地均一、无杂质的 A_1 层暗棕壤。选择生长一致的落叶松苗木栽植在塑料花盆内（底径为 16.2cm、上口径为 18.4cm、高为 20.0cm），土壤基质为无杂质的 A_1 层暗棕壤，每盆栽苗木 60 株，盆内上沿土壤空出 2～3cm，以便进行浇水、有机酸和 Cd 处理，再在土壤表层洒一层沙子以减少水分的蒸发。苗木在温室内正常光照和浇水，充分缓苗后进行有机酸和 Cd 处理，此时幼苗平均苗高 4.3cm，平均地径 1.05cm。

缓苗 1 月后，土壤用 $CdCl_2$ 溶液进行 Cd 胁迫处理，使处理后土壤内 Cd^{2+} 浓度达 10mg/kg。Cd 胁迫处理 10d 后，配制草酸和柠檬酸 2 种有机酸溶液，浓度分别为 0mmol/L、0.2mmol/L、1.0mmol/L、5.0mmol/L 和 10.0mmol/L。本实验共包括 10 个处理，详见表 3-1，其中 CK 为对照处理，即土壤无 Cd 胁迫、无有机酸的等量蒸馏水处理，其与 T1 的对比是为了研究 Cd 胁迫对落叶松幼苗在生理特性和生长指标等方面的影响或抑制作用，T1～T9 进行对比，目的是研究不同种类和浓度的外源有机酸处理对落叶松幼苗各种指标的影响及其程度。

表 3-1　本研究所涉及的实验处理　　　　（单位：mmol/L）

处理	CK	T1	T2	T3	T4	T5	T6	T7	T8	T9
土壤	无 Pb 胁迫	Pb 胁迫	Pb 胁迫	Pb 胁迫	Pb 胁迫	Pb 胁迫	Pb 胁迫	Pb 胁迫	Pb 胁迫	Pb 胁迫
有机酸种类	—	—	草酸	草酸	草酸	草酸	柠檬酸	柠檬酸	柠檬酸	柠檬酸
有机酸浓度	0	0	0.2	1.0	5.0	10.0	0.2	1.0	5.0	10.0

对于 T1～T9 处理，根据表 3-1 所示，分别用上述不同种类和浓度的有机酸溶液（0mmol/L、0.2mmol/L、1.0mmol/L、5.0mmol/L 和 10.0mmol/L 草酸或柠檬酸）对苗木进行灌根处理，使苗下土壤充分湿润。在落叶松苗期，根系生长慢且发育不完全，根系对有机酸溶液的吸收效果并不能完全满足实验要求，所以除采用根部处理方式添加有机酸外，还用喷壶向落叶松苗木叶片的上、下表面喷施上述有机酸溶液，以叶面均匀湿润为止。这与落叶松苗期施肥一般采取叶面施肥的原理是一致的，叶面施肥能使养分迅速通过叶片进入植物体，以满足其生长发育需要，解决苗木缺肥问题（庞秀谦等，2010）。再者，养分等溶液主要通过气孔进入植物的叶肉细胞，一般大量气孔更多地分布在叶片的下表面，下表面比上表面更易通过溶质，对养分等液体的吸收效率也更高，叶面施肥时也尽量同时喷施叶片上、下两表面，以增加养分的吸收量（肖艳等，2003）。2 种有机酸溶液均以有机盐溶液的形式添加（pH 5.16，仿凋落物淋洗液的平均 pH），有机酸每天处理一次，共处理 7 天，均在早晨 8：00 处理。各处理分别在有机酸处理后第 10 天、第 20 天和第 30 天采样分析。每个处理 10 盆。

3.1.2　样品采集与测定

3.1.2.1　叶片生理生化指标测定

在每处理的 10 盆苗木中，随机采集各处理第 11～20 片成熟真叶（即幼苗中部）（3.0g），立即测定相对电导率、丙二醛（MDA）、脯氨酸、可溶性蛋白和叶绿素含量，以及超氧化物歧化酶（SOD）、过氧化物酶（POD）活性，或将样品以液氮固定，置于–80℃的超低温冰箱保存，备测上述指标。

上述指标的具体测定方法如下：相对电导率用上海雷磁 DDS-6700 电导仪测定，MDA 含量采用硫代巴比妥酸（TBA）比色法，脯氨酸含量采用酸性茚三酮法，可溶性蛋白含量采用考马斯亮蓝 G-250 染色法,色素含量采用丙酮提取分光光度法,SOD 活性采用氮蓝四唑(NBT)光化还原法,POD 活性采用愈创木酚法。具体指标的详细测定方法见李合生等(2000)、Song 等(2014b,2016)。每处理重复 3 次。

3.1.2.2 Cd 含量测定

随机采集第 11~20 片成熟真叶,再把采集过叶片的幼苗小心地从土壤中取出,操作时避免根系损伤,采集<2mm 细根。将叶片和细根用蒸馏水洗净擦干,105℃下杀青 15min,70℃下烘至恒重,粉碎,过 2mm 尼龙筛,采用微波消解 ICP-MS 法测定叶片和细根的 Cd 含量,所用仪器为 ICP-MS,PE,Sciex ELAN 6000,USA。每处理重复 3 次。

3.1.2.3 生长指标测定

从统一培养的幼苗中随机选取苗木测定苗高和地径,其中苗高用米尺(精确度为 0.01m)、地径用游标卡尺(精确度为 0.001m)测定,每处理测 30 株,算出净生长率,其计算公式为

净生长率(%)=(苗高或地径$_{处理后}$−苗高或地径$_{处理前}$)×100/苗高或地径$_{处理前}$

3.1.3 数据处理

所列实验数据均为(平均值±标准差),并将所有数据用 SPSS 18.0 软件进行显著性检验处理。

3.2 结果与分析

3.2.1 有机酸对细胞膜系统的保护作用

Cd 胁迫下,落叶松幼苗叶片细胞膜透性与 MDA 含量呈现相同的变化趋势,均表现为增加,说明苗木已遭受 Cd 污染,且随时间延长细胞膜透性增加,受伤害程度加深。有机酸处理后,相对电导率和 MDA 含量均不同程度降低,大多数处理低于 CK 组,说明有机酸可保护落叶松幼苗细胞膜的完整性,在一定程度上降低了细胞膜透性和脂质过氧化程度,最终使膜系统的过氧化损伤得以恢复,从而有效缓解 Cd 对苗木细胞膜系统的毒害。从有机酸浓度来看,草酸和柠檬酸的大多数处理在 10.0mmol/L 时对电导率和 MDA 含量的降低作用最显著,即此浓度下的有机酸降低 Cd 污染对落叶松幼苗细胞膜的伤害最显著,苗木受伤害最轻。2 种有机酸对电导率和 MDA 含量的降幅不同,柠檬酸效果强于草酸,即 0.2~10.0mmol/L 2 种有机酸中,10.0mmol/L 柠檬酸处理降低 Cd 污染胁迫的能

力最强。从处理时间看，一般降低 MDA 含量的大小顺序为 20d＞10d＞30d，草酸和柠檬酸对电导率的降低强弱则分别为 30d＞20d＞10d 和 20d＞30d＞10d（图 3-1，图 3-2）。

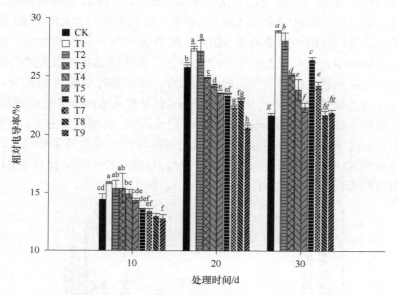

图 3-1　Cd 胁迫下有机酸处理后落叶松幼苗的相对电导率

不同字母表示差异显著（$P<0.05$），10d、20d、30d 分别进行统计，下同

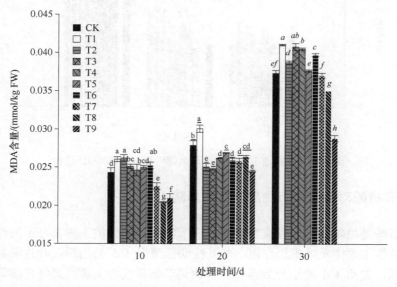

图 3-2　Cd 胁迫下有机酸处理后落叶松幼苗的 MDA 含量

纵坐标标题中 FW 表示鲜重，下同

3.2.2 有机酸对抗氧化酶活性的影响

Cd 胁迫后，未经有机酸处理的落叶松幼苗 SOD 和 POD 活性均降低，且随时间延长进一步降低。有机酸有效缓解 Cd 对落叶松幼苗叶片 SOD、POD 活性的抑制，大多数浓度的草酸和柠檬酸使 SOD 和 POD 活性有不同程度增加，且效果显著。上述结果说明，有机酸在一定程度上降低了落叶松幼苗的脂质过氧化程度，有效地保护了细胞膜系统。从有机酸浓度来看，草酸和柠檬酸对 SOD 和 POD 活性提高起作用的最佳浓度不一，一般 5.0mmol/L 草酸和 5.0mmol/L 柠檬酸对 SOD 活性提高效果最好，而 10.0mmol/L 草酸和 5.0mmol/L 柠檬酸对 POD 活性效果最好，即上述浓度下有机酸对减轻 Cd 污染毒害落叶松幼苗的效果最明显。柠檬酸处理对提高 SOD 和 POD 活性的效果强于草酸，草酸和柠檬酸对提高 SOD 和 POD 活性的顺序均表现为 20d＞30d＞10d（图 3-3，图 3-4）。

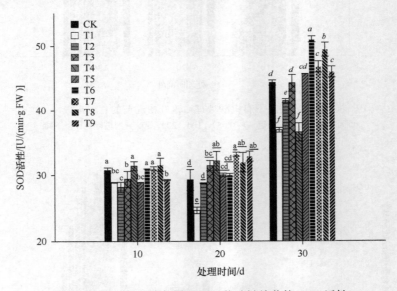

图 3-3 Cd 胁迫下有机酸处理后落叶松幼苗的 SOD 活性

3.2.3 有机酸对渗透调节物质含量的影响

脯氨酸是植物体内一种重要的渗透调节物质，能保护生物大分子的结构，在植物的抗性生理中发挥重要作用。落叶松幼苗遭受 Cd 胁迫后，叶片脯氨酸含量略有降低，说明 Cd 胁迫导致落叶松体内调节物质代谢失调，最终使脯氨酸含量降低，胁迫时间越长降幅越大。外源有机酸处理后，脯氨酸含量变化显著，除 10d 时 0.2～1.0mmol/L 草酸处理结果低于有机酸 0 组外，其余浓度草酸和柠檬酸处理的

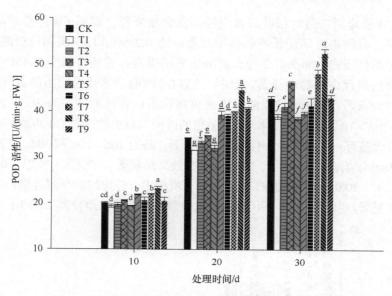

图 3-4　Cd 胁迫下有机酸处理后落叶松幼苗的 POD 活性

脯氨酸含量都有增加。草酸和柠檬酸对提高脯氨酸含量的顺序分别为 30d＞20d＞10d
和 30d＞10d＞20d。在 3 个处理时间内，草酸和柠檬酸分别以 10.0mmol/L 和
5.0mmol/L 处理效果最好。与草酸相比，柠檬酸处理效果较显著，增幅达 7.08%～
36.39%，均高于草酸（图 3-5）。综合来看，各种不同浓度的外源草酸和柠檬酸对
提高 Cd 污染下落叶松的耐性效果明显。

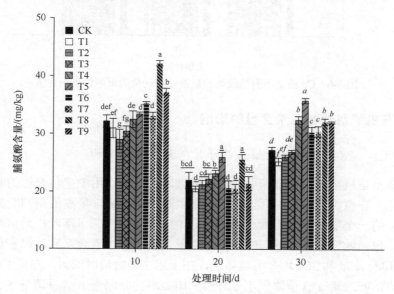

图 3-5　Cd 胁迫下有机酸处理后落叶松幼苗的脯氨酸含量

受 Cd 胁迫后，落叶松叶片可溶性蛋白含量降低，说明 Cd 污染对落叶松氮代谢不利，且胁迫时间越长不利作用越重。除 0.2mmol/L 草酸和柠檬酸降低 Cd污染下可溶性蛋白含量外，2 种有机酸均有所提高，说明有机酸对 Cd 污染落叶松植株蛋白质代谢的影响显著，能明显改善 Cd 污染下落叶松幼苗的氮代谢水平。从胁迫时间来看，草酸和柠檬酸对提高可溶性蛋白含量的顺序为 30d＞20d＞10d和 20d＞30d＞10d，因此，苗木受 Cd 胁迫的时间与有机酸提高 Cd 胁迫下苗木的可溶性蛋白含量有一定关系。从有机酸浓度来看，胁迫 10d、20d 和 30d，草酸处理分别以 10.0mmol/L、5.0mmol/L、10.0mmol/L 效果最显著，柠檬酸分别以 5.0mmol/L、10.0mmol/L、10.0mmol/L 效果最好。2 种有机酸中，柠檬酸对可溶性蛋白含量的提高作用较显著，其提高苗木氮代谢的能力较强，而草酸作用较弱（图 3-6）。

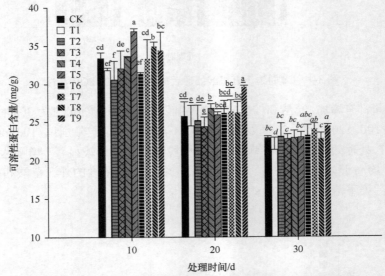

图 3-6 Cd 胁迫下有机酸处理后落叶松幼苗的可溶性蛋白含量

3.2.4 有机酸对幼苗色素含量的影响

3.2.4.1 Cd 胁迫对落叶松幼苗叶片色素含量的影响

叶绿素是植物进行光合作用的物质基础，在光合作用中参与光能的吸收、传递和转化，在植物的生长发育过程中也起主要作用，其含量高低是判断植物光合作用强弱的一个重要生理指标。10.0mg/kg 的 Cd 污染降低了落叶松幼苗叶片的色素含量，包括叶绿素 a 含量、叶绿素 b 含量、类胡萝卜素含量和叶绿素总量，这在胁迫 10d、20d 和 30d 均有明显体现，在上述 3 种胁迫时间内，与无 Cd 胁迫的对照相比，叶绿素 a 含量降低了 3.18%～10.28%，叶绿素 b 含量降低了 1.15%～12.40%，类胡萝卜素含量降低了 2.56%～8.74%，叶绿素总量降低了 2.51%～

10.98%，这说明受 Cd 胁迫伤害后，落叶松幼苗的叶绿体膜系统受损，叶绿体受
到破坏，叶绿素的生物合成受到抑制，从而使叶片的叶绿素含量下降，且整体看，
胁迫时间越长抑制作用越重，即 30d 时上述各指标的降幅高于 20d 处理，更高于
10d 处理。Cd 胁迫还影响落叶松幼苗 Chl a/Chl b，Cd 胁迫 10d 和 20d 时分别降低
了 2.06%和 0.98%，但 30d 时却升高了 2.42%（表 3-2）。

表 3-2　Cd 胁迫有机酸对落叶松叶片色素含量的影响　（单位：mg/g）

时间	处理	叶绿素 a 含量	叶绿素 b 含量	类胡萝卜素含量	叶绿素总量
10d	CK	0.879±0.103	0.436±0.063	0.177±0.021	1.315
	有机酸 0	0.851±0.073	0.431±0.037	0.165±0.013	1.282
20d	CK	0.663±0.065	0.345±0.038	0.146±0.016	1.008
	有机酸 0	0.619±0.103	0.325±0.055	0.133±0.013	0.944
30d	CK	0.788±0.178	0.387±0.085	0.156±0.036	1.175
	有机酸 0	0.707±0.017	0.339±0.011	0.152±0.004	1.046

3.2.4.2　有机酸处理后 Cd 胁迫下苗木叶片色素含量的整体变化

用不同浓度有机酸处理 Cd 胁迫的落叶松幼苗后，苗木叶片的叶绿素 a 含量、
叶绿素 b 含量、类胡萝卜素含量、叶绿素总量均有变化，其变化趋势因胁迫时间、
有机酸种类和浓度而异。从胁迫时间看，Cd 胁迫 10d 时，除柠檬酸处理的叶绿素
a 和类胡萝卜素含量外，其余大多数浓度草酸和柠檬酸处理的叶绿素 a 含量、叶
绿素 b 含量、类胡萝卜素含量和叶绿素总量均低于对照，如草酸处理的叶绿素 a
含量分别是比有机酸 0 组降低 0.70%～12.22%，草酸和柠檬酸处理的叶绿素 b 含
量分别降低 13.34%～20.65%和 6.45%～15.04%，草酸处理的类胡萝卜素含量降低
0.79%～7.14%，草酸和柠檬酸处理的叶绿素总量分别降低 4.95%～15.06%和
1.62%～4.91%，这说明 Cd 胁迫时间较短时，叶片的叶绿素含量变化仍以 Cd 胁迫
影响为主。胁迫 20d 和 30d 时，大多数浓度草酸和柠檬酸处理的叶绿素 a 含量、
叶绿素 b 含量、类胡萝卜素含量和叶绿素总量都高于对照，具体讲，20d 时草酸、
柠檬酸处理的叶绿素 a 含量分别比有机酸 0 组增加 2.78%～28.80%和 7.30%～
31.27%，叶绿素 b 含量分别增加 0.79%～25.99%和 2.28%～39.20%，类胡萝卜素
含量分别增加 0.63%～22.38%和 1.64%～17.47%，叶绿素总量分别增加 5.17%～
27.83%和 5.57%～ 34.00%，30d 时草酸、柠檬酸处理的叶绿素 a 含量分别比有机
酸 0 组增加 1.70%～16.41%和 5.23%～27.00%，叶绿素 b 含量分别增加了 19.76%～
22.42%（0.2mmol/L 和 1.0mmol/L 处理除外）和 0.30%～21.53%，类胡萝卜素含
量分别增加 3.29%～6.11%和 0.90%～25.54%，叶绿素总量分别增加 0.27%～
17.51%和 3.54%～25.23%，可以看出，有机酸处理使叶绿素 a 含量、叶绿素 b 含
量、类胡萝卜素含量和叶绿素总量均有较大程度增加，即外源有机酸处理有效缓

解了 Cd 对落叶松幼苗叶绿体的破坏，很好地缓解了叶绿素等色素含量的下降趋势，使叶绿素 a 含量、叶绿素 b 含量、类胡萝卜素含量和叶绿素总量都有不同程度提高，大多数处理达到甚至超过对照处理水平，这也说明胁迫时间较长时色素含量的变化以有机酸处理占优势，即在一定程度上提高了苗木的叶绿素等色素含量，且有机酸对色素含量的增加趋势已掩盖了 Cd 胁迫的降低趋势。尽管 20d 和30d 时，0.2～10.0mmol/L 草酸和柠檬酸处理的色素含量均比有机酸 0 组有所增加，30d 时相同种类相同浓度有机酸处理的叶绿素 a 含量、叶绿素 b 含量、类胡萝卜素含量、叶绿素总量大多还均高于 20d 处理，但与有机酸 0 组相比，同一有机酸处理的色素含量增幅 20d 和 30d 时又不同，表现在 30d 时的增幅低于 20d 处理，即有机酸对提高色素含量的大小为 20d＞30d＞10d，这说明，尽管有机酸处理有效缓解 Cd 对叶绿体的破坏，抑制色素含量的降低趋势，但随着 Cd 胁迫时间延长，Cd 对叶绿体的破坏作用和对色素含量的降低作用也更强，所以导致 30d 时同浓度同种有机酸处理后色素含量的增幅低于 20d 处理，而 30d 时相同种类相同浓度有机酸处理的叶绿素 a 含量、叶绿素 b 含量、类胡萝卜素含量、叶绿素总量大多高于 20d 处理，是由苗木遭受 Cd 胁迫时仍能在有机酸的缓解作用下正常生长、叶绿素能正常积累造成的（表 3-3～表 3-5）。

表 3-3　Cd 胁迫 10d 时有机酸对落叶松叶片色素含量的影响　（单位：mg/g）

处理	叶绿素 a 含量	叶绿素 b 含量	类胡萝卜素含量	叶绿素总量
有机酸 0	0.851±0.073	0.431±0.037	0.165±0.013	1.282
草酸 0.2	0.761±0.027	0.365±0.016	0.156±0.008	1.126
草酸 1.0	0.785±0.101	0.372±0.024	0.164±0.041	1.157
草酸 5.0	0.747±0.034	0.342±0.025	0.153±0.006	1.089
草酸 10.0	0.845±0.017	0.373±0.016	0.17±0.003	1.219
柠檬酸 0.2	0.858±0.001	0.403±0.049	0.18±0.028	1.261
柠檬酸 1.0	0.847±0.011	0.372±0.095	0.175±0.024	1.219
柠檬酸 5.0	0.855±0.001	0.366±0.066	0.17±0.025	1.221
柠檬酸 10.0	0.871±0.038	0.371±0.02	0.172±0.007	1.242

表 3-4　Cd 胁迫 20d 时有机酸对落叶松叶片色素含量的影响　（单位：mg/g）

处理	叶绿素 a 含量	叶绿素 b 含量	类胡萝卜素含量	叶绿素总量
有机酸 0	0.619±0.103	0.325±0.055	0.133±0.013	0.944
草酸 0.2	0.636±0.097	0.361±0.05	0.134±0.017	0.997
草酸 1.0	0.665±0.02	0.328±0.02	0.141±0.012	0.993
草酸 5.0	0.694±0.065	0.365±0.028	0.157±0.012	1.059
草酸 10.0	0.797±0.055	0.41±0.037	0.163±0.011	1.207
柠檬酸 0.2	0.664±0.076	0.333±0.037	0.137±0.009	0.997
柠檬酸 1.0	0.691±0.115	0.338±0.056	0.135±0.021	1.029
柠檬酸 5.0	0.793±0.06	0.439±0.037	0.141±0.012	1.232
柠檬酸 10.0	0.812±0.084	0.453±0.057	0.157±0.018	1.265

表 3-5 Cd 胁迫 30d 时有机酸对落叶松叶片色素含量的影响 （单位：mg/g）

处理	叶绿素 a 含量	叶绿素 b 含量	类胡萝卜素含量	叶绿素总量
有机酸 0	0.707±0.017	0.339±0.011	0.152±0.004	1.046
草酸 0.2	0.719±0.085	0.33±0.04	0.149±0.013	1.049
草酸 1.0	0.743±0.08	0.331±0.04	0.159±0.016	1.074
草酸 5.0	0.823±0.25	0.406±0.051	0.161±0.049	1.229
草酸 10.0	0.753±0.049	0.415±0.029	0.157±0.007	1.168
柠檬酸 0.2	0.744±0.067	0.339±0.041	0.153±0.013	1.083
柠檬酸 1.0	0.769±0.105	0.34±0.021	0.159±0.023	1.109
柠檬酸 5.0	0.898±0.034	0.412±0.013	0.191±0.002	1.310
柠檬酸 10.0	0.863±0.054	0.365±0.027	0.18±0.011	1.228

3.2.4.3 有机酸浓度对色素含量的影响

从有机酸浓度对 Cd 胁迫下落叶松幼苗色素含量的影响看，对于叶绿素 a 含量、叶绿素 b 含量、类胡萝卜素含量和叶绿素总量，草酸和柠檬酸在不同的处理时间影响最显著的浓度不一，Cd 胁迫 10d 时，落叶松叶片的叶绿素 a 含量、叶绿素 b 含量、类胡萝卜素含量和叶绿素总量随草酸和柠檬酸溶液浓度增加而降低，一般在 10.0mmol/L 时最低；胁迫 20d 时，叶绿素 a 含量、叶绿素 b 含量、类胡萝卜素含量和叶绿素总量随草酸和柠檬酸溶液浓度的增加而增加，一般在 10.0mmol/L 时最高；胁迫 30d 时，在 0.2～5.0mmol/L 叶绿素 a 含量、叶绿素 b 含量、类胡萝卜素含量和叶绿素总量随草酸和柠檬酸溶液浓度的增加而增加，浓度再高则降低，即 5.0mmol/L 时最高，因此有机酸对色素含量的提高作用在 20d 和 30d 时最佳浓度分别为 10.0mmol/L 和 5.0mmol/L（表 3-3～表 3-5）。

3.2.4.4 有机酸种类对色素含量的影响

从有机酸种类对落叶松幼苗叶绿素 a 含量、叶绿素 b 含量、类胡萝卜素含量和叶绿素总量的影响看，同浓度的柠檬酸作用后色素含量大多高于草酸处理，这在 Cd 胁迫 10d、20d、30d 时均比较明显（表 3-3～表 3-5）。

3.2.4.5 有机酸对 Chl a/Chl b 的影响

与有机酸 0 组相比，大多数浓度草酸和柠檬酸处理后落叶松幼苗叶片的 Chl a/Chl b 均有所提高，但也因 Cd 胁迫时间、有机酸浓度和种类而不同。就 Cd 胁迫时间而言，相同种类相同浓度的有机酸处理后，Chl a/Chl b 一般表现为 10d＞30d＞20d。从有机酸浓度讲，胁迫 10d 时 0.2～10.0mmol/L 草酸和柠檬酸处理的 Chl a/Chl b 都高于有机酸 0 组，且随有机酸浓度增加而增大，10.0mmol/L 时达最大；胁迫 20d 时，0.2～1.0mmol/L 草酸和柠檬酸处理的 Chl a/Chl b 大体随浓度增加而升高，1.0～10.0mmol/L 处理时又降低；胁迫 30d 时，除 5.0mmol/L 和 10.0mmol/L 草酸处理外，2 种有机酸的其余浓度处理均提高了 Chl a/Chl b，且随柠檬酸浓度增加而增大（10.0mmol/L 时最大），但草酸处理则以 1.0mmol/L 最高，但整体看，对 Chl a/Chl b 的提高效果以 10.0mmol/L 最好。从有机酸种类对其影响看，一般柠檬酸处理结果高于草酸，这在 10d、20d 和 30d 时均有体现（表 3-6）。

表 3-6　Cd 胁迫下有机酸对落叶松叶片 Chl a/Chl b 的影响

处理	10d	20d	30d
CK	2.016±0.082a	1.92±0.036a	2.036±0.016a
有机酸 0	1.974±0.035a	1.902±0.007a	2.086±0.032a
草酸 0.2	2.086±0.079a	1.762±0.012b	2.18±0.033a
草酸 1.0	2.112±0.161a	2.027±0.157a	2.246±0.039b
草酸 5.0	2.184±0.093a	1.902±0.079a	2.026±0.063a
草酸 10.0	2.263±0.067b	1.944±0.05a	1.814±0.039c
柠檬酸 0.2	2.128±0.017a	1.995±0.037a	2.195±0.074b
柠檬酸 1.0	2.277±0.189b	2.043±0.017a	2.262±0.075c
柠檬酸 5.0	2.335±0.06c	1.807±0.044b	2.179±0.065b
柠檬酸 10.0	2.35±0.066c	1.793±0.107b	2.363±0.053c

3.2.5　有机酸对幼苗积累 Cd 的影响

相对于有 Cd 污染处理的苗木，无 Cd 污染的苗木细根和叶片 Cd 含量都较低。苗木遭遇 Cd 胁迫后，细根和叶片的 Cd 含量均显著增加，且随胁迫时间的延长增大幅度不同，这说明 Cd 胁迫明显促进落叶松幼苗对 Cd 的吸收、运输，且胁迫时间长短对落叶松的毒害均有所不同。落叶松细根中的 Cd 含量明显高于叶片，说明 Cd 主要集聚在落叶松根部，Cd 对细根的毒害作用强于叶片（图 3-7，图 3-8）。土壤 Cd 胁迫下，有机酸处理后落叶松细根和叶片中 Cd 含量在有机酸加入初期均有所提高，随着时间的延长，Cd 含量随之降低，同样，细根的 Cd 含量明显高于叶片，表现出 Cd 在根部集聚的特性。Cd 胁迫下，有机酸对落叶松叶片和细根 Cd 含量的影响与多种因素有关，包括有机酸种类和浓度、胁迫时间等，不同浓度和种类的有机酸处理后叶片和细根 Cd 含量不同，不同胁迫时间内叶片和细根 Cd 含量也不同。在相同的有机酸浓度下，细根和叶片的 Cd 含量大都分别在有机酸添加后 10d 处浓度最高。从有机酸种类的影响看，细根的 Cd 含量大多以草酸处理较高，而叶片的 Cd 含量大多以柠檬酸处理较高，说明草酸比柠檬酸能更好地将 Cd 固定在根部。从有机酸浓度来看，叶片和细根 Cd 含量随有机酸浓度增加，在 20d、30d 时都有一定程度的下降，而在 10d 时都呈上升趋势（图 3-7，图 3-8）。

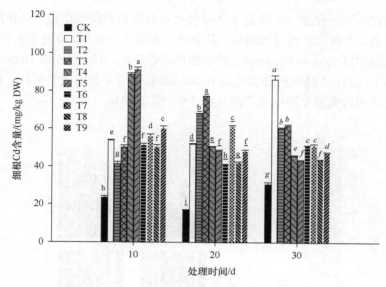

图 3-7　Cd 胁迫下落叶松细根的 Cd 含量

纵坐标中 DW 为干重，下同

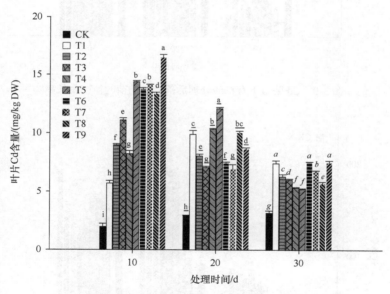

图 3-8　Cd 胁迫下落叶松叶片的 Cd 含量

3.2.6　有机酸对幼苗生长的影响

Cd 胁迫显著抑制落叶松幼苗的生长，降低幼苗苗高和地径的生长率。外源有机酸处理后，Cd 胁迫下落叶松幼苗的生长明显提高，苗高和地径的生长率显著增加，说明有机酸对促进 Cd 胁迫下落叶松幼苗的生长有积极作用，其作用大小因有机酸种类、浓度和胁迫时间而异。从有机酸浓度讲，在 Cd 胁迫 10d 和 20d，草酸和柠檬酸都以 5.0mmol/L 对苗高的增加作用最明显，30d 时则以 10.0mmol/L 最显著；对于地径，2 种有机酸大都以 10.0mmol/L 促进生长的效果最好。柠檬酸促进苗木生长的效果强于同浓度草酸（图 3-9，图 3-10）。

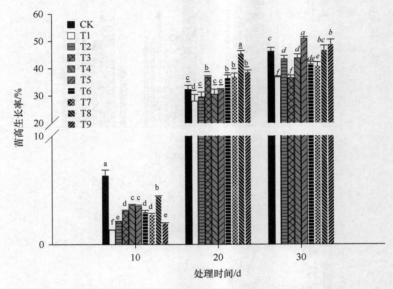

图 3-9　Cd 胁迫下有机酸处理后落叶松幼苗的苗高生长率

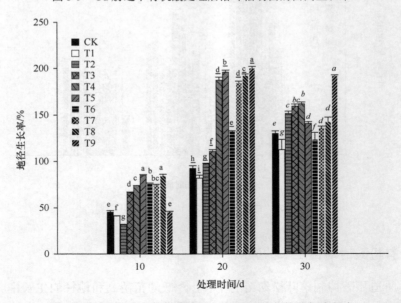

图 3-10　Cd 胁迫下有机酸处理后落叶松幼苗的地径生长率

3.2.7　Cd 胁迫下落叶松根系分泌的有机酸及其生态适应关系的模式构建

土壤 Cd 胁迫增加了落叶松根系多种有机酸的分泌量，还新增分泌了某些有机酸，即产生胁迫诱增性有机酸，胁迫诱增性有机酸又反过来不同程度地影响 Cd 胁迫条件下落叶松幼苗的多种生理生化特性，表现在细胞膜透性和 MDA 含量下降，SOD、POD 活性升高，可溶性蛋白和脯氨酸含量增加，色素含量增加，Chl a/Chl b 提高。尽管大多数有机酸处理并未减轻落叶松幼苗对 Cd 的吸收积累，反而提高了根系和叶片的 Cd 含量，但有机酸处理后明显提高了苗木的苗高和地径，因此，外源草酸和柠檬酸对落叶松抵御 Cd 胁迫有一定的积极作用，即 Cd 胁迫下落叶松根系有机酸分泌行为与其生态适应性关系密切，野外可以适当添加有机酸以提高苗木对 Cd 胁迫的抗性和忍耐力，提高林木产量，其中以 5.0mmol/L 或 10.0mmol/L 效果最佳。

根据上述关于 Cd 胁迫、有机酸分泌量和苗木抗性指标的各项分析，综合评定了本实验条件下落叶松根系有机酸的分泌行为与苗木生态适应性的关系模式（图 3-11）。

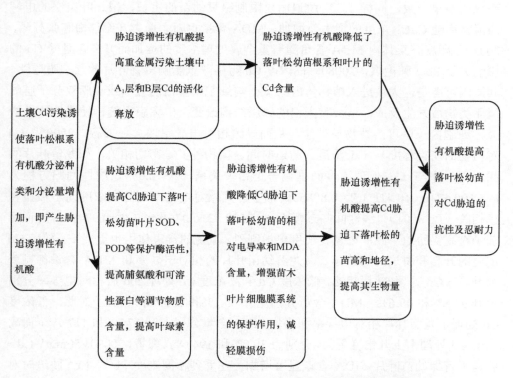

图 3-11　落叶松根系有机酸的分泌行为与苗木生态适应性的关系模式

3.3 讨 论

3.3.1 有机酸与 Cd 胁迫下苗木叶片细胞膜系统的保护作用

植物在逆境下遭受伤害，往往发生膜脂过氧化作用，MDA 是膜脂过氧化的最终分解产物，其含量高低反映了细胞膜脂过氧化程度的大小，含量越高表明细胞膜脂过氧化程度越高，细胞膜结构完整性越差。植物受到 Cd 胁迫时，会使体内自由基的产生和清除平衡遭到破坏，导致植物体内生物自由基累积和膜透性丧失，从而造成对植物的伤害（徐勤松等，2001）。细胞壁作为 Cd 进入植物细胞的第一道屏障，起阻止重金属离子进入细胞原生质、使其免受伤害的作用。一般认为，Cd 胁迫对植物细胞的影响，往往首先作用于主要由类脂和蛋白质所构成的细胞膜，破坏膜结构和功能，导致细胞内电解质外渗。Cd 胁迫也造成水稻根部 H_2O_2 累积和膜脂过氧化伤害，使 MDA 含量增加（郭彬，2006）。本研究中，与对照相比，Cd 胁迫使落叶松幼苗相对电导率和 MDA 含量增加，说明植株的膜系统已受到 Cd 胁迫损伤，细胞膜结构遭破坏，这与前人关于龙葵等（郭智，2009）相关研究的结果一致，同样，Cd^{2+} 胁迫明显限制绿豆幼苗的生长，根、叶组织的电解质泄漏率随 $CdCl_2$ 浓度的增大而增加，MDA 含量也随之增大（纪红梅和张芬琴，2001），印度芥菜体内 MDA 含量随着重金属处理浓度的增加而升高，且受 Cd 的影响大于 Pb（郭艳杰，2008）。高浓度 Cd 污染严重影响植物叶片的细胞膜透性，其原因可能是，大量进入植物体内的 Cd 与细胞膜蛋白的巯基或磷脂双分子层的磷脂类物质发生反应，造成膜蛋白的磷脂结构改变，破坏膜系统，使膜的透性增大，细胞内一些可溶性物质外渗，从而导致相对电导率增大（郭智，2009）。Cd 对植物的伤害程度与 Cd 浓度、胁迫时间、植物种类等密切相关，如龙葵叶片的相对电导率与 Cd 处理浓度间呈显著正相关关系（$P<0.05$），线性回归方程为 $y=5.600\,57+0.010\,41x$（$R^2=0.8085$），茄子叶片相对电导率则与镉浓度间呈极显著正相关（$P<0.01$），线性回归方程为 $y=5.630\,32+0.076\,14x$（$R^2=0.9749$），这说明茄子在高镉胁迫下膜脂过氧化程度更加剧烈，遭受的毒害作用也更严重。随着 Cd 浓度的升高和胁迫时间的延长，龙葵幼苗叶片的相对电导率和 MDA 含量都显著上升，与 Cd 处理 5d 后相比，低浓度 Cd 和高浓度 Cd 处理 20d 后相对电导率分别上升 34.8%和 49.6%，MDA 含量分别上升 65.1%和 59.4%；相对于对照，低浓度 Cd 处理下龙葵叶片相对电导率和平均 MDA 含量分别上升 17.7%和 117.7%，而高浓度 Cd 处理下上升幅度更大，分别为 39.0%和 194.6%（郭智，2009）；50mg/L Cd^{2+} 胁迫下青稞幼苗叶片 MDA 含量显著增加，在受到相同浓度 Pb^{2+}、Cd^{2+} 胁迫时对 Pb^{2+} 的抵抗能力大于 Cd^{2+}（杨汉波等，2010）。

SA 是调控植物抗氧化系统的重要信号分子，尽管单独 SA 预处理也增加了水

稻根部的 H_2O_2 含量，但 SA+Cd 处理下 H_2O_2 含量显著降低，表明 SA 缓解 Cd 对水稻根部的氧化胁迫伤害，显著缓解 Cd 对水稻根部生长的抑制作用，提高水稻对 Cd 的耐性，这可能与其提高水稻根部 NPT（non protein thiol，非蛋白巯基）量有关，NPT 合成的增加可将细胞质中游离的 Cd 固定，降低其活度，从而减轻 Cd 毒害（郭彬，2006），大麦和大豆的相关研究也有类似报道（Metwally et al.，2003；Drazic and Mihailovic，2005）。2 种有机酸处理后，Cd 胁迫下落叶松幼苗相对电导率和 MDA 含量均降低，说明有机酸对维持细胞膜稳定性和完整性起重要作用，减缓了 Cd 胁迫下苗木的电解质渗出，降低了细胞膜透性和膜脂过氧化程度，增强了抗 Cd 污染的能力，此结果与前人关于水稻（李仰锐，2006）、油菜（杨艳，2007）、龙葵（郭智，2009）等相关研究的结果一致。但原海燕等（2007）发现，0.5mmol/L 和 5mmol/L 等 2 种不同浓度有机酸（EDTA、柠檬酸）均使马蔺叶片 MDA 含量增加，这可能与植物种类不同有关。另外，Cd 胁迫还诱导植物根系特异性地分泌某些有机酸，这是对环境胁迫的一种生理性响应机制，如 Cd^{2+} 胁迫使茶树根系琥珀酸、苹果酸和草酸的分泌量显著增加，有机酸总量随 Cd^{2+} 浓度的变化先增后减再增，0.5mg/kg 和 8mg/kg Cd^{2+} 处理有机酸分泌量显著高于对照和其他处理（林海涛和史衍玺，2005）。

3.3.2 有机酸与 Cd 胁迫下苗木叶片的抗氧化酶活性变化

Cd 是非氧化还原态金属，不像 Cu^{2+}、Fe^{2+} 那样直接通过 Fenton 和（或）Haber Weiss 反应产生活性氧自由基，但其可通过干扰呼吸系统功能、提高 NADPH 氧化酶活性及使抗氧化系统功能失调，来促进活性氧的生成和脂质过氧化，并对蛋白质和核酸等造成损伤（Milone et al.，2003），Cd 胁迫还对植物造成氧化伤害（Schützendübel et al.，2002）。在 Cd 逆境下，植物体内活性氧代谢系统的平衡会受到影响，活性氧如超氧阴离子自由基、羟基、H_2O_2、O_2 等产生量增加，活性氧含量的升高能启动膜脂过氧化或膜脂脱氧化作用，从而破坏膜结构。因此，植物体内的活性氧清除剂含量或活性水平高低对植物的抗逆能力具有重要意义。

抗氧化酶是植物细胞抗氧化系统的重要组成部分，在植物体内存在大量清除活性氧的膜系统保护酶系，以保护植物细胞免受伤害（Zhu，2001；陈鸿鹏和谭晓风，2007）。逆境胁迫下 SOD、POD、CAT、APX 等抗氧化酶活性的提高是植物受胁迫自我保护的一种适应性反应，在一定程度上可减轻细胞受毒害的程度。植物受胁迫后，SOD 的大量生成会加速催化超氧阴离子自由基发生歧化反应，H_2O_2 大量产生，如果清除 H_2O_2 的酶活性不能相应提高，生成的 H_2O_2 可与剩余的超氧阴离子反应产生活性更强的羟基，从而加剧了膜脂过氧化，而导致膜系统受损和细胞膜的氧化胁迫。SOD 是植物体内第一个清除活性氧的关键酶，在有机体活性氧代谢过程中处于重要地位，它能将氧化活性较强的 $O_2^-\cdot$ 歧化为毒性较弱的

H_2O_2（庞新等，2001），生成的 H_2O_2 可通过谷胱甘肽-抗坏血酸（GSH-AsA）循环来清除，还可通过 POD 和 CAT 的降解来清除。POD 是过氧化物酶的总称，是清除 H_2O_2 等氧自由基的一类重要酶系，可清除植物体内过多的 H_2O_2 和其他过氧化物，使植物体内的自由基维持在一个基本水平，从而防止自由基的毒害（原海燕等，2007），它包含多种类型，但最终都是将 H_2O_2 分解为 O_2 和 H_2O，细胞内各个部位都有 POD 存在，它对 H_2O_2 的亲和力比 CAT 大得多（Noctor and Foyer，1998），在 CAT 含量很少或 H_2O_2 数量很低的组织中，POD 可代替 CAT 清除 H_2O_2。SOD 和 POD 是保护酶系统中重要的抗氧化酶，其活性提高表明植物体清除氧自由基和抗氧化保护等能力增强。

Cd 对植物体内 SOD、POD 等活性的影响，因植物种类、Cd 浓度和胁迫时间等而异。有不少研究表明，Cd 胁迫下 SOD（Sandalio et al.，2001；Milone et al.，2003；Zhang et al.，2003）、APX（Schützendübel et al.，2002）、CAT（Schützendübel et al.，2002）等抗氧化酶活性均受到抑制，如 Cd 胁迫干扰水稻根部抗氧化系统的正常运转，显著降低水稻根部 SOD、POD 和 CAT 活性，在 Cd 处理期间 CAT 活性只有对照水平的 50%，进入细胞内的 Cd 与硫醇结合，APX 是对硫醇敏感的酶（Schützendübel et al.，2002），活性也被抑制，且由于 Cd 胁迫，负责清除 H_2O_2 的两个重要酶系——CAT 和 POD 活性显著降低，从而使在水稻根部的 H_2O_2 不能及时被清除，而造成根部 H_2O_2 不断累积，MDA 含量迅速增加，即 Cd 已造成苗木氧化胁迫和膜脂过氧化伤害（郭彬，2006）；Cd 胁迫降低拟南芥（Cho and Seo，2005）和松树根部（Schützendübel et al.，2002）SOD 活性；Cd 污染使小黑麦、冬小麦、玉米、大豆、黄瓜等叶片 SOD、CAT、PPO、POD 和硝酸还原酶的活性下降，但在耐性作物体内，这些酶的活性可以维持（杨居荣等，1995）。但李仰锐（2006）发现，水稻遭受镉污染后，叶片内 POD、CAT 均有不同程度降低，SOD 活性在低镉（1.0mg/kg 土）下略有升高，在高镉浓度下（5.0mg/kg 土）显著降低。刘爱中和邹冬生（2008）发现，龙须草内 CAT、SOD 活性随 Cd、Pb 复合污染处理浓度的增加呈现先升后降的趋势，在 Cd 浓度大于 10mg Cd/kg 土、Pb 浓度大于 500mg Pb/kg 土的复合污染情况下，龙须草 POD 的活性随复合污染浓度的增加呈现下降趋势。重金属复合污染下，印度芥菜体内 SOD 活性随 Cd、Pb 添加量的增加显著提高并呈上升趋势，POD、CAT 活性则在 Cd、Pb 复合污染处理浓度较低时被激活，高处理浓度时受抑制，且 CAT 活性的敏感性高于 POD 活性，由此看来，SOD 在保护印度芥菜不受重金属毒害方面上起重要作用（郭艳杰，2008）。同样，吴月燕等（2009）研究认为，随着土壤中重金属处理浓度的增加，木荷（Schima superba Gardn.）、香樟（Cinnamomum camphora Presl.）、青枫（Acer palmatum Thunb.）、苦槠（Castanopsis sclerophylla Schott.）和舟山新木姜子（Neolitsea sericea Koidz.）5 种植物在高浓度时 SOD、POD 和 CAT 活性均比对照组下降幅度大，是由于胁迫强度超出植物自身"耐受"限度，酶活性受到抑制。在低浓度下，SOD

活性逐渐增加，用以清除体内产生的过多的 $O_2^-·$，但当金属浓度增加时，植物体内 $O_2^-·$ 的增加超过了正常的歧化能力，而对组织和细胞多种功能膜及酶系统造成破坏，反过来抑制 SOD 活性，而使其急剧下降或缓慢下降（周希琴和莫灿坤，2003）。舟山新木姜子和青枫在高浓度时酶活性下降较少，表明它们抵抗重金属逆境的能力较强。重金属胁迫能诱导植物组织中总 POD 活性的升高，是由于胁迫产生了一些对机体有害的过氧化物，这种物质作为 POD 的底物，诱导 POD 活性逐渐增加（严重玲等，2002）。重金属胁迫对水稻叶片 CAT 活性的抑制可能与重金属离子引起分子构型的改变有关（葛才林等，2002），因为 CAT 是一个含 Fe^{3+} 的金属酶，进入水稻叶内的重金属可能会取代分子中的 Fe^{3+} 而使活性降低，也可能是由于活性氧自由基的积累，引起分子空间构型的改变，进而导致对 CAT 活性抑制的放大作用。过氧化氢酶参与清除过氧化氢的积累和毒害，维持细胞内 H_2O_2 的正常水平，重金属胁迫下其活性提高，表明抗胁迫的能力提高（Dhindsa et al., 1981；黄晓华等，2000）。在不同浓度重金属胁迫下，只有舟山新木姜子和青枫保持明显高于对照的 CAT 活性，表明其抗胁迫能力较强。上述不同研究者的研究结果说明，各种抗氧化酶活性的变化受 Cd 等重金属处理浓度等多种因素的制约。

　　Cd 胁迫对植物体抗氧化酶活性的影响与胁迫程度和植物类型等密切相关，如吴月燕等（2009）研究了不同浓度 Cu-Zn-Pb-Cd 复合重金属污染（低浓度胁迫处理时，Cu、Zn、Pb、Cd 的浓度分别为 40mg/kg、1000mg/kg、500mg/kg、1mg/kg，中浓度胁迫处理时浓度分别为 120mg/kg、1500mg/kg、1500mg/kg、3mg/kg，高浓度胁迫处理时浓度分别为 200mg/kg、2000mg/kg、2000mg/kg、5mg/kg）对苦槠（*Castanopsis sclerophylla* Schott.）、香樟（*Cinnamomum camphora* Presl.）、青枫（*Acer palmatum* Thunb.）、木荷（*Schima superba* Gardn.）和舟山新木姜子（*Neolitsea sericea* Koidz.）等 5 种浙江地区常见园林常绿阔叶树种多种抗氧化酶活性的影响，发现在不同浓度处理下，SOD、POD 和 CAT 等抗氧化酶的活性均呈现出先升高后降低的趋势，表明这 5 种植物都具有一定的抗逆境能力。在高浓度处理条件下，舟山新木姜子的 CAT、POD 和 SOD 活性比对照下降最少，而木荷下降最显著。5 种树种对复合重金属胁迫的耐受能力依次为舟山新木姜子＞香樟＞苦槠＞青枫＞木荷。任安芝等（2000）也发现，随着复合重金属污染浓度的增加，POD 活性先升后降。

　　Cd 对植物的胁迫还因胁迫时间而异，如郭彬（2006）发现，Cd 处理 2d 时，遭受 Cd 胁迫的水稻根系中抗氧化酶系统（SOD、CAT 和 POD）活性有所增加，这有利于协同应对 Cd 诱导的氧化伤害，使 H_2O_2 维持在较高水平的动态平衡中，但随 Cd 处理时间的延长，上述酶活性开始不同程度降低，这可能是由于酶的活性存在阈值，随着 Cd 暴露时间的延长，Cd 不断与蛋白质中维持构象的—SH 结合，占据酶的活性中心，降低了酶活性，这使受 Cd 胁迫的根系失去了调控 H_2O_2 的能力，从而造成 H_2O_2 大量累积；在 Cd 处理后期（10d 时），由于受 Cd 胁迫的根细胞不断死亡，H_2O_2 生成量不断减少；在非 Cd 胁迫处理的根中，虽然 H_2O_2 有一定程度和数量的积累，但 SOD、CAT 和 POD 也同时保持了较高的活性，说明 H_2O_2 的产生和消除处在高水平的动态平衡中。同样，50.0mg/L Cd^{2+} 胁迫下青稞幼苗叶片的 POD、CAT 活性随胁迫时间的增加而显著增强，其中 CAT 活性在胁迫末期稍有下降，SOD 活性先明显升高而后降低（杨汉波等，2010）。本研究中，Cd 胁迫后落叶松幼苗叶片的 SOD、POD 活性均下降，这与前人研究结果有同有异，可能与植物种类或 Cd 胁迫时间和浓度等不同有关。另外，H_2O_2 被认为在 SOD、POD 等抗氧化酶活性的调控中作为信号分子发挥着重要作用，H_2O_2 积累诱导 *CAT* 和 *APX* 基因的表达，从而激活细胞的抗氧化系统（Stanislaw et al.，1999；Morita et al.，1999；Schützendübel et al.，2002）。Xiang 和 Oliver（1998）发现，在 Cd 胁迫下，GR 蛋白转录水平提高，即 GR 蛋白合成增加并非由 H_2O_2 激活而是由另一种抗性调节物质——茉莉酸（jasmonic acid，JA）的作用引起。已证实，茉莉酸作为植物的内源生长调节物质，在植物抗病虫害及机械伤害中作为信号分子诱导植物病虫害抗性基因的表达（Becker and Apel，1992；Sembdner and Parthier，1993；Sivasankar et al.，2000）。

SA 作为植物体内重要的信号分子，在植物抵御生物胁迫过程中起调控作用，作用机制在于 SA 能与 CAT 结合，降低其活性，从而使 H_2O_2 不能及时清除、不断累积，而后者又作为信号分子来启动植物的防御系统（如程序性死亡）来应对生物胁迫。郭彬（2006）也证实，SA 抑制水稻根部 CAT 的活性，使 H_2O_2 含量升高。SA 可以将效率较高的清除 H_2O_2 的过氧化氢酶系统机制转变为相对较低的过氧化物酶系统机制（降幅大约 1000 倍）（Durner and Klessig，1996），SA 还可能通过阻断线粒体中向质体醌中的电子传递链，从而导致 H_2O_2 含量增加（Norman et al.，2004）。值得指出的是，H_2O_2 适当增加能作为信号分子激活某些基因，来协助植物应对由各种胁迫造成的伤害，如在大豆细胞程序性死亡过程中，H_2O_2 的累积专一地激活了谷胱甘肽硫转移酶（GST）和谷胱甘肽过氧化物酶（GPX）所对应的基因（Levine et al.，1994；郭彬，2006）。另外，重金属胁迫下有机酸还影响植物的其他相关生理生化指标，进而影响 Cd 对植物的毒害，大量研究认为，有机酸通过影响多种酶的活性及其他生理生化指标而减缓重金属对植物的毒害，且其减缓程度因有机酸种类、浓度、Cd 污染程度和植物种类等不同而异。有研究发现，有机酸可提高多种酶的活性，如 EDTA、柠檬酸、SA 等有机酸提高植株体内 SOD、POD 等酶活性，在一定程度上缓解重金属对植物的毒害（刘建新，2005；原海燕等，2007）；在镉污染胁迫处理的土壤中加入草酸、柠檬酸和 EDTA 后，2 个基因型水稻品种（Ⅱ优 527 和秀水 63）体内的 SOD 活性都增加（李仰锐，2006）。还有人认为，有机酸降低了某些抗氧化酶的活性，如在镉污染土壤中加入草酸、柠檬酸和 EDTA 后，Ⅱ优 527 和秀水 63 等 2 个基因型水稻品种体内的 POD、CAT 活性都降低，同时高镉浓度土壤上 2 个品种及低镉污染土壤下秀水 63 内可溶性蛋白含量也提高、常规品种 II 优 527 及高镉污染下的秀水 63 叶绿素 a 含量增加，并最终提高其抗性（李仰锐，2006）。因此，不同植物品种对镉的抗性不同，不同种类的有机酸对不同酶活性的影响不同，不同浓度的有机酸缓解和修复 Cd 污染土壤的效果也不同，如不同的 Cd 浓度下，EDTA 对不同基因型水稻体内 POD 活性的影响显著高于有机酸，而对 CAT 的影响则显著低于有机酸；酒石酸、柠檬酸和草酸均能缓解 Cd 对油菜的胁迫，这与有机酸对土壤 Cd 的解吸/解析呈降低-升高-降低的峰形曲线变化有关，具体而言：0～0.5mmol/kg 酒石酸、柠檬酸和草酸均增加了土壤固相对 Cd 的吸附固定，有机酸与 Cd 结合成植物不易吸收的形态，抑制 Cd 进入油菜体内，减轻 Cd 对植物的毒害，使油菜生物量和叶绿素含量升高，叶片细胞膜透性和 MDA 含量均下降，SOD、POD、CAT 活性都增强，随酒石酸浓度的增加（0.5～1.0mmol/kg），土壤固相对 Cd 的吸附持续增强，Cd 对植物的毒性持续下降，而柠檬酸和草酸浓度增加（0.5～1.0mmol/kg）却促进了 Cd 形成易溶于水的有机配合物结合态，提高了 Cd 在土壤溶液中可溶部分的含量，增加了 Cd 向植物根系的扩散，提高了 Cd 的生物有效性，使油菜生物量和叶绿素含量降低，叶细胞膜透性和 MDA 含量上升，SOD、POD、CAT 活性减弱，上述 3 种有机酸对 Cd 的缓解程度依次为酒石酸＞柠檬酸＞草酸，且与其浓度密切相关（杨艳，2007）。本研究发现，添加 2 种有机酸后，落叶松叶片 SOD 和 POD 均提高，此结果与前人相关研究有同有异，但研究也证明，有机酸使落叶松叶片相对电导率和 MDA 含量降低，说明有机酸处理后抗氧化酶可能起到一定的清除活性氧的作用，苗木抗氧化保护能力增强，在一定程度上减轻了 Cd 对落叶松的伤害，这也说明草酸和柠檬酸对促进落叶松修复 Cd 污染具有一定潜力。不同有机酸对落叶松幼苗 POD、SOD 等酶活性的影响不同，为柠檬酸＞草酸，这主要与有机酸的化学结构、离解常数及有机酸配体和金属形成络合物的稳定性大小有关。植物的生理活动受养分供应状况的影响，有机酸提高 Cd 胁迫下落叶松叶片的酶活性，可能也与土壤和植物体内的养分供应状况有关。大量研究表明，合适浓度的有机酸显著促进多种土壤中 P、Fe 等养分元素的活化释放，并促进植物对养分的吸收和运输（Nardi et al.，2002；Palomo et al.，2006；宋金凤等，2008），因此，有机酸可能间接地促进植物的多种生理活动过程，并促进多种酶的合成释放。草酸和柠檬酸等 2 种有机酸对暗棕壤中 P、Fe 等养分元素活化的程度为柠檬酸＞草酸（宋金凤等，2008），所以二者对 SOD、POD 活性的影响规律也如此，即柠檬酸＞草酸。

3.3.3　有机酸与 Cd 胁迫下苗木叶片的渗透调节物质含量变化

植物遭受逆境条件时，会导致体内一系列含氮化合物的积累。近年来有关植物在重金属胁迫下脯氨酸的积累备受关注。脯氨酸是构成植物蛋白质的组分之一，并以游离状态广泛存在于植物体内，通常植物体内脯氨酸含量并不多，但在遭受逆境胁迫时含量往往增加，其在一定程度上反映植物受环境胁迫的情况，以及植物对环境胁迫的忍耐和抵抗能力。在重金属胁迫下，脯氨酸积累有利于细胞进行渗透调节，稳定细胞结构，降低氧化作用，防止重金属对细胞和生物大分子结构的破坏（Scandalios，1993），在一定程度上提高植物体对逆境环境的抵抗力和适应性，因此，研究生理因子胁迫可以将其含量作为抗性生理指标（郭立泉，2005）。可溶性蛋白大多是参与各种代谢活动的酶类，其含量高低是反映植物总体代谢活动状况的重要指标之一。植物受到胁迫时，由于体内的代谢发生改变，往往导致蛋白质合成受阻，因此，可溶性蛋白含量的变化是反映重金属等逆境条件下植物代谢变化较为敏感的生理指标之一，其含量可作为衡量植物抗逆生理代谢的重要指标。糖是调节渗透胁迫的小分子物质，脯氨酸的积累需要碳水化合物，碳水化合物通过氧化磷酸化作用为脯氨酸的合成提供必需的氧化还原能力，它是植物代谢的基础物质（杨刚等，2005）。重金属胁迫往往也会导致植物体内可溶性糖、脯氨酸、可溶性蛋白等含量的变化。关于 Cd 胁迫后植物体脯氨酸和可溶性蛋白含量的变化，前人也有一些报道，如随着 Cd 浓度的增加，两个基因型水稻品种（II 优 527、秀水 63）脯氨酸含量逐渐增加，可溶性蛋白含量逐渐降低（李仰锐，2006）；随土壤中添加 Cd 或 Pb 浓度增大，油菜体内脯氨酸含量增加，镉和铅复合处理时，Pb 协同 Cd 起作用（杨金凤，2005），生长在重金属污染土壤中的植物通过积累游离脯氨酸和降低抗坏血酸含量等途径来减轻重金属的毒害（杨金凤，2005）；50mg/L Cd^{2+} 胁迫下青稞幼苗叶片脯氨酸含量先急剧升高后下降，综合看，青稞幼苗在受到相同浓度 Pb^{2+}、Cd^{2+} 胁迫时，对 Pb^{2+} 的抵抗能力大于 Cd^{2+}（杨汉波等，2010）；镉胁迫显著影响龙葵叶片的脯氨酸含量，高、低浓度镉处理条件下，龙葵叶片脯氨酸含量随镉处理时间的延长逐渐升高，相对于镉处理 5d 植株而言，镉处理 20d 后低浓度镉处理龙葵叶片脯氨酸含量上升 205.4%，高浓度下上升 195.6%；相对于对照植株而言，低浓度下平均脯氨酸含量上升 95.3%，高浓度下上升幅度达 758.0%（郭智，2009）；Cd^{2+} 胁迫下绿豆幼苗根、叶组织的脯氨酸积累也随之增加（纪红梅和张芬琴，2001），随着 Cd 处理浓度升高，龙葵叶片和根系中可溶性蛋白含量呈现先升高后下降的趋势，同时随着时间的延长逐渐下降（郭智，2009）。吴月燕等（2009）研究了不同浓度 Cu-Zn-Pb-Cd 复合重金属污染（低浓度胁迫处理 Cu、Zn、Pb、Cd 分别为 40mg/kg、1000mg/kg、500mg/kg、1mg/kg，中浓度胁迫时分别为 120mg/kg、1500mg/kg、1500mg/kg、3mg/kg，高浓度胁迫时分别为 200mg/kg、2000mg/kg、2000mg/kg、5mg/kg）对木荷（*Schima superba* Gardn.）、香樟（*Cinnamomum camphora* Presl.）、青枫（*Acer palmatum* Thunb.）、苦槠（*Castanopsis sclerophylla* Schott.）和舟山新木姜子（*Neolitsea sericea* Koidz.）5 个浙江地区常见种植的园林常绿阔叶树种的多种抗氧化酶活性的影响，研究发现，与对照比较，各树种不同处理的可溶性蛋白都不同程度地下降，但差异不显著，表明重金属胁迫对树木的可溶性蛋白破坏不严重；随着重金属处理浓度的增加和胁迫时间的延长，除香樟外其余 4 种植物高浓度组的可溶性蛋白含量比对照组低，可溶性蛋白含量随重金属浓度的增大而降低，说明高浓度重金属对蛋白质的合成起破坏作用。本文结果与上述研究结果一致。另外，Cd 处理对植物不同器官内可溶性蛋白含量的影响也不同，如胁迫 16d 后，龙葵的叶片和根系中平均可溶性蛋白含量较 8d 时分别下降了 4.9%和 15.1%，这表明，与叶片相比，根系可溶性蛋白的含量与积累程度受 Cd 的影响更大（郭智，2009）；李仰锐（2006）发现，水稻遭受镉污染后，叶片脯氨酸含量显著增加，可溶性蛋白含量明显降低。孙华（2008）研究表明，低浓度 Cd（1mg/L）和 Pb（5mg/L）胁迫后，甘野菊的可溶性糖含量均有增加，而脯氨酸含量的变化则不同。在 Cd 和 Pb 胁迫下，脯氨酸含量均随处理浓度的增大而上升，这说明，重金属胁迫破坏了植物组织，使植物代谢紊乱，对甘野菊产生了严重的毒害作用，植物体内自由基累积，膜脂过氧化作用加剧，膜的结构和功能遭到破坏，进而引起了一系列生理生化特征紊乱；在导致甘野菊的生长受到伤害的同时，脯氨酸在体内不断积累，这是甘野菊对胁迫环境的一种适应性反应。本文结果与上述研究并不完全一致，这可能与植物种类不同有关。

有机酸也影响植物体内脯氨酸和可溶性蛋白含量，且因植物品种、有机酸浓度和种类等而异，如与未加有机酸的 Cd 处理相比，柠檬酸、草酸和 EDTA 处理后，水稻体内游离脯氨酸含量增加；在相同条件处理下，常规品种 II 优 527 体内的游离脯氨酸含量高于高积累型品种秀水 63，说明游离脯氨酸积累反映了不同基因型水稻对 Cd 毒害生长适应程度的差异，在 Cd 胁迫处理中，有机酸的作用效果依次为 EDTA＞有机酸+1/2EDTA＞有机酸；柠檬酸、草酸和 EDTA 还提高了高镉浓度（5.0mg/kg 土）土壤上 2 个水稻品种及低镉浓度（1.0mg/kg 土）下秀水 63 的可溶性蛋白含量，但降低了低镉浓度（1.0mg/kg 土）下常规品种 II 优 527 的可溶性蛋白含量（李仰锐，2006）。本研究结果大体与其一致，即有机酸提高脯氨酸和可溶性蛋白含量，进而提高其抗 Cd 污染的能力。

3.3.4 有机酸与 Cd 胁迫下苗木叶片的色素含量变化

叶绿素是植物进行光合作用的物质基础，在光合作用中参与光能的吸收、传递和转化，在植物的生长发育过程中也起主要作用，其含量高低是判断植物光合作用强弱的一个重要生理指标，对森林生产力的大小也有重要意义（刘登义等，2002）。环境胁迫可能伤害植物的代谢和生理过程，如叶绿体结构被破坏，叶绿素合成受抑制，最终导致作物减产，给农林业生产带来巨大损失（潘瑞炽和董愚得，1995）。有研究表明，重金属胁迫对植物的光合作用有抑制作用，且其降低效应与胁迫程度呈正相关（任安芝等，2000）。受重金属胁迫的植物，其叶绿体的合成受到影响，叶绿素提取量下降，对植物的光合作用将产生不利影响。植物叶绿素含量减少、叶绿体膜系统破坏而使叶绿素降解和失活，加速了植物的老化。重金属污染下植株外部失绿是由内部色素含量的变化引起的，主要是重金属污染会抑制叶绿素合成或破坏叶绿素（吴月燕等，2009）。

　　关于 Cd 胁迫对植物体叶绿素含量的影响，有人认为，各种环境胁迫均导致叶绿素破坏与降解，叶绿素含量减少是衡量叶片衰老的重要生理指标，如 Cd 胁迫降低水稻（Jones，1998）、印度芥菜（郭艳杰，2008；郭艳杰等，2008）、小黑麦、大豆、黄瓜、玉米、冬小麦（杨居荣等，1995）、油菜（杨金凤，2005）等植物叶片的叶绿素 a、叶绿素 b 和类胡萝卜素含量，植物地上部失绿现象明显。例如，Cd 降低了水稻叶片的叶绿素 a、叶绿素 b 含量（李仰锐，2006），烟叶叶绿素 a、叶绿素 b 含量均随 Cd、Pb、Cd+Pb 处理浓度的增加而下降，呈负指数关系（李荣春，1997）；在 Cd、Pb 复合污染下，印度芥菜的叶绿素含量均低于对照，并随重金属处理含量的增加呈下降趋势（郭艳杰，2008）；Cd 污染使小黑麦、冬小麦、玉米、大豆、黄瓜等植物叶绿体含量降低，还使作物叶片 DNA 合成受阻，并在 DNA 提取物中检出 Cd（杨居荣等，1995）；土壤中添加 Cd 和 Pb 导致油菜生长受阻，发育迟缓，显著抑制生物量的积累，油菜地上部的受害症状表现为植株矮化，叶片变薄变窄，失绿现象明显，且随土壤中添加 Cd 或 Pb 浓度的增大叶绿素含量减少，Cd 和 Pb 复合处理时，Pb 协同 Cd 起作用（杨金凤，2005）。土壤中不同浓度 Cu-Zn-Pb-Cd 复合重金属污染（低浓度胁迫处理下 Cu、Zn、Pb、Cd 的浓度分别为 40mg/kg、1000mg/kg、500mg/kg、1mg/kg，中浓度胁迫处理时分别为 120mg/kg、1500mg/kg、1500mg/kg、3mg/kg，高浓度胁迫处理时分别为 200mg/kg、2000mg/kg、2000mg/kg、5mg/kg）处理后，木荷（*Schima superba* Gardn.）、苦槠（*Castanopsis sclerophylla* Schott.）、青枫（*Acer palmatum* Thunb.）、舟山新木姜子（*Neolitsea sericea* Koidz.）和香樟（*Cinnamomum camphora* Presl.）等 5 个浙江地区常见种植的园林常绿阔叶树种不同处理的叶绿素 a、叶绿素 b 含量都有不同程度的降低，其中舟山新木姜子在低浓度和中浓度污染下、香樟和苦槠在低浓度污染下，叶绿素 a 和叶绿素 b 含量的下降不明显，青枫在低浓度污染处理下叶绿素 a 含量的下降不显著；在高浓度污染处理下，几种树种的叶绿素 a 和叶绿素 b 含量均显著低于对照，而木荷在不同处理下叶绿素 a、叶绿素 b 含量都显著低于对照，即与对照相比，中、高浓度处理均达到了显著水平（$P<0.05$）和极显著水平（$P<0.01$），说明重金属胁迫对 5 种树木叶片的叶绿素都有不同程度的降低和破坏，且浓度越高破坏越严重。其中在高浓度处理条件下，木荷下降程度最显著，舟山新木姜子下降幅度最小（吴月燕等，2009）。孙华（2008）发现，甘野菊进行不同水平的 Cd 和 Pb 胁迫处理后，叶绿素 a 含量、叶绿素 b 含量和叶绿素总量都随其浓度增加而下降；在 Cd 处理下，甘野菊的叶绿素 a 含量、叶绿素 b 含量、叶绿素总量各处理间及处理与对照都存在显著差异；高浓度 Pb 处理对甘野菊叶绿

素 a 含量和叶绿素总量的影响差异也十分显著，但叶绿素 b 含量的变化无显著差异。本研究中，Cd 处理后落叶松叶片叶绿素 a 含量、叶绿素 b 含量、类胡萝卜素含量和叶绿素总量也降低，这与上述研究一致。

关于 Cd、Pb 胁迫导致叶绿素含量下降的原因，不同研究者结论不同（孙华，2008），Stobart 等（1985）研究认为，叶绿素含量降低的原因：一是重金属抑制了原叶绿素酸酯还原酶；二是影响了氨基-γ-酮戊酸的合成。而这两种物质又是叶片合成叶绿素所必需的酶和原料，从而使叶绿素含量下降，加速了甘野菊叶片的衰老，所以叶片的直观表现为叶片褪绿。而杨顶田等（2000）则认为成熟叶片中叶绿素含量的降低更主要的是由重金属毒害引起的细胞内膜结构的破坏。还有人认为，Cd 胁迫导致植物叶绿素含量降低，其机制可能是 Cd 与叶绿体中多种酶的巯基（－SH）结合导致叶绿体结构和功能遭到破坏，致使叶绿素分解（孙铁珩等，2001）。

目前有一些有机酸增加正常生长植物叶绿素含量的报道，土壤中施加有机酸能有效缓解 Cd 对植物叶绿体的伤害，阻止叶绿素含量的下降趋势，有机酸种类涉及苹果酸、柠檬酸、酒石酸、乳酸、SA 等，叶绿素包括总叶绿素、叶绿素 a、叶绿素 b、类胡萝卜素，植物种类涉及甘蓝、烟草等（武雪萍等，2003；吴能表等，2003；罗毅等，2006），如柠檬酸、草酸阻止水稻叶绿体的破坏，不仅使常规品种 II 优 527 及高镉污染下的秀水 63 叶绿素 a 含量升高，还提高了高镉污染下常规品种 II 优 527 的叶绿素 b 含量（李仰锐，2006）；同样，外源水杨酸（SA）可显著提高龙葵叶绿素 a 和叶绿素 b 含量，SA 施加 3d 和 6d 后，叶绿素 a 含量较未施加 SA 的镉处理分别提高 23.12% 和 44.83%（$P<0.05$），叶绿素 b 含量分别提高 29.07% 和 38.70%（$P<0.05$），本研究结果也与上述研究一致。有机酸对植物叶片叶绿素等色素含量的影响与有机酸种类和浓度、植物种类等密切相关，本研究发现，2 种有机酸对落叶松幼苗叶片色素含量的影响顺序为柠檬酸＞草酸，这与 2 种有机酸促进暗棕壤 P、Fe 等养分元素的释放顺序一致，即柠檬酸提高暗棕壤养分有效性的强度强于草酸，这归结于柠檬酸与金属较强的络合能力及其较大的离解常数直接相关：柠檬酸与金属形成的络合物稳定性较大，所以能从土壤中解析出更多的 Mg、Zn、Fe、Cu 等；与草酸（pKa 1.23）相比，柠檬酸的离解常数（pKa 3.14）较大，解离出与金属络合的有机酸离子较多，对元素释放的影响作用也较大，即柠檬酸解离出较多的游离有机酸离子及较强的络合能力，使其能从土壤中释放解析出更多的养分元素；而草酸的离解常数最小，与金属形成络合物的稳定性也小，释放养分元素的效果也最低。另外，2 种有机酸对养分元素有效性的影响表现为柠檬酸＞草酸，相应地对落叶松叶片叶绿素 a 含量、叶绿素 b 含量、类胡萝卜素含量及叶绿素总量的影响也表现出同样的规律。胁迫条件下有机酸添加的研究也得到了类似结果，如土壤中加入柠檬酸、草酸和 SA 等有机酸后，有效缓解了 Cd、水分等胁迫对水稻（李仰锐，2006）、龙葵（郭智，2009）、玉米（束良佐和李爽，2002；

杨剑平等，2003）等植物叶绿体的伤害和破坏，提高了叶绿素 a 和叶绿素 b 含量，本研究结果与上述研究一致。SA 等有机酸还有效减缓重金属胁迫下植物叶片光合速率的下降速度，使植物维持相对较高的净光合速率，这可能与 SA 诱导下膜系统稳定性的保护及叶绿素含量的增加有关，也可能与叶片气孔导度增加有关。

Chl a/Chl b 是衡量植物光合作用的一个指标。关于 Cd 胁迫对植物体 Chl a/Chl b 的影响，不同研究者结论也不同。有人认为，叶绿素酶对叶绿素 b 的降解作用明显大于对叶绿素 a 和类胡萝卜素的作用，逆境胁迫引起植物叶片 Chl a/Chl b 增大（Carter and Cheeseman，1993），同样 Cd 破坏叶绿体结构，使龙葵叶片叶绿素含量降低，而叶绿素 b 更敏感，降幅更大，所以导致 Chl a/Chl b 较对照有所提高（郭智，2009）。也有人得到相反结果，如 Woolhouse（1974）认为，随着叶片的衰老，叶绿素含量逐渐下降，叶绿素 a 含量会比叶绿素 b 下降更快，所以 Chl a/Chl b 可作为叶片衰老的指标。在 Cd 胁迫下，甘野菊 Chl a/Chl b 的影响表现：低浓度（1.0mg/L）时上升，高浓度（10.0mg/L）时却下降。也就是说，叶绿素 a 的含量变化比叶绿素 b 的含量变化更快，即叶绿素 a 对外界环境反应较叶绿素 b 敏感。这是因为，叶绿素 a 与叶绿素 b 相比，它既是光反应的中心色素，又是天线色素（具有将光能转化成电能的作用），因而它对光合作用更为重要（鲁先文等，2007）。在 Pb 胁迫下，Chl a/Chl b 无显著差异（孙华，2008）。综上，Cd 胁迫可能造成植物体 Chl a/Chl b 提高，也可能降低。本研究发现，Cd 胁迫的不同时间落叶松幼苗 Chl a/Chl b 的变化不同，胁迫 10d 和 20d 时降低，30d 时却升高，这与前人结果有同有异。关于上述不同结果的出现，可能与植物种类、有机酸种类和浓度等不同有关，这也说明，Cd 胁迫后植物体叶绿素含量、Chl a/Chl b 的变化受植物种类等因素制约。

对于有机酸对植物体 Chl a/Chl b 的影响，也有人进行研究，如陈忠林和张利红（2005）发现，不同浓度有机酸处理 Pb^{2+} 胁迫的小麦幼苗后，Chl a/Chl b 变化不同：低浓度草酸处理后，Chl a/Chl b 升高，但随浓度增加比值降低，用乙酸和柠檬酸处理后 Chl a/Chl b 降低，即有机酸处理后 Chl a/Chl b 变化不是单纯的升高或降低。本研究发现，Cd 胁迫后，与有机酸 0 组相比，0.2~10.0mmol/L 草酸和柠檬酸的大多数浓度使 Chl a/Chl b 提高，但整体影响较复杂，因 Cd 胁迫时间、有机酸浓度和种类而异，如胁迫 20d 时，0.2~1.0mmol/L 草酸和柠檬酸处理的 Chl a/Chl b 大体随浓度增加而升高，1.0~10.0mmol/L 处理时又降低；胁迫 30d 时，0.2~1.0mmol/L 草酸处理的 Chl a/Chl b 随浓度增加而增大，浓度再高又降低，且浓度越高降幅越大，这与陈忠林和张利红（2005）关于小麦的研究结果大体一致。

3.3.5 有机酸与 Cd 胁迫下苗木体内 Cd 积累的变化

通常认为，Cd 更多地积累在植物的细胞壁，Milone 等（2003）在电子显微镜下直接证明了细胞壁 Cd 的沉淀效应。郭彬（2006）也发现，水稻根部细胞壁上 Cd 的浓度约为细胞可溶性组分的 5 倍，说明水稻细胞壁在 Cd 固定中起十分重要的作用。还有研究发现，Cd 胁迫使松树根部（Schützendübel et al.，2001）、水稻等根系木质化程度提高，SA 也加速植物受病菌侵染部位的木质化过程（Chen et al.，1993），使黄瓜（李淑菊等，2000）、水稻（郭彬，2006）等植物体内细胞壁合成相关酶 PAL（phenylalanine ammonialyase，苯丙氨酸解氨酶）、PPO（polyphenol oxidase，多酚氧化酶）和 POD（peroxidase，过氧化物酶）活性不同程度地提高，根中木质素含量和细胞壁含量显著提高。但对于水稻而言，SA 与 Cd 共同处理并未表现出协同效应，未进一步增加根部木质素含量及细胞壁组分，也未进一步增加 Cd 在细胞壁中的含量，这可能因为 Cd 对水稻根部的胁迫是一种强的毒性效应，已经完全干扰了细胞的正常代谢，对根部木质化过程的影响远远超过了 SA，这在处理后根系的颜色上能反映出来，Cd 胁迫下水稻根部变为褐色，而单独 SA 预处理仍为健康白色。

Cd 不是植物必需的营养元素，其在土壤中的过多积累会对植物体产生严重影响，甚至产生毒害。除影响植物体的生理生化特性外，土壤中的 Cd 还对植物体吸收运输和积累 Cd 有一定影响，影响植物不同器官组织的 Cd 含量，其影响强弱受多种因素制约，包括 Cd 浓度、植物种类和植物的不同器官等，不同 Cd 处理浓度对同种植物器官吸收运输 Cd 的影响不同，同种 Cd 浓度对不同植物体的 Cd 含量影响也不同。大多数研究认为，Cd 促进植物体地上部和地下部对 Cd 的积累，且植物根部及地上部的 Cd 含量和积累量随 Cd 处理浓度增加而增大，这在油菜（杨金凤，2005）、水稻（郭彬，2006）、小白菜（孙光闻，2004）等相关研究中已得到证实。Cd 处理后植物对 Cd 的吸收积累还受其他元素添加的影响，如 Cd、Pb 复合处理时，镉抑制油菜对铅的吸收，铅却促进对镉的吸收（杨金凤，2005）。在 Cd 胁迫下，植物体吸收的 Cd 主要积聚在根部（郭彬，2006），本研究结果也如此。

有机酸广泛存在于植物体内和根际环境中，一定条件下可作为 Cd 等重金属元素的配基，参与重金属的吸收、运输、积累及解毒过程。由于植物吸收重金属过程或途径的复杂性和多样性，不同种类和浓度有机酸对不同植物的吸收、积累和转运重金属离子都可能存在较大差异（原海燕等，2007）。有研究表明，有机酸促进植物对 Cd 的吸收，如添加 EDTA、DTPA 和柠檬酸等 3 种有机酸后，印度芥菜地上部 Cd 的含量显著提高（Blaylock et al.，1997）；EDTA 和柠檬酸总体上促进了马蔺体内，特别是地下部对 Cd 的积累，其中柠檬酸作用效果更明显（原海燕等，2007）；与 25mg/kg 的 Cd 处理相比，25mg/kg Cd +苹果酸、25mg/kg Cd+柠檬酸处理显著提高苋菜根系及地上部的镉含量（范洪黎等，2008）；SA 通过调节钾、镁等在植株中的分配，而促进 Cd 从根系向地上部的运输（Drazic and Mihailovic，2005）。本研究发现，2 种有机酸处理后落叶松叶片和根系 Cd 含量均升高，这与上述研究结果一致。但也有研究表明，有机酸抑制植物对 Cd 的吸收，如在溶液中加入柠檬酸可降低水稻对 Cd 的吸收（林琦等，2001）。还有研究证明，有机酸对植物吸收重金属元素的影响较复杂，重金属的不同种类、有机酸的不同浓度、植物的不同部位等反应均不同，如外源酒石酸、柠檬酸、草酸等有机酸处理促进油菜对铅的吸收，抑制油菜对镉的吸收，第二茬油菜体内的镉和铅含量比第一茬油菜要多，且高浓度的有机酸处理能使土壤中重金属淋失（杨金凤，2005）；EDTA 和柠檬酸等有机酸与 Cd 形成相应的配位化合物，从而提高了 Cd 的生物有效性和马蔺根系对 Cd 的吸收，但不同程度地抑制了 Cd 向地上部的运输（原海燕等，2007）；10μmol/L SA 处理显著提高了水稻根中 Cd 的浓度（$P<0.05$），10μmol/L SA 提高了地上部的 Cd 浓度，但差异均不显著，100μmol/L SA 预处理对根部及地上部 Cd 浓度无明显影响（郭彬，2006）。本研究发现，Cd 胁迫下，0.2～10mmol/L 草酸和柠檬酸有利于落叶松幼苗根系对 Cd 的吸收，且大多数处理还提高叶片的 Cd 含量，一般以柠檬酸影响最强，因此，有机酸对植物吸收运输 Cd 的影响受多种因素影响，一定要综合考虑重金属类型、有机酸种类和浓度、植物类型和部位等以综合衡量其影响。关于有机酸促进植物吸收 Cd 的机制，范洪黎等（2008）认为，苹果酸、柠檬酸处理显著降低了土壤专性吸附态 Cd 的含量，但显著增加了交换态 Cd、碳酸盐结合态 Cd 和有机结合态 Cd 的含量，因此苹果酸、柠檬酸主要通过影响土壤镉的形态转化从而促进苋菜对镉的吸收积累。

3.3.6　有机酸与 Cd 胁迫下苗木生长变化

在 Cd 胁迫环境条件下，植物的各种生理生化特性、生长及植物体对 Cd 的积累运输会有变化，且植物吸收的 Cd 主要积聚在根部。积累在根部的 Cd 通过置换细胞膜转运酶上的二价金属离子使其失活，抑制根系的跨膜电位和根系 H^+ 分泌等机制，从而导致植物根对养分的吸收能力减弱，进而影响植物的生长和生物量积累（Llamas et al., 2000；江行玉和赵可夫，2001）。郭彬（2006）也发现，Cd 较多累积在水稻根部，其通过取代细胞膜上的二价金属元素（如 Zn、Mg 等），使植物根系中的 P 相关转运酶失活，从而对 P 的吸收产生不良影响（Llamas et al., 2000），分根处理下，与全根 Cd 处理相比，受 Cd 胁迫的根内 P 的吸收降低，其地上部的 P 含量也显著小于全根的 Cd 处理，这可能是由于在分根处理下，受 Cd 胁迫的根较全根 Cd 处理累积了更多的 Cd，从而对水稻根部 P 的吸收和运移产生了更为不良的影响；Cd 胁迫还抑制 K 在水稻根中的积累及 P、K 向地上部的运输和分配，且抑制作用随 Cd 浓度的增加而增大。同样，孙光闻（2004）发现，Cd 影响小白菜对营养元素的吸收、转运和分配，且这种影响随元素、植株部位及 Cd^{2+} 在介质中的浓度不同而不同，基因型间也存在着一定差异：遭受 Cd 处理后，地上部的 K 含量下降, 根部的 K 含量增加; 地上部的 Mg、P、B、Mn 和 Fe 等含量升高, 而根中上述元素的含量却下降; 无论地上部还是根系, Ca、S 和 Zn 的含量均提高; 除 S 外, 其他元素的吸收总量无明显变化。因此, Cd 胁迫间接造成植物体生长发育的改变, 最明显的表现为降低了各部位生物量的积累, 如 Cd 胁迫抑制了水稻对养分的吸收运输, 进而抑制了水稻的生长发育 (郭彬, 2006)。植物遭受 Cd 胁迫后, 一般 Cd 更多地积累在根系部位, 所以 Cd 对植物生长的抑制作用也以根系受抑最强。

关于 Cd 胁迫条件下, 有机酸对植物生长及 Cd 对植物毒害作用的影响, 不同研究者针对不同植物和有机酸种类得到了不同的结果, 大致分为三类。

(1) 有机酸缓解 Cd 对植物的毒害, 减缓生物量的降低幅度。研究发现, SA 等有机酸能缓解 Cd 对大麦 (Metwally et al., 2003)、大豆 (Drazic and Mihailovic, 2005) 等植物的毒害作用。郭彬 (2006) 也发现, 苗期时 0.5mmol/L SA 浸种也能缓解 Cd 对水稻生长的抑制作用, 提高地上部和根系的干重, 但并没有降低水稻对 Cd 的吸收量和 Cd 在细胞可溶性组分的含量, 说明 SA 减轻 Cd 对水稻毒害作用的原因, 不是阻止 Cd 进入水稻体内, 而是增加水稻对 Cd 的耐性。王松华等 (2005) 也报道, SA 浸种能缓解 Cd 对小麦的毒害, 这可能是因为 SA 能够提高小麦体内抗氧化系统的活性, 及时清除因胁迫诱导产生的活性氧, 减轻了氧化胁迫程度, 增强了植株抗氧化能力。另外, 10μmol/L SA 预处理显著提高 Cd 胁迫下水稻对 P 的吸收, 提高了水稻根部的 S 浓度 (郭彬, 2006), 而 S 是植物螯合肽 (PCs) 中的关键元素, 其通过—SH 螯合细胞质中游离态 Cd, 从而降低了 Cd 对细胞质中功能蛋白的结合概率, 达到减轻 Cd 毒害的目的 (荆红梅等, 2001), 因此推断, SA 处理缓解了 Cd 对水稻生长的胁迫和毒害作用, 还可能与有机酸促进其他元素的吸收、提高 S 等养分元素的代谢有关 (Metwally et al., 2003)。同样, Metwally 等 (2003) 还发现, 0.5mmol/L 水杨酸浸种能促进 Cd 胁迫下苗期大麦对 S 的吸收, 明显缓解 Cd 对大麦生长的抑制和毒害作用。

(2) 有机酸对 Cd 胁迫下的植物生物量影响不显著。如与 Cd 25mg/kg 处理比较, Cd 25mg/kg+苹果酸、Cd 25mg/kg+柠檬酸处理对苋菜生物量未产生影响 (范洪黎等, 2008)。在 Cd 胁迫下, 对于缓解 Cd 对苗期水稻地上部和根部生长的抑制作用, 1.0mmol/L 水杨酸浸种效果不明显; 0.5mmol/L 和 1.0mmol/L 水杨酸浸种对 Cd 胁迫下分蘖期水稻地上部和根部生物量的积累也无明显影响, 但 0.5mmol/L 水杨酸浸种缓解了苗期水稻地上部和根部生长的抑制, 且在地上部表现出显著差异 ($P < 0.05$) (郭彬, 2006), 因此, 有机酸对 Cd 污染下植物生物量的作用效果与有机酸浓度和植物生育期等关系密切。

(3) 有机酸降低 Cd 胁迫下植物的生长和生物量。如原海燕等 (2007) 发现, 有机酸的添加增加了马蔺对 Cd 的积累, 且不同程度地抑制了马蔺的正常生长发育，EDTA 和柠檬酸使马蔺地上部生物量均有所降低，其下降程度因有机酸种类和添加浓度的不同略有差异，但与对照相比，差异都不显著；EDTA 和柠檬酸对根系生物量的影响明显大于地上部，与对照相比，除添加 0.5mmol/L 低浓度 EDTA 使马蔺根系生物量降低不明显外，其余浓度的有机酸处理均显著降低马蔺根系的生物量，且高浓度下根系生物量的下降程度大于低浓度下的有机酸处理，特别是5mmol/L 高浓度 EDTA 和柠檬酸使根系生物量明显降低，原因可能在于：Cd 与有机酸形成的配合物进入马蔺体内后稳定性较差，容易重新分解为游离的金属离子和有机酸，而游离的重金属离子和过高浓度的有机酸都会对植物产生毒害（Cooper et al.，1999）。

本研究发现，0.2～10.0mmol/L 草酸和柠檬酸处理后，落叶松根系和叶片的Cd 含量增加，即有机酸促进落叶松对 Cd 的吸收积累，同时还发现，与有机酸 0组相比，不同浓度的 2 种有机酸处理均未造成落叶松苗木苗高和地径的降低，反而有所提高，有的处理甚至超过了 CK 组结果，即有机酸处理促进落叶松幼苗的生长，这也说明外源草酸和柠檬酸降低了落叶松幼苗的脂质过氧化程度，有效保护了细胞膜系统，缓解了 Cd 胁迫对叶片保护酶活性的抑制，在诱导 Cd 胁迫的脯氨酸和可溶性蛋白积累中发挥了积极作用，并促进了叶绿素的合成和积累，生长指标提高，最终明显缓解了 Cd 胁迫对落叶松幼苗的伤害，提高了苗木对 Cd 胁迫的耐性。此结果与郭彬（2006）、Drazic 和 Mihailovic（2005）等研究一致，但与范洪黎等（2008）、原海燕等（2007）结果并不一致，说明 Cd 胁迫下，有机酸对植物体内 Cd 含量和植物生长的影响因植物种类、有机酸种类和浓度等而异，探讨有机酸处理对 Cd 胁迫条件下植物生长的影响一定要综合考虑各种因素，才能更确切地表述实际。虽然有机酸处理后，落叶松幼苗生长指标的增加幅度不一定很大，特别是处理时间较短时，但对苗木仍具有积极作用，如茎不仅能促进苗木对无机盐、有机养分和水分的运输，还增强植株本身对枝、叶、花、果等的支持作用及对不良自然灾害的抵抗能力。外源有机酸处理如何提高 Cd 胁迫下的落叶松幼苗的苗高和地径，究其原因，可能是 Cd 与有机酸形成的有机配合物对植物产生的毒性低于离子态金属对植物的毒性（Dongser et al.，1995；Krishnamutri et al.，1997），还可能与有机酸提高土壤中养分元素含量，以及提高植物体内叶绿素含量和光合速率有关。

值得指出的是，Cd 等重金属胁迫条件下，植物根系有机酸的分泌量增加（林海涛和史衍玺，2005），这也能促进土壤中养分元素的活化释放及植物对养分的吸收，从而间接提高植物抵御重金属胁迫的能力。

3.4　本章结论

植物修复环境重金属污染受多种因素制约，通过有机酸辅助植物修复技术提高修复效率逐渐成为治理重金属污染的有效途径之一。以落叶松幼苗为试验材科，采用盆栽试验方法，系统研究了 Cd 胁迫条件下，0.2～10.0mmol/L 外源草酸和柠檬酸对落叶松幼苗多种生理生化特性、Cd 积累及生长的影响，探讨了外源有机酸对 Cd 胁迫效应的解毒作用，结果如下。

（1）与对照相比，10.0mg/kg Cd 胁迫显著影响落叶松幼苗的多种生理生化特性，表现在细胞膜透性和 MDA 含量提高，SOD、POD 等多种抗氧化酶活性降低，脯氨酸、可溶性蛋白等渗透调节物质含量和叶绿素等色素含量降低，Chl a/Chl b 降低，细根和叶片的 Cd 含量增加（Cd 在根部积聚），说明此浓度的 Cd 污染已造成苗木叶片细胞膜系统的破坏，氮代谢受阻，且胁迫时间越长伤害越重。

（2）外源草酸和柠檬酸显著影响 Cd 胁迫下落叶松幼苗的多种生理生化特性，表现在细胞膜透性和 MDA 含量下降，SOD、POD 活性升高，可溶性蛋白和脯氨酸含量增加，叶绿素等色素含量下降趋势减缓，Chl a/Chl b 提高。大多数有机酸处理减轻了苗木对 Cd 的吸收积累，降低了苗木细根和叶片的 Cd 含量，并明显促进了苗木生长，提高了苗高和地径的生长率，因此可以肯定，外源草酸和柠檬酸对落叶松抵御 Cd 胁迫有积极作用，同时也说明草酸和柠檬酸对促进落叶松修复 Cd 污染土壤有一定的潜力。

（3）外源有机酸对 Cd 胁迫下落叶松幼苗上述指标的影响因胁迫时间、有机酸种类和浓度而异。不同的胁迫时间内，同种类、同浓度有机酸对各指标影响最显著的时间不一，草酸和柠檬酸大体在胁迫 20d 或 30d 对提高上述指标的效果最好，最佳浓度为 5.0mmol/L 或 10.0mmol/L，柠檬酸效果强于同浓度草酸。

（4）根据土壤养分胁迫条件、有机酸分泌量和苗木抗性等指标综合分析，构建了本试验条件下落叶松根系有机酸分泌行为与其生态适应性的关系模式。

参 考 文 献

陈鸿鹏, 谭晓风. 2007. 超氧化物歧化酶(SOD)研究综述. 经济林研究, 25(1): 59-65

陈英旭, 林琦, 陆芳, 等. 2000. 有机酸对铅、镉植株危害的解毒作用研究. 环境科学学报, 20(4): 467-472

陈忠林, 张利红. 2005. 有机酸对铅胁迫小麦幼苗部分生理特性的影响. 中国农学通报, 21(5): 393-395

范洪黎, 王旭, 周卫. 2008. 添加有机酸对土壤镉形态转化及苋菜镉积累的影响. 植物营养与肥料学报, 14(1): 132-138

高彦征, 贺纪正, 凌婉婷. 2003. 有机酸对土壤中镉的解析及影响因素. 土壤学报, 40(5): 731-737

葛才林, 杨小勇, 朱红霞, 等. 2002. 重金属胁迫对水稻叶片过氧化氢酶活性和同功酶表达的影响. 核农学报, 16(4): 197-202

郭彬. 2006. 外源水杨酸缓解镉对水稻毒害的生理机制. 南京农业大学博士学位论文

郭立泉. 2005. 盐、碱胁迫下星星草体内有机酸积累比较. 东北师范大学硕士学位论文

郭艳杰, 李博文, 谢建治, 等. 2008. 潮褐土施用有机酸对油菜吸收 Cd Zn Pb 的影响. 农业环境科学学报, 27(2): 472-476

郭艳杰. 2008. 印度芥菜富集土壤 Cd、Pb 的特性研究. 河北农业大学硕士学位论文

郭智. 2009. 超富集植物龙葵(*Solanum nigrum* L.)对镉胁迫的生理响应机制研究. 上海交通大学博士学位论文

黄苏珍. 2008. 铅(Pb)胁迫对黄菖蒲叶片生理生化指标的影响. 安徽农业科学, 36(25): 10760-10762

黄晓华, 周青, 程宏英, 等. 2000. 五种常绿树木对铅污染胁迫的反应. 城市环境与城市生态, 13(6): 48-50

纪红梅, 张芬琴. 2001. Cd^{2+}胁迫与绿豆幼苗生长及有关生理生化变化. 陕西师范大学学报(自然科学版), 29(5): 93-95

江行玉, 赵可夫. 2001. 植物重金属伤害及其抗性机理. 应用与环境生物学报, 7(1): 92-99

荆红梅, 郑海雷, 赵中秋, 等. 2001. 植物对镉胁迫响应的研究进展. 生态学报, 21(12): 2125-2130

李合生, 孙群, 赵世杰, 等. 2000. 植物生理生化实验原理和技术. 北京: 高等教育出版社

李荣春. 1997. Cd、Pb 及其复合污染对烟叶生理生化指标的影响. 云南农业大学学报, 12(1): 45-50

李淑菊, 马德华, 庞金安. 2000. 水杨酸对黄瓜几种酶活性及抗病性的诱导作用. 华北农学报, 15(2): 118-122

李仰锐. 2006. 有机酸、EDTA 对镉污染土壤水稻生理生化指标的影响. 西南大学硕士学位论文: 14-38

廖敏, 黄昌勇. 2002. 黑麦草生长过程中有机酸对镉毒性的影响. 应用生态学报, 13(1): 109-112

林海涛, 史衍玺. 2005. 铅、镉胁迫对茶树根系分泌有机酸的影响. 山东农业科学, (2): 32-34

林琦, 陈英旭, 陈怀满, 等. 2001. 有机酸对 Pb、Cd 的土壤化学行为和植株效应的影响. 应用生态学报, 12(4): 619-622

刘爱中, 邹冬生. 2008. Cd、Pb 复合污染对龙须草生理生化的影响. 湖南人文科技学院学报, (4): 11-13

刘登义, 王友保, 张徐祥, 等. 2002. 污灌对小麦生长及活性氧代谢的影响. 应用生态学报, 13(10): 1319-1322

刘建新. 2005. 镉胁迫下玉米幼苗生理生态的变化. 生态学杂志, 24(3): 265-268

龙新宪, 倪吾钟, 叶正钱, 等. 2002. 外源有机酸对两种生态型东南景天吸收和积累锌的影响. 植物营养与肥料学报, 8(4): 467-472

鲁先文, 余林, 宋小龙, 等. 2007. 重金属铬对小麦叶绿素合成的影响. 农业与技术, 4(27): 60-63

罗毅, 夏国军, 姜玉梅, 等. 2006. 施用有机酸对烤烟生长发育的影响. 安徽农业科学, 34(24): 6524-6526

潘瑞炽, 董愚得. 1995. 植物生理学. 3 版. 北京: 高等教育出版社: 326-327, 373

庞新, 王东红, 彭安. 2001. 铅胁迫对小麦幼苗抗氧化酶活性的影响. 环境科学, 22(5): 108-111

庞秀谦, 崔显军, 孙振芳, 等. 2010. 磷酸二氢钾叶面肥在落叶松育苗中的应用. 林业实用技术, (3): 22

任安芝, 高玉葆, 刘爽. 2000. 铬、镉、铅胁迫对青菜叶片几种生理生化指标的影响. 应用与环境生物学报, 6(2): 112-116

束良佐, 李爽. 2002. 水杨酸浸种对水分胁迫下玉米幼苗某些生理过程的影响. 南京农业大学学报, 25(3): 9-11

宋金凤, 宋利臣, 崔晓阳, 等. 2008. 低分子有机酸/盐对森林暗棕壤铁的释放效应. 土壤通报, 39(2): 315-320

孙光闻. 2004. 小白菜镉积累及毒害生理机制的研究. 浙江大学博士学位论文

孙华. 2008. 镉、铅胁迫对野生地被植物甘野菊种子萌发、幼苗生长及生理特性的影响. 内蒙古农业大学硕士学位论文

孙景波, 王笑峰, 刘春河, 等. 2009. 石墨尾矿废弃地植被恢复过程中重金属和养分变化特征及相关性. 水土保持学报, 23(3): 102-106

孙铁珩, 周启星, 李培军. 2001. 污染生态学. 北京: 科学出版社: 152

王松华, 卫红, 周正义, 等. 2005. 水杨酸对小麦镉毒害的缓解效应. 种子, 24(10): 15-17

王笑峰, 蔡体久, 张思冲, 等. 2009. 不同类型工矿废弃地基质肥力与重金属污染特征及其评价. 水土保持学报, 23(2): 157-161, 218

吴能表, 曹潇潇, 阳义健, 等. 2003. 外源水杨酸对甘蓝生理指标的影响. 西南师范大学学报(自然科学版), 28(2): 275-278

吴月燕, 陈赛, 张燕忠, 等. 2009. 重金属胁迫对 5 个常绿阔叶树种生理生化特性的影响. 核农学报, 23(5): 843-852

武雪萍, 刘国顺, 朱凯, 等. 2003. 施用有机酸对烟草生理特性及烟叶化学成分的影响. 中国烟草科学, 9(2): 23-27

肖艳, 唐永康, 曹一平, 等. 2003. 表面活性剂在叶面肥中的应用与进展. 磷肥与复肥, 18(4): 14-16

徐勤松, 施国新, 杜开和. 2001. 镉胁迫对水车前叶片抗氧化酶系统和亚显微结构的影响. 农村生态环境, 17(2): 30-34

严重玲, 洪业汤, 付舜珍. 2002. 镉、铅胁迫对烟草叶片中活性氧清除系统的影响. 生态学报, 16(4): 197-202

杨顶田, 施国新, 尤文鹏, 等. 2000. Cr^{6+}污染对莼菜冬芽茎尖细胞超微结构的影响. 南京师大学报(自然科学版), 23(3): 91-95

杨刚, 伍钧, 唐亚. 2005. 铅胁迫下植物抗性机制的研究进展. 生态学杂志, 24(12): 1507-1512

杨汉波, 胡蓉, 王春艳, 等. 2010. 重金属 Pb^{2+}、Cd^{2+}胁迫对青稞幼苗抗氧化能力的影响. 麦类作物学报, 30(5): 842-846

杨剑平, 徐红梅, 王文平, 等. 2003. 水杨酸和渗透胁迫对玉米幼苗生理特性的影响. 北京农学院学报, 18(1): 7-9

杨金凤. 2005. 重金属对油菜生长和有机酸对重金属生物有效性影响的研究. 山西农业大学硕士学位论文

杨居荣, 贺建群, 蒋婉茹. 1995. Cd 污染对植物生理生化的影响, 农业环境保护, 14(5): 193-197

杨亚提, 王旭东, 张一平, 等. 2003. 小分子有机酸对恒电荷土壤胶体 Pb^{2+}吸附-解析的影响. 应用生态学报, 14(11): 1921-1924

杨艳, 汪敏, 刘雪云, 等. 2007. 三种有机酸对镉胁迫下油菜生理特性的影响. 安徽师范大学学报(自然科学版), 30(2): 158-162

杨艳. 2007. 有机酸对镉胁迫下油菜生理特性的影响. 安徽师范大学硕士学位论文

原海燕, 黄苏珍, 郭智, 等. 2007. 外源有机酸对马蔺幼苗生长、Cd 积累及抗氧化酶的影响. 生

态环境, 16(4): 1079-1084

张敬锁, 李花粉, 衣纯真. 1999a. 有机酸对活化土壤中的镉和小麦吸收镉的影响. 土壤学报, 36(1): 61-66

张敬锁, 李花粉, 衣纯真. 1999b. 有机酸对水稻镉吸收的影响. 农业环境保护, 18(6): 278-280

周希琴, 莫灿坤. 2003. 植物重金属胁迫及其抗氧化系统. 新疆教育学院学报, 19(2): 103-108

Becker W, Apel K. 1992. Isolation and characterization of a cDNA encoding a naval jasmonate–induced protein of barley (*Hordeum vulgare* L.). Plant Mol Biol, 19(6): 1065-1067

Blaylock M J, Salt D E, Dushenkov S, et al. 1997. Enhanced accumulation of Pb in Indian Mustard by soil-applied chelating agents. Environ Sci Technol, 31(3): 860-865

Carter D R, Cheeseman J M. 1993. The effect of extenal NaCl on thylakoid stacking in lettuce plants. Plant Cell Environ, 16(2): 215-223

Chen Z X, Siiva H, Klessig D F. 1993. Active oxygen species in the induction of plant systematic acquired resistance by salicylic acid. Science, 262(5141): 1883-1886

Cho U H, Seo N H. 2005. Oxidative stress in Arabidopsis thaliana exposed to cadmium is due to hydrogen peroxide accumulation. Plant Sci, 168(1): 113-120

Cooper E M, Sime J T, Cunningham SD, et al. 1999. Chelate-assisted phytoextraction of lead from contaminated soils. J Environ Qual, 28(6): 1709-1719

Cristofaro A D, Zhou D H, He J Z, et al. 1998. Comparison between oxalate and humate on copper adsorption on goethite. Fresen Environ Bull, 7: 570-576

Dhindsa R S, Dhinda P P, Thorpe T A. 1981. Leaf senescence: Correlated with increased levels of membrane permeability and lipid peroxidation and decreased levels of superoxide dismutase and catalase. J Exp Bot, 32(126): 93-101

Dongser X, Robert R H, Charles L H. 1995. Effect of organic acid on cadmium toxicity in tomato and bean growth. J Environ Sci, 1995(4): 399-406

Drazic G, Mihailovic N. 2005. Modification of cadmium toxicity in soybean seedlings by salicylic acid. Plant Science, 168(2): 511-517

Durner J, Klessig D F. 1996. Salicylic acid is a modulator of tobacco and mammalian catalases. J Biol Chem, 271(45): 28492-28501

El-Tayeb M A, El-Enany A E. 2006. Salicylic acid-induced adaptive response to copper stress in sunflower (*Helianthus annuus* L.). Plant Growth Regul, 50(2-3): 191-199

Fischer F, Bipp H P. 2002. Removal of heavy metals from soil components and soils by natural chelating agents. II. Soil extraction by sugar acids. Water Air Soil Poll, 138(1-4): 271-288

Glass D J. 2000. Economical potential of phytoremediation//Raskin I, Ensley B D. Phytoremediation of Toxic Metals: Using Plants to Clean up the Environment. NewYork: John Wiley and Sons: 15-31

Huang J W, Chen J J, Berti W R, et al. 1997. Phytoremediation of lead-contaminated soils: role of synthetic chelates in lead phytoextraction. Environ Sci Technol, 31(3): 800-805

Huang W B, Ma R, Yang D, et al. 2014. Organic acids secreted from plant roots under soil stress and their effects on ecological adaptability of plants. Agricultural Science & Technology, 15(7): 1167-1173

Jones D L. 1998. Organic acids in the rhizosphere-a critical review. Plant Soil, 205(1): 25-44

Krishnamutri G S R, Cieslinski G, Huang P M, et al. 1997. Kinetics of cadmium released from soils as influenced by organic acids implication in cadmium availability. J Environ Qual, 26(1): 271-277

Levine A, Tenhaken R, Dixon R, et al. 1994. H₂O₂ from the oxidative burst orchestrates the plant hypersensitive disease resistance response. Cell, 79(4): 583-593

Llamas A, Ullrich C I, Sanz A. 2000. Cd effects on transmembrane electrical Potential difference, respiration and membrane permeability of rice (*Oryza sativa* L.) roots. Plant soil, 219(1-2): 21-28

Metwally A, Finkemeier I, Georgi M, et al. 2003. Salicylic acid alleviates the cadmium toxicity in barley seedlings. Plant Physiol, 132(1): 272-281

Milone T M, Sgherri C, Clijsters H. 2003. Antioxidative responses of wheat treated with realistic concentration of cadmium. Environ Exp Bot, 50(3): 265-276

Morita S, Kaminaka H, Masumura T, et al. 1999. Induction of rice cytosolic ascorbate peroxidase mRNA by oxidative stress: the involvement of hydrogen peroxide in oxidative stress signaling. Plant Cell Physiol, 40(4): 417-422

Nardi S, Sessi E, Pizzeghello D, et al. 2002. Biological activity of soil organic matter mobilized by root exudates. Chemosphere, 46(7): 1075-1081

Nigam R, Srivastava S, Prakash S, et al. 2001. Cadmium mobilization and plant availability-the impact of organic acids commonly exuded from roots. Plant Soil, 230(1): 107-113

Noctor G, Foyer C H. 1998. Ascorbate and glutathione: keeping active oxygen under control. Annu Rev Plant Physiol Plant Mol Biol, 49(1): 249-279

Norman C, Howell K A, Millar A H, et al. 2004. Salicylic acid is an uncoupler and inhibitor of mitochondrial electron transport. Plant Physiol, 134(1): 492-501

Palomo L, Claassen N, Jones D L. 2006. Differential mobilization of P in the maize rhizosphere by citric acid and potassium citrate. Soil Biol Biochem, 38(4): 683-692

Sandalio L M, Dalurzo H C, Gómez M, et al. 2001. Cadmium-induced changes in the growth and oxidative metabolism of pea plants. J Exp Bot, 52(364): 2115-2212

Scandalios J G. 1993. Oxygen stress and superoxide dismutases. Plant Physiol, 101(1): 7-12

Schützendübel A, Nikolova P, Rudolf C, et al. 2002. Cadmium and H_2O_2-induced oxidative stress in *Populus xcanescens* roots. Plant Physiol Biochem, 40: 577-584

Schützendübel A, Schwanz P, Teichmann T, et al. 2001. Cadmium-induced changes in antioxidative systems, hydrogen peroxide content, and differentiation in scots pine roots. Plant Physiol, 127(3): 887-898

Sembdner G, Parthier B. 1993. The biochemistry and physiological and molecular action of jasmonates. Ann Rev Plant Physiol Plant Mol Biol, 44: 569-589

Sivasankar S, Sheldrick B, Rothstein S J. 2000. Expression of allene oxide synthase determines defense gene activation in tomato. Plant Physiol, 122: 1335-1342

Song J F, Cui X Y. 2003. Analysis of organic acids in selected forest litters of Northeast China. Journal of Forestry Research, 14(4): 285-289

Song J F, Ma R, Huang W B, et al. 2014b. Exogenous organic acids protect Changbai larch (*Larix olgensis*) seedlings against cadmium toxicity. Fresen Environ Bul, 3(12c): 3460-3468

Song J F, Markewitz D, Liu Y, et al. 2016. The alleviation of nutrient deficiency symptoms in Changbai larch (*Larix olgensis*) seedlings by the application of exogenous organic acids. Forests, 7(10): 213

Song J F, Yang D, Ma R, et al. 2014a. Studies on the secretion of organic acids from roots of two-year-old *Larix olgensis* under nutrient and water stress. Agricultural Science & Technology, 15(6): 1015-1019

Stanislaw K, Helen R, Barbara K, et al. 1999. Systemic signaling and acclimation in response to excess excitation energy in Arabidopsis. Science, 284(5414): 654-657

Stobart A K, Griffiths W T, Ameen-Bukhari I, et al. 1985. The effect of Cd^{2+} on the biosynthesis of chlorophyll in leaves of barley. Plant Physiol, 63(3): 293-298

Wang X, Jia Y F. 2007. Study on absorption and remediation by poplar and larch in the soil contaminated with heavy metals. Ecology and Environment, 16(2): 432-436

Woolhouse H W. 1974. Longevity and senescence in plant. Science Progress, 61(241): 123-147

Xiang C, Oliver D J. 1998. Glutathione metabolic genes coordinately respond to heavy metals and jasmonic acid in *Arabidopsis*. Plant Cell, 10(9): 1539-1550

Zhang F Q, Shi W Y, Jin Z X, et al. 2003. Response of antioxidative enzymes in cucumber chloroplasts to cadmium toxicity. J Plant Nutr, 26: 1779-1788

Zhang Y X, Chai T Y. 1999. Research advances on the mechanisms of heavy metal tolerance in plants. Acta Bot Sin, 41(5): 453-457

Zhu J K. 2001. Cell signaling under salt, water and cold stress. Curr Opin Plant Biol, 4(5): 401-406

4 外源有机酸对 Pb 胁迫下落叶松幼苗生态适应性的影响研究

干旱、水涝、盐及空气、水、土壤中有毒物质和重金属污染等对植物生长的胁迫越来越严重，特别是日益严重的土壤重金属污染已影响了植物生长及农林业的生产和发展。土壤中有害重金属的积累不仅导致土壤质量退化、植物生长受抑制、产量和品质降低，还通过直接接触、食物链等危及人类的生命和健康（Odjegba and Fasidi，2004；Han et al.，2007；黄苏珍，2008）。因此土壤中的重金属特别是有毒重金属污染防治已经成为国际环境领域研究的热点，同时又因重金属性质的特殊性而成为该领域研究的难点。

铅（Pb）是目前重金属环境污染物中影响最严重的元素之一（秦天才等，1998；Han et al.，2007），对人类和植物生产影响都较大，又是植物非必需元素。随着工业化、城市化、农业现代化的发展，人类向土壤中排放的 Pb 量逐年增加，Pb 污染也日益严重。Pb 进入土壤后会产生明显的生物效应。土壤中过量的 Pb 不仅在植物体内残留，还可能在植物组织中大量积累而导致植物体内活性氧代谢失调，活性氧水平上升，从而引起细胞膜脂过氧化，并最终影响植物的生长、产量和品质（Cho and Park，2000；Odjegba and Fasidi，2004；Han et al.，2007）。Pb 还对人类具有积累性危害，其对人体的危害包括造血功能、免疫功能及内分泌系统、消化系统、神经系统等多个系统（Mclaughlin et al.，1999；黄苏珍，2008），成为威胁人类健康与影响人类生活质量的环境问题和社会问题。因此，如何修复 Pb 污染土壤，开展植物对 Pb 的生理抗（耐）性机制及筛选兼抗性强、观赏性良好的重金属土壤污染修复植物等研究有重要的意义，已成为各界关注的焦点，其中植物修复成为近年来生态修复研究领域的重要内容之一，作为生态修复重要内容之一的植物修复已成为近年来国际环境领域研究的热点。在 Pb 胁迫土壤的植物修复中，特别是在植物生长初期，如何提高植物的存活力和环境抗性尤其引人关注。

研究表明，作为一种天然螯合剂，土壤生态系统中广泛存在的有机酸显著影响 Pb 胁迫土壤中植物的多种生理生化特性、生长和生物量分配格局，在控制 Pb 生物毒性等方面发挥重要作用，并最终明显影响 Pb 在土壤和环境中的迁移转化行为及 Pb 对植物的有效性和对环境的毒性（Cristofaro et al.，1998；Nigam et al.，2001；高彦征等，2003；杨亚提等，2003），提高植物对 Pb 胁迫土壤的抵抗力和适应性，提高土壤的修复效率（Nigam et al.，2001）。目前有机酸在此方面的重要作用已在一些植物上得以证实，如马蔺（*Iris lactea* var. *chinensis*）、油菜（*Brassica napus* L.）等；有机酸种类涉及草酸、柠檬酸、EDTA、水杨酸等（王鸿燕等，2010；Han et al.，2013；Shakoor et al.，2014）。有机酸对植物生长、生理生化特性影响的差异不仅与植物种类有关，还与有机酸种类和处理浓度、Pb 胁迫程度和处理时间等密切相关（Shakoor et al.，2014）。

在我国东北地区有面积广阔的矿山土壤亟须复垦，如黑龙江省境内的伊春市西林铅锌矿等。这些立地条件下，土壤 Pb 胁迫现象常普遍存在。落叶松（*Larix olgensis*）是东北山区的重要乡土树种，因成活率较高和对环境要求不甚严格，成为 Pb 胁迫矿山土壤植被恢复和林业复垦的优选树种和先锋树种。但在较严重 Pb 胁迫下，落叶松的成活和生长仍受很大限制，特别是在初期"造林不成活"现象普遍存在。通过前期研究我们发现，落叶松凋落物能源源不断地释放多种有机酸，包括草酸、柠檬酸和琥珀酸等，且数量较大（Song and Cui，2003）；在土壤养分水分等胁迫条件下，落叶松根系还能分泌草酸、柠檬酸等多种类型的有机酸，很多有机酸的数量相当可观（Huang et al.，2014；Song et al.，2014a）。在前人研究基础上，我们可以假设，外源有机酸亦能在提高 Pb 胁迫下落叶松存活和抗性方面发挥积极作用。但目前各种外源有机酸如何影响 Pb 胁迫下落叶松的生理生化特性、生长，以及如何影响其吸收运输重金属元素及其抗性等均少见报道。因此，本文通过外源添加不同浓度的草酸和柠檬酸溶液，研究了不同 Pb 胁迫时间下外源有机酸对落叶松幼苗多种生理生化特性、生长和重金属吸收积累的影响及作用程度，旨在探讨 Pb 胁迫下外源有机酸处理对落叶松幼苗部分生理生化指标的影响及有机酸与落叶松 Pb 耐性能力的相关关系，科学评价有机酸对 Pb 胁迫下苗木生态适应性的积极意义，揭示有机酸是否对 Pb 胁迫效应具有解毒作用，从而为有机酸应用于植物修复环境 Pb 污染提供理论指导，为探索 Pb 污染土壤的控制途径、提高生物或植物的修复效率提供科学依据，同时能为有机酸应用于植物修复 Pb 胁迫土壤提供理论指导，为提高 Pb 胁迫土壤的植物修复效率提供科学依据，同时还为 Pb 胁迫土壤的有效利用开辟新思路。

4.1 材料与方法

4.1.1 实验材料与处理

实验在黑龙江省哈尔滨市东北林业大学帽儿山实验林场温室内进行。落叶松种子经选种、消毒、雪藏催芽后，于 4 月末播种于塑料花盆内（底径、上口径、高分别为 16.2cm、18.4cm 和 20.0cm），覆土料为质地均一、无杂质的 A_1 层暗棕壤。每盆育苗 60 株。盆上沿土壤空出 2~3cm，以便浇水、有机酸和 Pb 处理。苗木在温室内正常光照和浇水，5 月末间苗，每盆仅剩 30 株。

缓苗 1 月后，土壤用 $Pb(NO_3)_2$ 溶液进行 Pb 胁迫处理，使处理后土壤内 Pb^{2+} 浓度达 100mg/kg。Pb 胁迫 10d 后，用有机酸溶液（草酸或柠檬酸，浓度分别为 0mmol/L、0.2mmol/L、1.0mmol/L、5.0mmol/L 和 10.0mmol/L）对苗木分别进行灌根处理，以使土壤完全湿润。在长白落叶松苗期，由于其根系生长慢且发育不完全（庞秀谦等，2010），还采用类似叶面施肥的方式进行了有机酸喷施（肖艳等，2003），具体讲：用喷壶向苗木叶片上、下表面喷施有机酸溶液（草酸或柠檬酸，浓度分别为 0mmol/L、0.2mmol/L、1.0mmol/L、5.0mmol/L 和 10.0mmol/L），以叶面均匀湿润为止。2 种有机酸溶液均以有机盐溶液的形式添加（pH 5.16，仿凋落物淋洗液平均 pH），每天处理一次，共处理 7 天，均在早晨 8：00 处理。土壤无 Pb 胁迫、等量蒸馏水处理为对照。实验共包括 9 个设计，具体为 CK：0mmol/L 有机酸+无 Pb 胁迫；T1：0mmol/L 有机酸+Pb；T2：0.2mmol/L 草酸+Pb；T3：1.0mmol/L 草酸+Pb；T4：5.0mmol/L 草酸+Pb；T5：10.0mmol/L 草酸+ Pb；T6：0.2mmol/L 柠檬酸+Pb；T7：1.0mmol/L 柠檬酸+Pb；T8：5.0mmol/L 柠檬酸+Pb；T9：10.0mmol/L 柠檬酸+Pb。上述 10 个处理均分别在有机酸处理后第 10 天、第 20 天和第 30 天采样分析。每处理设置足够的重复。

4.1.2 样品采集与测定

4.1.2.1 生长指标和生物量测定

从统一培养的幼苗中随机选取苗木测定苗高和地径，其中苗高用米尺（精确度为 0.01m）、地径用游标卡尺（精确度为 0.001m）测定，每处理测 30 株，算出净生长率，其计算公式为

净生长率（%）=（苗高或地径$_{处理后}$−苗高或地径$_{处理前}$）×100/苗高或地径$_{处理前}$

每处理随机选取 15 株幼苗，进行全株收获，再测定生物量。具体如下：将幼苗小心从盆中取出，保持根系和叶片完整，用枝剪从基径处将幼苗分开，再将茎、叶等地上部分开，用去离子水洗去根中土壤，用滤纸小心地将水吸干，105℃下杀青 15min，再在 60℃下烘至恒重，用电子天平（精确度为 0.0001g）分别称茎、叶、根系干重，计算平均值。

4.1.2.2 叶片的生理指标测定

随机采集足够量的第 11~20 片成熟真叶（即幼苗中部，3.0g），立即测定相对电导率、丙二醛（MDA）、脯氨酸、可溶性蛋白和叶绿素含量，以及超氧化物歧化酶（SOD）、过氧化物酶（POD）活性，或将样品以液氮固定，置于−80℃的超低温冰箱保存，备测上述指标。上述指标的具体测定方法如下。

相对电导率用上海雷磁 DDS-6700 电导仪测定，MDA 含量采用硫代巴比妥酸（TBA）比色法，脯氨酸含量采用酸性茚三酮法，可溶性蛋白含量采用考马斯亮蓝 G-250 染色法，色素含量采用丙酮提取分光光度法，SOD 活性采用氮蓝四唑（NBT）光化还原法，POD 活性采用愈创木酚法。具体指标的详细测定方法见李合生等（2000）、Song 等（2014b，2016）。每处理重复 3 次。

将各处理中部分苗木暗处理 20min 后,选取完整叶片用 LI-6400 XT 便携式光合仪(Licor,US)测定叶绿素荧光指标,通过测得的 F_0(初始荧光)和 F_m(最大荧光),计算得到 F_v/F_m(PSⅡ最大光化学效率)和 F_v/F_0(PSⅡ潜在活性),其中 F_v(可变荧光,由植物自身特性决定,反映光合中心叶片进行光化学反应的域或能力范围)$=F_m-F_0$。每处理重复 3 次。

4.1.2.3　根系形态特征的测定

每处理随机选取 3 株幼苗,小心地将根系取出,用去离子水洗去根中土壤,用滤纸小心地将水吸干,用枝剪将根系、茎及叶分开,再用根系分析仪(Win-RHIZO-2004a,Canada)扫描根系以测定根系形态,得到根系表面积(surfarea)、长度(root length)、体积(root volume)和平均直径(avg diam),并根据根系干重计算得到比根长(specific root length,为根长/根系干重)。

4.1.2.4　叶片和根系内 Pb 及几种养分元素含量的测定

随机采集苗木中部叶片,再把采过叶片的幼苗小心地从土壤中取出,操作时避免根系损伤,采集<2mm 细根。将叶片和细根用蒸馏水洗净擦干,105℃下杀青 15min,再在 70℃下烘至恒重,粉碎,过 2mm 尼龙筛,用微波消解 ICP-MS 法测定叶片和细根的 Pb、Mg、K、Ca 和 Fe 含量,所用仪器为 ICP-MS,PE,Sciex ELAN 6000,USA。每处理重复 3 次。

4.1.3　数据处理

用方差分析(SPSS 18.0)检验有机酸种类、浓度及处理时间之间的主体效应,部分指标主效应结果及重复次数见表 4-1。单一指标所列数据均为(平均值±标准差),并用 SPSS 18.0 软件进行显著性检验。

表 4-1　实验处理时间、有机酸种类和浓度及其相互作用对 Pb 胁迫下落叶松幼苗苗高和地径(GLD)生长率、叶片 MDA 含量、SOD 和 POD 活性,脯氨酸(Pro)、类胡萝卜素(Car)含量、叶绿素总量(Chl)、根系和叶片 Pb 积累(Pb_{root} 和 Pb_{leaf})影响的主效应 P 值结果

影响	苗高	GLD	MDA	SOD	POD	Pro	Car	Chl	Pb_{root}	Pb_{leaf}
n	10	10	3	3	3	3	3	3	3	3
处理时间	<0.01	<0.01	<0.01	<0.01	<0.01	<0.01	<0.01	<0.01	<0.01	<0.01
有机酸种类	<0.01	<0.01	0.032	0.135	<0.01	<0.01	<0.01	0.239	<0.01	<0.01
有机酸浓度	<0.01	<0.01	<0.01	<0.01	<0.01	<0.01	<0.01	<0.01	<0.01	<0.01
处理时间×有机酸种类	<0.01	<0.01	0.157	<0.01	<0.01	<0.01	<0.01	<0.01	<0.01	<0.01
有机酸种类×有机酸浓度	<0.01	<0.01	<0.01	<0.01	<0.01	<0.01	<0.01	<0.01	<0.01	<0.01
处理时间×有机酸浓度	<0.01	<0.01	<0.01	<0.01	<0.01	<0.01	<0.01	<0.01	<0.01	<0.01

4.2　结果与分析

4.2.1　有机酸对叶片细胞膜系统的保护作用

有机酸种类（草酸和柠檬酸）和浓度，以及处理时间（d）均对本研究所测定的指标有重要影响，包括多种生理指标和生长指标（表 4-1）。落叶松幼苗遭受 Pb 胁迫后，与无 Pb 污染的对照（CK）相比，叶片 MDA 含量和相对电导率分别增加了 6.00%～11.14% 和 6.00%～31.40%，说明 Pb 胁迫已使落叶松幼苗的细胞膜受到损伤，膜脂过氧化作用加剧，细胞抗氧化能力降低，这对落叶松生长发育不利。在 Pb 污染下，落叶松幼苗经 0.2～10.0mmol/L 草酸和柠檬酸处理后，叶片 MDA 含量和相对电导率比未加有机酸处理降低，说明膜系统的过氧化损伤得到恢复，从而有效抵御 Pb 对落叶松幼苗的胁迫。草酸和柠檬酸一般在 10.0mmol/L 时对降低电导率的效果较好，对于 MDA 含量，草酸处理在 10d、20d、30d 都以 5.0mmol/L 效果最好，而柠檬酸在不同时间最佳浓度不一，10d、20d、30d 分别以 5.0mmol/L、10.0mmol/L、10.0mmol/L 效果最好。2 种有机酸增强落叶松幼苗耐 Pb 胁迫的顺序为柠檬酸＞草酸。从处理时间看，一般降低 MDA 含量的效果为 10d 时降低效果强于 30d，更强于 20d，而电导率的影响强弱则以 30d 最强，其次为 10d，再次为 20d（图 4-1，图 4-2）。

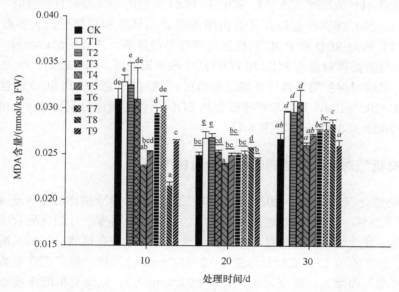

图 4-1　Pb 胁迫下有机酸处理后落叶松幼苗的 MDA 含量

4.2.2　有机酸对叶片抗氧化酶活性的影响

与对照相比，Pb 胁迫后未经有机酸处理的落叶松幼苗 SOD 和 POD 活性均有

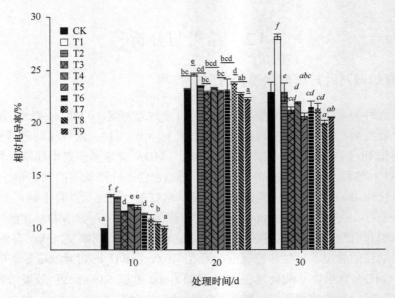

图 4-2　Pb 胁迫下有机酸处理后落叶松幼苗的相对电导率

不同程度降低，在处理的 3 个时间内 SOD 和 POD 活性分别降低了 8.66%～18.53% 和 3.71%～10.48%，且随胁迫时间延长细胞保护酶活性进一步降低。2 种外源有机酸处理后，Pb 胁迫对苗木叶片 SOD 和 POD 活性的抑制得到有效缓解，在处理 10d、20d、30d 都有所提高。从有机酸浓度看，草酸和柠檬酸的大多数处理在 10.0mmol/L 时对 SOD 和 POD 活性的提高效果最显著。从有机酸种类看，2 种有机酸以柠檬酸处理对提高 SOD 和 POD 活性的效果较好，草酸较弱。Pb 处理时间也影响有机酸对保护酶活性降低的缓解作用，草酸和柠檬酸提高 SOD 活性的顺序均为 30d＞20d＞10d，草酸和柠檬酸提高 POD 活性的顺序分别为 30d＞10d＞20d 和 10d＞20d＞30d（图 4-3，图 4-4）。

4.2.3　有机酸对叶片渗透调节物质含量的影响

　　Pb 胁迫处理后，10d、20d、30d 处理的脯氨酸含量分别比对照降低 4.57%、7.61% 和 8.23%，说明 Pb 胁迫处理是有效的，其诱导苗木叶片脯氨酸合成和积累受到抑制，且处理时间越长对苗木伤害越重。加入 2 种有机酸后，脯氨酸含量大多均高于有机酸 0 组：在较低浓度（0.2～1.0mmol/L）内，脯氨酸含量大体随有机酸浓度增加而增大，浓度再高（1.0～10.0mmol/L），则随有机酸浓度增大而降低，大多仍高于未加有机酸处理，即 1.0mmol/L 浓度增加效果最显著，因此适宜浓度的有机酸在 Pb 诱导的脯氨酸积累中发挥了积极作用，外源有机酸对提高落叶松耐 Pb 胁迫适应性有一定效果。在 Pb 胁迫处理下，2 种有机酸对脯氨酸含量的影响效果为柠檬酸＞草酸。胁迫时间对脯氨酸含量的作用规律不一，草酸处理时增幅大小为 10d＞20d＞30d，柠檬酸处理大体为 20d＞30d＞10d（图 4-5）。

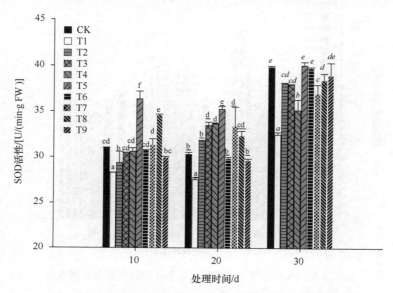

图 4-3 Pb 胁迫下有机酸处理后落叶松幼苗的 SOD 活性

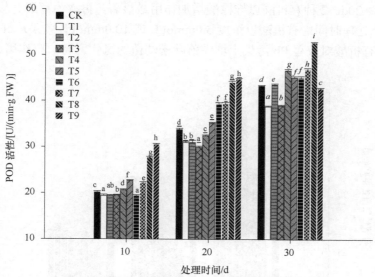

图 4-4 Pb 胁迫下有机酸处理后落叶松幼苗的 POD 活性

受 Pb 污染后，落叶松叶片可溶性蛋白含量降低，说明 Pb 污染对落叶松氮素代谢不利，且胁迫时间越长不利作用越重。2 种有机酸提高苗木的可溶性蛋白含量，在胁迫 10d、20d 和 30d，所有处理植株的可溶性蛋白含量均高于有机酸 0 组，说明有机酸对 Pb 污染落叶松植株蛋白质代谢的影响较显著。苗木遭受 Pb 胁迫的

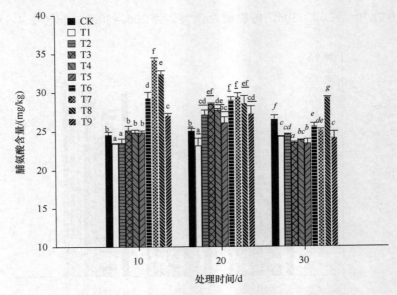

图 4-5　Pb 胁迫下有机酸处理后落叶松幼苗的脯氨酸含量

时间也影响有机酸对可溶性蛋白含量的增幅，草酸和柠檬酸处理时增幅大小均为 10d＞30d＞20d。2 种有机酸以柠檬酸增加作用最显著，再次为草酸。从有机酸浓度看，3 个处理时间内有机酸以浓度 5.0mmol/L 或 10.0mmol/L 效果最好（图 4-6）。总体看，有机酸对改善 Pb 污染土壤中落叶松幼苗的氮代谢有一定作用。

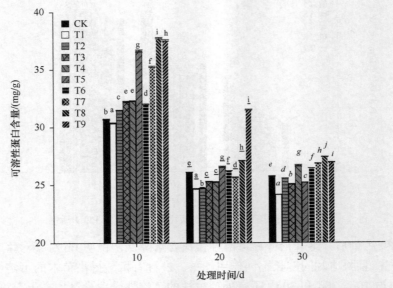

图 4-6　Pb 胁迫下有机酸处理后落叶松幼苗的可溶性蛋白含量

4.2.4 有机酸对幼苗色素含量的影响

100.0mg/kg Pb 污染降低落叶松幼苗叶片的色素含量,包括叶绿素 a 含量、叶绿素 b 含量、类胡萝卜素含量和叶绿素总量,在胁迫 10d、20d 和 30d 均有体现,说明受 Pb 胁迫后,落叶松幼苗叶绿体受到破坏,叶绿素的生物合成受到抑制,且胁迫时间越长叶绿素含量的降低作用越重。Pb 胁迫后 Chl a/Chl b 变化不一,胁迫 10d 降低,但 20d 和 30d 时有所升高(表 4-2~表 4-4)。

表 4-2   Pb 胁迫 10d 时有机酸处理后落叶松叶片的色素含量(单位:mg/g)

处理	叶绿素 a 含量	叶绿素 b 含量	Chl a/Chl b	类胡萝卜素含量	叶绿素总量
CK	0.772±0.065a	0.388±0.054a	1.99±0.051a	0.16±0.006a	1.16±0.119a
有机酸 0	0.705±0.054a	0.375±0.043a	1.88±0.038a	0.149±0.027a	1.08±0.07a
草酸 0.2	0.708±0.057a	0.378±0.034a	1.873±0.063a	0.15±0.012a	1.086±0.09a
草酸 1.0	0.717±0.019a	0.385±0.013a	1.862±0.041a	0.15±0.008a	1.102±0.031a
草酸 5.0	0.778±0.048a	0.394±0.025a	1.975±0.051a	0.158±0.012a	1.172±0.072a
草酸 10.0	0.837±0.149a	0.404±0.076a	2.072±0.035b	0.17±0.025a	1.24±0.225b
柠檬酸 0.2	0.72±0.013a	0.376±0.014a	1.915±0.065a	0.163±0.012a	1.096±0.025a
柠檬酸 1.0	0.934±0.14b	0.462±0.069b	2.022±0.054b	0.227±0.031b	1.396±0.208b
柠檬酸 5.0	0.939±0.25b	0.482±0.015b	1.947±0.059b	0.217±0.063b	1.422±0.397b
柠檬酸 10.0	0.94±0.082b	0.459±0.032b	2.048±0.084b	0.197±0.022b	1.398±0.111b

注:同列不同小写字母表示差异显著($P<0.05$),下同

表 4-3   Pb 胁迫 20d 时有机酸处理后落叶松叶片的色素含量(单位:mg/g)

处理	叶绿素 a 含量	叶绿素 b 含量	Chl a/Chl b	类胡萝卜素含量	叶绿素总量
CK	0.677±0.049a	0.347±0.034a	1.953±0.049a	0.151±0.013a	1.024±0.082a
有机酸 0	0.632±0.074a	0.322±0.027a	1.963±0.078a	0.14±0.016a	0.954±0.1a
草酸 0.2	0.641±0.075a	0.332±0.037a	1.931±0.185a	0.144±0.031a	0.973±0.103a
草酸 1.0	0.67±0.01a	0.349±0.011a	1.922±0.011a	0.155±0.007a	1.019±0.076a
草酸 5.0	0.693±0.054a	0.352±0.033a	1.969±0.06a	0.147±0.005a	1.045±0.044a
草酸 10.0	0.641±0.084a	0.322±0.035a	1.991±0.063b	0.142±0.03a	0.963±0.254a
柠檬酸 0.2	0.715±0.016a	0.366±0.118a	1.953±0.064a	0.152±0.01a	1.082±0.111a
柠檬酸 1.0	0.751±0.053b	0.387±0.023a	1.939±0.077a	0.171±0.013b	1.138±0.01b
柠檬酸 5.0	0.715±0.033b	0.353±0.013a	2.024±0.046b	0.141±0.009a	1.069±0.086a
柠檬酸 10.0	0.76±0.016b	0.362±0.093a	2.099±0.114b	0.151±0.014a	1.122±0.118b

表 4-4　Pb 胁迫 30d 时有机酸处理后落叶松叶片的色素含量 　（单位：mg/g）

处理	叶绿素 a 含量	叶绿素 b 含量	Chl a/Chl b	类胡萝卜素含量	叶绿素总量
CK	0.818±0.081a	0.399±0.043a	2.053±0.055a	0.174±0.017a	1.216±0.123a
有机酸 0	0.751±0.072a	0.356±0.037a	2.11±0.016a	0.161±0.015a	1.107±0.109a
草酸 0.2	0.755±0.122a	0.357±0.055a	2.116±0.057a	0.167±0.025a	1.112±0.101a
草酸 1.0	0.804±0.132a	0.36±0.063a	2.233±0.019b	0.172±0.026a	1.164±0.203a
草酸 5.0	0.837±0.049a	0.414±0.025a	2.022±0.097a	0.173±0.009a	1.251±0.05a
草酸 10.0	0.803±0.072a	0.412±0.025a	1.951±0.062c	0.183±0.017b	1.215±0.086a
柠檬酸 0.2	0.791±0.076a	0.395±0.026a	2.003±0.074a	0.173±0.018a	1.186±0.176a
柠檬酸 1.0	0.797±0.136a	0.408±0.067a	1.954±0.097b	0.18±0.024b	1.205±0.192a
柠檬酸 5.0	0.882±0.063b	0.429±0.042a	2.056±0.028a	0.182±0.018b	1.311±0.074b
柠檬酸 10.0	0.896±0.055b	0.422±0.033a	2.123±0.054a	0.188±0.011b	1.318±0.097b

　　用不同浓度有机酸处理 Pb 胁迫的落叶松幼苗后，叶绿素 a 含量、叶绿素 b 含量、类胡萝卜素含量、叶绿素总量均有不同程度升高，说明外源有机酸能有效缓解 Pb 对落叶松幼苗叶绿体的破坏作用，促进苗木叶绿素的生物合成和积累，并最终提高叶绿素含量。有机酸处理后，苗木叶绿素等色素含量的升高幅度因胁迫时间、有机酸种类和浓度而异。从胁迫时间看，不同处理时间的色素含量增幅为 10d＞20d＞30d，即胁迫时间越短，有机酸越容易减轻 Pb 对叶绿体的破坏，对色素含量降低趋势的缓解效果越强。从有机酸浓度的影响看，草酸和柠檬酸在不同的处理时间影响最显著的浓度不一，胁迫 10d 时，草酸和柠檬酸分别在 10.0mmol/L 和 5.0mmol/L 提高效果最好，胁迫 20d 时分别在 5.0mmol/L 和 1.0mmol/L，胁迫 30d 时分别在 5.0mmol/L 和 10.0mmol/L 效果最好。从有机酸种类看，柠檬酸作用的色素含量大多高于草酸，即柠檬酸对提高色素含量的作用较强（表 4-2～表 4-4）。有机酸对 Chl a/Chl b 的影响比较复杂，10d 时，大多数草酸和柠檬酸处理提高了 Chl a/Chl b；20d 时，0.2～1.0mmol/L 草酸和柠檬酸处理时降低，5.0～10.0mmol/L 时升高；30d 时，大多数处理表现为降低。Chl a/Chl b 的变化幅度为 10d＞20d＞30d，一般在 10.0mmol/L 有机酸浓度时达到峰值，且柠檬酸结果高于草酸。

4.2.5　有机酸处理后叶片的叶绿素荧光参数的变化

　　Pb 胁迫显著降低落叶松幼苗叶片的叶绿素荧光参数，包括 F_v、F_m、F_v/F_m 和 F_v/F_0，但增加了 F_0。如与 CK 相比，处理 10d、20d 和 30d 时 F_v/F_m 分别降低了 6.39%、4.83% 和 1.41%，F_v/F_0 分别降低了 26.00%、20.55% 和 6.60%。有机酸处理后，F_0 呈现降低的变化趋势，且随有机酸浓度增加降幅增大。F_v、F_m 则呈现先升高再降低的趋势。有机酸显著增加 F_v/F_m 和 F_v/F_0，增幅与有机酸浓度呈正相关，即在 10.0mmol/L 达峰值。不同处理时间的增加效果为 10d＞20d＞30d。除 0.2mmol/L 低浓度部分处理外，柠檬酸增幅强于草酸，如 10d、20d 和 30d 柠檬酸

处理后的 F_v/F_m 分别是草酸的 1.27～1.47 倍、1.07～2.57 倍、1.24～2.79 倍（图 4-7）。

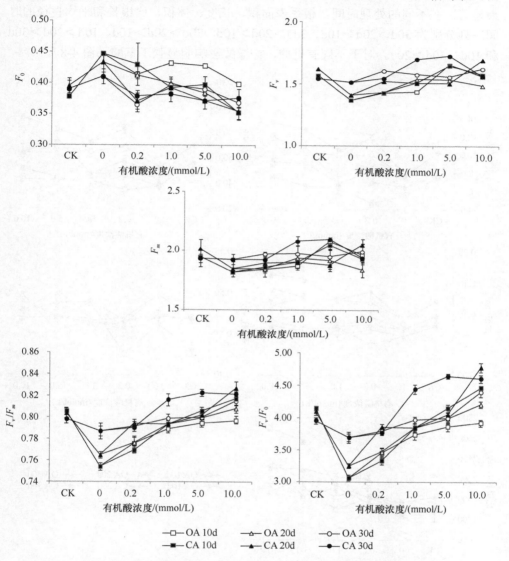

图 4-7　Pb 胁迫下有机酸处理后落叶松幼苗叶片的叶绿素荧光参数

4.2.6　有机酸处理后根系形态特征的变化

　　Pb 胁迫显著影响了苗木根系的形态特征，降低了根系表面积、长度、体积及比根长，且胁迫时间越长降幅越大，如 10d、20d 和 30d 时，根系体积分别降低了20.78%、22.61%和23.83%；Pb 胁迫增加了根系平均直径，10d、20d 和 30d 分别增加了7.14%、6.06%和0.60%。有机酸使上述指标均向相反方向变化，即增加根系表面积、长度、体积及比根长，但降低了平均直径，大多数处理以 10.0mmol/L 最显著。在不同的处理时间，根系表面积、长度、体积、比根长和平均直径的时间序列分别为 30d＞20d＞10d、30d＞20d＞10d、30d＞20d＞10d、10d＞20d＞30d 和 10d＞30d＞20d。对于不同有机酸，柠檬酸影响明显强于草酸（图 4-8）。

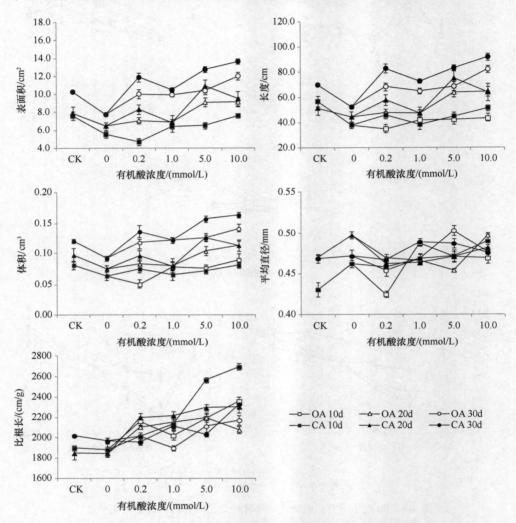

图 4-8　Pb 胁迫下有机酸处理后落叶松幼苗的根系形态特征

4.2.7　有机酸处理后苗木体内 Pb 和几种营养元素含量的变化

相对于 Pb 污染处理的苗木，无 Pb 处理的落叶松幼苗细根和叶片的 Pb 含量都较低。苗木遭遇 Pb 胁迫后，细根和叶片的 Pb 含量均显著增加，且随胁迫时间的延长增大幅度不同，这说明 Pb 胁迫明显促进落叶松幼苗对 Pb 的吸收和运输，且胁迫时间长短对落叶松的毒害都不同。落叶松细根中的 Pb 含量明显高于叶片，说明 Pb 主要积聚在落叶松根部，Pb 对根系的毒害作用强于叶片。土壤 Pb 胁迫下，外源有机酸处理后落叶松细根和叶片的 Pb 含量大体表现出增加趋势，同样，细根的 Pb 含量也明显高于同处理的叶片，表现出 Pb 在根部积聚的特性。Pb 胁迫下落叶松叶片和根系的 Pb 含量受多种因素影响，包括有机酸种类和浓度、胁迫时间等。在胁迫 10d、20d 和 30d，根系和叶片 Pb 含量大都在 10.0mmol/L 浓度最高。根系和叶片的 Pb 含量以柠檬酸处理较高，草酸较低。从胁迫时间看，随胁迫时间延长叶片和根系 Pb 含量增幅逐渐降低（图 4-9，图 4-10）。

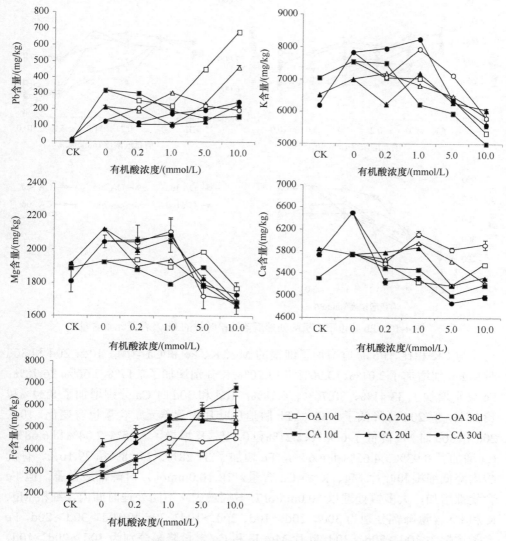

图 4-9　Pb 胁迫下有机酸处理后落叶松细根的 Pb 及营养元素含量

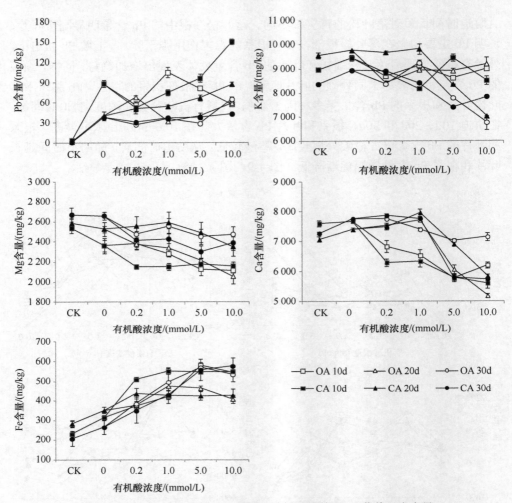

图 4-10　Pb 胁迫下有机酸处理后落叶松叶片的 Pb 及营养元素含量

与 CK 相比，Pb 胁迫增加了细根的 Mg、K、Fe 和 Ca 含量，10d、20d 和 30d 时 Mg 分别增加了 2.01%、10.90% 和 13.20%；K 分别增加了 7.17%、7.66%、26.78%；Fe 分别增加了 33.41%、30.76%、6.18%；10d 和 30d 时 Ca 分别增加了 8.34% 和 13.25%，但 20d 时降低了 1.80%。Pb 胁迫后叶片内营养元素含量也有变化，10d、20d 和 30d 时 Mg 降低了 6.94%、2.21% 和 0.41%，K 增加了 5.25%、2.04% 和 6.68%，Ca 增加了 0.93%、4.65% 和 6.64%，Fe 增加了 37.28%、24.08% 和 29.10%。有机酸均降低细根和叶片 Mg、K 和 Ca 含量，在 10.0mmol/L 时降幅最显著，但 Fe 含量都增加，大多数处理以 10.0mmol/L 增幅最大。不同处理时间内，细根 Mg、K 和 Ca 含量降幅分别为 30d＞20d＞10d、20d＞10d＞30d 和 10d＞30d＞20d，Fe 含量增幅为 10d＞20d＞30d。叶片 Mg、K 和 Ca 含量降幅分别为 30d＞20d＞10d、30d＞20d＞10d 和 20d＞10d＞30d，Fe 含量增幅为 30d＞10d＞20d。对于细根和

叶片的营养元素含量，大多数浓度下柠檬酸效果强于草酸（图 4-9，图 4-10）。

4.2.8 有机酸对幼苗生长的影响

与有机酸 0 组相比，外源有机酸处理提高了 Pb 胁迫下落叶松幼苗的苗高和地径。从有机酸浓度的影响看，在 0.2～10.0mmol/L，随着有机酸浓度增加，苗高和地径均先增后降，一般在 5.0mmol/L 时增长率最大，浓度再高反而降低，但仍高于有机酸 0 组。从有机酸种类来看，柠檬酸对苗高和地径的增加效果强于草酸（图 4-11，图 4-12）。

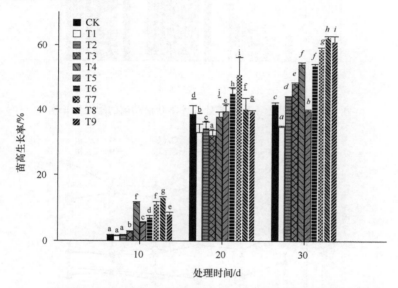

图 4-11　Pb 胁迫下有机酸处理后落叶松幼苗的苗高生长率

与 CK 相比，Pb 胁迫显著降低苗木的各部分干重，10d 时叶、茎和根干重分别降低了 25.64%、50.64% 和 32.63%，20d 时分别降低了 26.07%、35.92% 和 13.74%，30d 时叶和根干重分别降低了 1.18% 和 23.33%，但茎干重增加了 4.04%。有机酸处理后，除 10d 根系及少量叶片处理外，上述各部分生物量干重均显著增加，大多数处理在 10.0mmol/L 或 5.0mmol/L 增加效果最显著，不同时间的效果为 20d＞30d＞10d。从有机酸种类看，柠檬酸效果强于同浓度草酸（图 4-13）。

4.2.9 Pb 胁迫下落叶松根系分泌有机酸及其生态适应关系模式构建

土壤 Pb 胁迫增加了落叶松根系多种有机酸的分泌量，还新增分泌了某些有机酸，即产生胁迫诱增性有机酸，胁迫诱增性有机酸又反过来不同程度地影响 Pb 胁迫条件下落叶松幼苗的多种生理生化特性，表现在细胞膜透性和 MDA 含量下

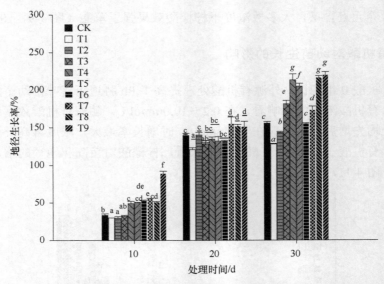

图 4-12　Pb 胁迫下有机酸处理后落叶松幼苗的地径生长率

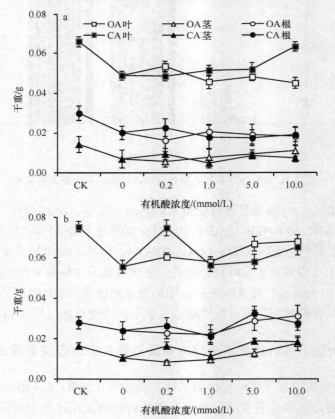

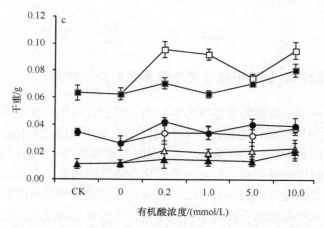

图 4-13　Pb 胁迫下有机酸处理后落叶松的根、茎和叶干重
a、b、c 分别代表 Pb 胁迫 10d、20d、30d 的结果

降，SOD、POD 活性升高，可溶性蛋白和脯氨酸含量增加，色素含量增加，Chl a/Chl b 提高，根系形态指标及叶片叶绿素荧光参数也增加。尽管大多数有机酸处理增强了落叶松幼苗对 Pb 的吸收积累，但有机酸处理后明显提高了苗木的苗高和地径，因此，外源草酸和柠檬酸对落叶松抵御 Pb 胁迫有一定的积极作用，即 Pb 胁迫下落叶松根系有机酸分泌行为与其生态适应性关系密切，野外可以适当添加有机酸以提高苗木对 Pb 的抗性和忍耐力，提高林木产量，其中以 5.0mmol/L 或 10.0mmol/L 浓度效果最佳。根据上述关于 Pb 胁迫、有机酸数量和苗木抗性指标的各项分析，综合评定了本实验条件下落叶松根系有机酸的分泌行为与苗木生态适应性的关系模式（图 4-14）。

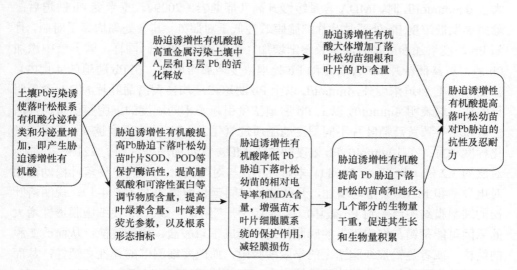

图 4-14　落叶松根系有机酸的分泌行为与苗木生态适应性的关系模式

4.3　讨　　论

4.3.1　有机酸对 Pb 胁迫下植物细胞膜系统的保护作用

细胞膜透性能反映植物受逆境伤害后细胞膜脂过氧化程度及其对逆境反应的强弱。Pb 胁迫诱发生物代谢过程产生的自由基能加剧膜脂过氧化，使细胞膜透性和膜脂过氧化产物 MDA 含量明显上升，最终导致膜损伤。MDA 可与蛋白质、核酸、氨基酸等活性物质交联，形成不溶性化合物（脂褐素）沉积，干扰细胞的正常生命活动（徐勤松等，2001）。MDA 含量与细胞膜透性是反映植物逆境伤害程度的指标，能反映植物遭受逆境伤害后细胞膜脂过氧化程度及其对逆境条件反应的强弱（刘亚云等，2007；梁建萍等，2007）。生物体自身的保护酶系统能清除自由基，减轻危害（Fridovich，1978）。大量研究发现，植物遭受 Pb 胁迫后，叶片细胞膜透性与 MDA 含量增加，膜脂过氧化加剧，最终导致膜损伤，一般细胞膜透性与 MDA 含量二者呈相同的变化趋势，如 Pb 胁迫下，随 Pb 浓度的提高和处理时间的延长，玉米叶片细胞膜透性依次增加，除蜡熟期低浓度 Pb 处理的细胞膜透性与 MDA 含量低于对照外，其余处理均高于对照，且 MDA 含量与细胞膜透性呈极显著的正相关（r=0.9135）。在高剂量 Pb 污染胁迫下，大豆幼苗体内 CAT、POD 活性与脯氨酸含量上升，AsA 含量下降，MDA 含量与细胞膜透性增加，说明此刻大豆幼苗防御系统虽已产生应激反应，但尚不足以抵抗由 Pb 胁迫造成的细胞膜透性增大（周青等，1999）。随着 Pb^{2+} 浓度提高，花椰菜叶片内 MDA 含量逐渐升高，当 Pb^{2+} 浓度为 0.10～0.50mmol/L 时，MDA 含量急剧升高，当 Pb^{2+} 浓度大于 0.50mmol/L 时，MDA 含量缓慢升高（邢继岩，2009）。玉米受 Pb 胁迫后，除蜡熟期低浓度 Pb 处理时叶片细胞膜透性低于对照外，其余处理均高于对照，且随 Pb 浓度增加和处理时间延长逐渐增加（曹莹等，2005）。同样，营养液中添加 Pb 后，黄菖蒲叶片 MDA 含量随 Pb 处理浓度增加而增加；在 Pb 胁迫的 4 周内，除 2mmol/L 胁迫浓度外，4mmol/L 以上 Pb 胁迫浓度均使黄菖蒲叶片 MDA 含量明显增加，这表明 4mmol/L 以上 Pb 胁迫浓度引起了不同程度的细胞膜伤害，其活性氧积累导致黄菖蒲叶片不同程度地脂质过氧化，且 Pb 胁迫程度越高，脂质过氧化程度越重；在 10mmol/L Pb 浓度胁迫下 MDA 含量的增幅达到了 221.9%，约为对照的 3.2 倍（黄苏珍，2008）。本研究中，与对照相比，Pb 胁迫使落叶松幼苗相对电导率和 MDA 含量均增加，且随胁迫时间延长增幅加大（图 4-1），说明落叶松的细胞膜结构已受到 Pb 破坏，这与上述研究结果一致。Pb 使细胞膜透性增大的原因可能是铅与细胞膜上的磷脂作用，形成正磷酸盐、焦磷酸盐，从而改变膜的结构，或者是铅被细胞壁上的果胶酸吸附，而改变细胞壁的弹性和塑性，从而损害壁的生理功能，使细胞膜透性增大（曹莹等，2005）。

Pb 胁迫条件下，与未加有机酸的对照相比，合适浓度草酸和柠檬酸处理使落叶松叶片相对电导率和 MDA 含量显著减低，说明外源有机酸能减缓 Pb 胁迫下落叶松幼苗的电解质渗出，降低细胞膜透性，对细胞膜具有良好的保护作用。这一结果与前人关于水杨酸等有机酸对花椰菜（邢继岩，2009）、马蔺（王鸿燕等，2010）等研究的结果一致。因此可以肯定，有机酸能通过提高细胞膜系统的稳定性来诱导 Pb 胁迫下多种植物的抗逆能力。

4.3.2 有机酸与 Pb 胁迫下的抗氧化酶活性

重金属不仅通过产生氧胁迫导致对植物的毒害，重金属离子还通过替代酶蛋白反应活性中心的金属离子或与酶蛋白中的巯基（—SH）结合，使酶蛋白变性失活；如果作用于与清除氧自由基有关的酶系统，并使其失活，将导致氧化胁迫的强化（Richard and Robert，1996）。在重金属的胁迫下植物体内积累 H_2O_2，H_2O_2 的过量积累又会使植物体内的抗氧化酶系统和非酶系统发生紊乱，导致植物对重金属的抗性机制不再起作用，植物表现出毒害症状或死亡（孙华，2008）。

正常情况下，植株体内抗氧化系统的共同作用使细胞内的活性氧保持在较低水平，但植物在受到各种逆境胁迫时体内活性氧代谢系统的平衡会受到影响，活性氧水平增加，活性氧的产生量增加能启动膜脂过氧化或膜脂脱脂作用，从而破坏膜结构，酶系统对由胁迫造成的活性氧积累能做出积极反应，因此，植物体内活性氧清除剂的含量或活性水平的高低对植物抗逆境能力具有十分重要的意义。

在植物体内存在防止活性氧自由基伤害的保护系统，能清除逆境条件下细胞中产生的自由基。重金属胁迫将诱发植物细胞内活性氧反应加剧，活性氧自由基含量增加。植物体内氧自由基的产生和清除是两个相反的过程，只有当这两个过程达到平衡时，体内的氧自由基才能保持在较低的水平，细胞才不受其毒害（孙华，2008）。超氧化物歧化酶（SOD）、过氧化物酶（POD）和过氧化氢酶（CAT）是植物适应多种逆境胁迫的重要酶类，统称为植物保护酶系统。重金属胁迫时，植物保护酶系统中的 SOD、POD、CAT 等活性将增加，以清除过多的活性氧，从而有效地清除氧化胁迫危害。特别是作为抗氧化保护系统的 SOD 和 POD 等，在许多逆境条件下其抗胁迫能力是植物对逆境胁迫响应的关键因素（刘鹏和杨玉爱，2000），它们共同组成植物体内一个有效的活性氧清除系统，可有效清除植物体内过多的自由基和过氧化物（Bowler et al.，1992）。SOD 是需氧生物中普遍存在的一种抗性酶，也是植物体内清除活性氧自由基最关键的保护酶之一，是清除超氧阴离子自由基（$O_2^- \cdot$）的有效酶，可将其转变为氧化作用相对较弱的 H_2O_2，它在高等植物体内可防御活性氧对细胞膜系统的伤害、抗逆境胁迫和防止器官衰老，以 O_2^- 为基质进行歧化反应，将毒性较强的 $O_2^- \cdot$ 转化为毒性次级的 H_2O_2，同时伴随

产生 O_2，避免毒性更大的羟基的生成，即其主要功能是有效清除植物体内过多的超氧化物自由基，降低其对膜脂的过氧化程度。在一定程度的逆境诱导范围内，SOD 活性提高意味着抗氧化保护能力增强（黄苏珍，2008）。过氧化物酶（POD）是一种含 Fe 的金属蛋白质，能催化 H_2O_2 氧化酶类的反应，把 H_2O_2 转化为 H_2O 和 O_2，使植物免于受毒害，其作用如同氢的接受体一样，是植物体内重要的代谢酶，参与许多重要的生理活动，如细胞分裂、生长发育等（徐是雄，1987），同时也是植物体内抗氧化酶系统的重要组成部分，能催化有毒物质的分解，其活性的高低能反映植物受毒害的程度（曹莹等，2005）。

有研究发现，Pb 污染影响植物体的 SOD 和 POD 活性，但不同研究者针对不同的植物和 Pb 处理浓度得到了不同的结果，如在土壤环境质量标准低浓度设置范围内，低浓度 Pb 胁迫促进凤仙花和万寿菊抗氧化酶含量的增加，高浓度 Pb 胁迫时活性逐渐下降，下降的程度和持续时间与 Pb 胁迫程度有关（杨小琴，2008）；一定浓度的铅可提高玉米叶片的 SOD 活性，尤以低浓度的铅处理表现明显，低浓度铅处理的 POD 活性在 3 个生育时期内均高于对照（曹莹等，2005）；100mg/L、500mg/L Pb 胁迫诱导马蔺叶片 SOD 活性升高（王鸿燕等，2010）；Pb 胁迫下黄菖蒲 SOD 活性均有小幅上升的变化趋势（黄苏珍，2008）。本研究中，Pb 胁迫后落叶松幼苗叶片的 SOD、POD 活性均下降，这与前人研究结果有同有异，可能与植物种类或 Pb 胁迫时间和浓度等不同有关。重金属浓度还影响重金属胁迫下植物体内 SOD 活性的变化，目前其结果主要有两种（孙华，2008）：一是 SOD 活性随重金属浓度的增加而增加（Cakmak and Horst，1991），这是由于在重金属胁迫下，植物体内所具有的活性氧清除酶系统和具抗性特征的生理活动被诱导而加快，SOD 在此诱导下，其活性逐渐增加，用以清除重金属胁迫，导致植物体内所产生过多的 O_2^-·（孙华，2008）；二是随着重金属浓度的增加 SOD 活性先上升后下降（严重玲等，1997a）。因此，Pb 污染对植物体保护酶活性的影响因植物种类及 Pb 处理浓度和时间等多种因素而异。大量研究表明，膜脂过氧化作用是生物自由基（主要是活性氧）氧化膜脂中不饱和脂肪酸而产生的有害反应，而一些保护酶系统可以清除有害的活性氧，从而保护酶系统（陈少裕，1989，1991；上官周平，1993；曹莹等，2005）。曹莹等（2005）通过分析 Pb 胁迫下玉米叶片 SOD、CAT 和 POD 与 MDA 的关系，进一步探讨保护酶与膜脂过氧化的关系，相关分析表明，Pb 胁迫下，在 3 个生育时期内 SOD、CAT 和 POD 与 MDA 的含量均呈显著负相关，说明 Pb 胁迫诱导保护酶活性下降越大，膜脂过氧化产物 MDA 含量越高，膜脂过氧化加剧，细胞内环境恶化，使正常的生理生化反应受干扰。本研究也证实了这一点，即保护酶活性与 MDA 含量呈负相关。

有机酸通过影响多种酶的活性而影响 Pb 等重金属对植物的毒害，其作用程度因有机酸种类及浓度、Pb 污染程度和植物种类等而异。研究发现，柠檬酸、EDTA、SA 等有机酸能提高植株体内 SOD、POD 等酶的活性，在一定程度上缓解重金属对植物的毒害（刘建新，2005；原海燕等，2007）。还有研究认为，Pb 等重金属对植物体酶活性和毒性的影响较复杂，如 100mg/L Pb 处理下，0.5mmol/L 柠檬酸的加入较单独 100mg/L Pb 处理的马蔺 SOD 活性显著增加 4.3%，随柠檬酸浓度的增加 SOD 活性有所下降，但仍高于对照，反映了柠檬酸对 100mg/L Pb 胁迫的缓解作用；500mg/L Pb 胁迫下，加入柠檬酸的处理与单独 Pb 胁迫之间差异不显著，与对照较接近；草酸的加入则使不同浓度 Pb 处理下的叶片 SOD 活性较单独 Pb 处理均出现显著下降，表现为增加毒害（王鸿燕等，2010）。因此，不同种类有机酸对不同植物体内各种酶活性的影响不同，不同植物品种对不同 Pb 浓度的抗性也不同。本研究发现，添加 2 种有机酸后，与对照相比，落叶松叶片 SOD 和 POD 均提高，因此外源有机酸对落叶松体内保护酶活性的影响与前人结果有同有异，但研究也证明，有机酸处理后，落叶松叶片的相对电导率和 MDA 含量均降低，说明有机酸处理后抗氧化酶可能起到一定的清除活性氧的作用，苗木抗氧化保护能力增强，在一定程度上减轻了氧化胁迫对落叶松的伤害，也说明草酸和柠檬酸对提高落叶松修复 Pb 污染土壤具有一定潜力。2 种有机酸对 Pb 胁迫下落叶松幼苗 POD、SOD 活性的影响强弱为柠檬酸＞草酸，这主要与 2 种有机酸的化学结构、离解常数及有机酸配体和金属形成络合物的稳定性大小有关。

4.3.3　有机酸与 Pb 胁迫下的渗透调节物质

一般认为，脯氨酸是植物适应逆境重要的渗透调节物质，可作为植物抗性评价的指标之一，脯氨酸的累积可能是植物对 Pb 毒害的一种保护性适应，渗透调节被认为是植物适应逆境的主要生理调节机制。可溶性蛋白是植物体内一种重要的渗透调节物质，大多是参与各种代谢的酶类，其含量高低能反映植物的总体代谢状况，还能衡量植物的抗逆生理代谢和活性，含量越高，该部位的生理生化反应与代谢活动越旺盛。对于 Pb 胁迫后植物体脯氨酸和可溶性蛋白含量的变化，也有些报道，如黄苏珍（2008）发现，不同浓度 Pb 处理下黄菖蒲体内脯氨酸含量随 Pb 胁迫浓度的增加呈递进升高的变化趋势，反映了黄菖蒲自身对重金属 Pb 胁迫有一定的适应及抗性调节能力，即相对高浓度 Pb 胁迫明显诱导黄菖蒲体内脯氨酸含量增加，提高植物的相对抗性，而相对高浓度和长时间的 Pb 胁迫可导致植物体内调节物质代谢的失调，并最终影响植物的生长。在拔节期，随铅浓度增加，玉米各处理的脯氨酸含量均有不同程度升高，表现出对 Pb 胁迫的适应性；在开花期和蜡熟期脯氨酸含量则随铅浓度增加而下降；在蜡熟期，可溶性蛋白含量随铅浓度升高而下降，并且均低于对照，反映出随植株体的衰老，Pb 逆境下的植株可溶性蛋白含量下降幅度较对照大（曹莹等，2005）。一般认为，植物受重金属胁迫时，体内代谢改变往往导致蛋白质合成受阻，如 Pb 胁迫的蜡熟期玉米可溶性蛋白含量低于对照，且随 Pb 浓度升高而下降（曹莹等，2005）。本研究也发现，Pb 胁迫下，落叶松幼苗叶片的脯氨酸和可溶性蛋白含量均降低，且随胁迫时间延长降幅增大（图 4-5，图 4-6），说明 Pb 已对植物造成毒害。同样，镉（Cd）污染下对水稻、苎麻[*Bechmeria nivea*（L.）Gaud]等的研究也得到了类似结果（李仰锐，2006；Liu et al.，2007；Li et al.，2014）。但也有研究认为，Pb 等重金属胁迫下，植物除合成蛋白质以络合进入体内的重金属离子、降低重金属离子对植物的危害外，可溶性蛋白含量的上升还能增加细胞的渗透浓度和功能蛋白的数量，有助于维持细胞的正常代谢（李俊明和耿庆汉，1989；周青等，1999）。

有机酸也影响重金属胁迫下植物体内可溶性蛋白的含量，且因植物品种、有机酸浓度和种类等而异：2.5mmol/L 柠檬酸提高苎麻叶片和根系的可溶性蛋白含量（Shakoor et al.，2014）；柠檬酸（1.5mmol/L 和 4mmol/L）使苎麻叶片和根系的可溶性蛋白含量平均增加了 2.9mg/g 和 6.4mg/g，但高浓度草酸（9mmol/L）使叶片含量降低了 3.1mg/g（Li et al.，2014）。同样，柠檬酸、草酸和 EDTA 提高了高镉浓度（5.0mg/kg）土壤上 2 个水稻品种（常规品种 II 优 527 和秀水 63）及低镉浓度（1.0mg/kg）秀水 63 的可溶性蛋白含量，但低镉下常规品种 II 优 527 的含量降低（李仰锐，2006）。本研究发现，0.2～10.0mmol/L 有机酸处理显著提高了落叶松苗木叶片的脯氨酸和可溶性蛋白含量（图 4-5，图 4-6），说明苗木叶片的生理生化反应与代谢活动显著增强，进而能从渗透调节角度提高落叶松幼苗对 Pb 污染土壤的抵抗力。

4.3.4 有机酸与 Pb 胁迫下的色素合成与积累

叶绿素为植物光合作用的主要色素，其含量高低可反映光合作用能力的强弱，植物在逆境胁迫或衰老过程中叶绿素含量下降（严重玲等，1997b），叶片叶绿素含量低、光合作用弱对植物生长必然不利。关于 Pb 胁迫对植物体叶绿素含量的影响，很多研究认为，Pb 胁迫使植物叶绿素含量减少（Kosobrukhov et al.，2004；Arriagada et al.，2005），如 10.0mmol/L 高浓度 Pb 胁迫下黄菖蒲叶片叶绿素 a、叶绿素 b 的含量在 Pb 胁迫后不同生长时间均显著下降，相同胁迫时间下，与对照相比叶绿素 a、叶绿素 b 含量基本上均随 Pb 胁迫浓度增加呈递减趋势（黄苏珍，2008）；烟叶叶绿素 a、叶绿素 b 含量均随 Pb、Cd+Pb 处理浓度的增加而下降，呈负指数关系（李荣春，1997）；在 Cd、Pb 复合污染下，印度芥菜叶绿素含量均低于对照，并随重金属处理含量的增加呈下降趋势（郭艳杰，2008）；土壤中添加 Pb 导致油菜生长受阻，发育迟缓，显著抑制生物量的积累，油菜地上部的受害症状表现为植株矮化，叶片变薄变窄，失绿现象明显，且随土壤中添加 Pb 浓度的增大叶绿素含量减少，且 Cd 和 Pb 复合处理时，Pb 协同 Cd 起作用（杨金凤，2005）。本研究发现，100mg/kg Pb 处理后落叶松幼苗叶绿素含量降低，这与上述结果一致，也说明该浓度 Pb 胁迫已对落叶松幼苗的正常生长造成严重伤害。除上述研究者认为的降低外，还有研究者认为 Pb 胁迫对叶绿素含量的影响较复杂，如 100mg/L 和 500mg/L Pb 胁迫均显著降低马蔺叶片的叶绿素 a 含量，100mg/L Pb 处理使叶绿素 b 含量显著上升，500mg/L Pb 处理则使叶绿素 b 含量显著下降（王鸿燕等，2010）；用不同浓度有机酸处理 Pb^{2+} 胁迫的小麦幼苗后，叶绿素 a 含量、叶绿素 b 含量变化不同：低浓度草酸、乙酸处理使叶绿素 a、叶绿素 b 含量增加，但高浓度处理则降低；用低浓度柠檬酸处理后叶片叶绿素 b 含量略增，而叶绿素 a 含量未因柠檬酸处理而增加（陈忠林和张利红，2005）；Pb^{2+} 胁迫浓度为 1mmol/L 和 2mmol/L 时，西旱 2 号小麦幼苗叶片叶绿素 a 含量、叶绿素 b 含量、叶绿素总量与对照比变化无显著差异，表明低浓度铅对西旱 2 号小麦幼苗叶绿素未造成严重破坏，但在 4mmol/L Pb^{2+} 处理下，叶绿素 a 含量、叶绿素 b 含量及叶绿素总量均降低，且具有显著差异（魏学玲等，2009）。另外，胁迫时间也影响 Pb 对植物叶绿素含量的影响，本文发现 Pb 胁迫时间越长，落叶松叶绿素等色素含量的降低作用越重，但黄苏珍（2008）发现，相同 Pb 胁迫浓度不同胁迫时间下，黄菖蒲叶绿素 a、叶绿素 b 含量的变化不规律。因此，Pb 胁迫后，植物体内叶绿素等色素含量的变化受植物种类、Pb 浓度、胁迫时间等多种因素限制。

Pb 胁迫致使植物叶绿素含量下降的原因很多（Odjegba and Fasidi，2004；黄苏珍，2008），Stobart 等（1985）研究认为，叶绿素含量降低的原因：一是重金属抑制了原叶绿素酸酯还原酶；二是影响了氨基-γ-酮戊酸的合成。而这两种物质又是叶片合成叶绿素所必需的酶和原料（Stobart et al.，1985），从而使叶绿素含量下降，加速了甘野菊叶片的衰老，所以叶片的直观表现为叶片褪绿。杨顶田等（2000）则认为成熟叶片中叶绿素含量的降低更主要的是由重金属毒害引起的细胞内膜结构的破坏。还有研究者认为，可能是由于高浓度 Pb 破坏了叶绿素的合成过程并影响了叶绿素酶的活性（Bazzaz et al.，1974；Stobart et al.，1985；Prasad and Prasad，1987），也可能是 Pb 胁迫下植物叶绿素分子中的 Fe^{2+}、Zn^{2+}、Mg^{2+} 被包括 Pb 在内的其他重金属元素所取代（孙赛初，1985；Kupper et al.，1996）；Pb、Cd、Cu 还影响植物叶片的光系统 II 的量子效率（Burzyński and Kłobus，2004）。此外，胁迫条件下进入叶片中的由重金属引起的超量活性氧自由基将叶绿素作为靶分子，致使叶绿素结构破坏，也会导致叶绿素含量的减少（徐勤松等，2001；何翠屏和王慧忠，2003）。因此，落叶松幼苗在高浓度 Pb 胁迫下叶绿素等色素含量下降的原因仍有待于进一步研究。在 Pb 胁迫下，植物体叶绿素等色素含量与 Pb 处理浓度和时间密切相关，如黄菖蒲植物叶绿素含量随 Pb 处理浓度的增加而降低，而随时间的延长相同 Pb 处理下叶绿素的含量先降后升（黄苏珍，2008），本文结果与其大体一致。

土壤中施加有机酸能有效缓解 Pb 对植物叶绿体的伤害，阻止叶绿素含量的下降趋势，如 Pb 浓度为 100mg/L 时，加入 0.5mmol/L 柠檬酸处理马蔺叶片叶绿素 a 含量比单独 Pb 处理显著提高 21.1%，Pb 浓度为 500mg/L 时，加入 5mmol/L 柠檬酸和 0.5mmol/L 草酸处理，叶绿素 a 含量分别比单独 Pb 胁迫显著增加 32.5%和 11.8%，Pb 浓度为 500mg/L 时加入 5mmol/L 柠檬酸处理的叶绿素 b 含量比单独 Pb 处理显著增加 28.0%，即柠檬酸缓解了 Pb 胁迫对马蔺叶片光合色素的影响（王鸿燕等，2010），本文结果也与上述研究一致。关于 Pb 胁迫下有机酸提高落叶松叶片的叶绿素含量，其机制也可能与 Cd 胁迫相同，即与有机酸提高植物体内叶绿素合成相关酶的活性、提高土壤中与叶绿素合成有关的多种矿质元素活性有关。Pb 胁迫下，有机酸对叶绿素含量的影响与有机酸种类和浓度、植物种类等密切相关，本文发现，对落叶松幼苗叶绿素含量的提高顺序为柠檬酸＞草酸，这与 2 种有机酸促进暗棕壤 P、Fe 等养分元素的释放顺序一致，这取决于柠檬酸与金属较强的络合能力及其较大的离解常数。

关于 Pb 胁迫对植物体 Chl a/Chl b 的影响，不同研究者结论也不同。有人认为，叶绿素酶对叶绿素 b 的降解作用明显大于对叶绿素 a 和类胡萝卜素的作用，逆境胁迫引起 Chl a/Chl b 增大（Carter and Cheeseman，1993）。也有人得到相反结果（Woolhouse，1974）。还有研究指出，1mmol/L、2mmol/L 和 4mmol/L Pb^{2+} 处理后，西旱 2 号和宁春 4 号小麦的 Chl a/Chl b 与对照比均无显著差异（魏学玲等，2009）。本研究发现，Pb 胁迫的不同时间对落叶松幼苗 Chl a/Chl b 的影响不同，胁迫 10d 时降低，20d 和 30d 时升高，这与前人结果有同有异。关于上述不同结果的出现，可能与植物种类、有机酸种类和浓度等不同有关，也说明，Pb 胁迫后，植物体内叶绿素含量、Chl a/Chl b 的变化受植物种类、有机酸种类和浓度等多种因素制约，因此研究时要综合考虑各种因素的影响才能全面地反映问题。对于有机酸处理对 Chl a/Chl b 的影响，也有人进行研究，如不同浓度有机酸处理 Pb^{2+}胁迫的小麦幼苗后，Chl a/Chl b 变化不同：低浓度草酸处理后，Chl a/Chl b 升高，但随浓度增加比值开始降低，用乙酸和柠檬酸处理后比值降低，即有机酸处理后 Chl a/Chl b 变化不是单纯的升高或降低（陈忠林和张利红，2005）；在 100mg/L Pb 胁迫时，柠檬酸和草酸加入后马蔺叶片 Chl a/Chl b 均显著升高（王鸿燕等，2010）。本研究发现，0.2～10.0mmol/L 草酸和柠檬酸处理后，与有机酸 0 组相比，有机酸处理的 Chl a/Chl b 变化复杂，因胁迫时间、有机酸浓度和种类而异：在胁迫 10d 时大多数草酸和柠檬酸处理提高了 Chl a/Chl b，20d 时草酸和柠檬酸在 0.2～1.0mmol/L 降低，而在 5.0～10.0mmol/L 升高，30d 时大多数草酸和柠檬酸处理降低了 Chl a/Chl b（表 4-1～表 4-6），这与前人结果不尽一致，这可能与 Pb 处理浓度、有机酸种类和浓度及植物种类等不同有关。

4.3.5 叶绿素荧光对 Pb 胁迫和有机酸的响应

叶绿素荧光是衡量植物光合性能的重要手段，被称为叶片光合作用快速、无损伤测定的良好探针，能为研究光系统及电子传递过程提供丰富信息（李朝阳等，

2014）。叶绿素荧光对胁迫因子十分敏感，还是鉴定植物抗逆能力的理想指标（衣艳君等，2008），生物或非生物胁迫对植物光合过程的影响都能通过叶绿素荧光动力学的变化得以反映（Rohacek，2002；唐探等，2015），荧光参数的变化能揭示植物应对外界变化特别是环境胁迫时的内在光能利用机制（钱永强等，2011a；夏红霞等，2012）。重金属能改变植物的荧光产量及光合色素含量，二者对环境胁迫都很敏感（Lichtenthaler and Miehé，1997）。Pb 能抑制菠菜和番茄的 PS Ⅱ，其抑制点主要位于光系统 Ⅱ 的氧化面上（Miles et al.，1972），Cd 胁迫对浮萍 PS Ⅱ 活性也有较强毒害，可能通过影响水裂解端的电子流而降低 PS Ⅱ 的原初光能捕获能力和电子传输能力（李伶等，2010）。

初始荧光（F_0）是 PS Ⅱ 反应中心处于完全开放时的荧光产量。PS Ⅱ 反应中心的破坏或可逆失活及叶片类囊体膜的损伤都能引起 F_0 水平增加，增量越多，类囊体膜受损程度越重（张景平和黄小平，2009）。F_0 是检测早期植物遭受胁迫最敏感的参数之一（钱永强等，2011b），Pb、Cd 等重金属胁迫下银芽柳、云南樟等植物叶片 F_0 的上升已被发现（钱永强等，2011a；唐探等，2015）。本结果也是如此（图 4-7），说明此时植株已发生光抑制，并造成 PS Ⅱ 反应中心失活。但夏红霞等（2012）报道，100mg/kg、200mg/kg、500mg/kg、1000mg/kg、2000mg/kg 和 3000mg/kg Pb 处理均降低了黑麦草 F_0，且随 Pb 浓度增加而降低，这反映出胁迫下电子传递量减少，从而产生了光抑制，其原因可能是 Pb 胁迫降低了叶片叶绿素含量，从而使捕获和传递给 PS Ⅱ 反应中心的光能减少、电子传递受阻。

最大光化学效率（F_v/F_m）反映了 PS Ⅱ 反应中心捕获激发能的效率和利用能力，以及植物潜在的最大光合能力（Sarijeva et al.，2007；唐探等，2015），还能揭示植物体对生境光强度长期适应的机制，一般在 0.72~0.75（Rau et al.，2007）。非胁迫条件下，植物叶片 F_v/F_m 恒定，不受物种和生长条件影响（钱永强等，2011b），但受胁迫时会明显变化，故常用来衡量植物的胁迫程度和 PS Ⅱ 的受伤害程度（夏红霞等，2012）。遭受环境胁迫时，F_v/F_m 常明显下降（韩张雄等，2008）。重金属胁迫也抑制植物的光合作用，主要表现在破坏叶绿体结构、光合色素含量及 F_v/F_m 下降等，如 Pb 处理后玉米叶片 F_v/F_m 降低了 10%（Romanowska et al.，2011）；3000mg/kg Pb 处理下，黑麦草 F_v/F_m 减至对照的 69%（夏红霞等，2012）。重金属对 F_v/F_m 的降低与胁迫程度（即重金属浓度）有关，一般呈显著正相关（姚广等，2009；万雪琴等，2008；Kalaji and Loboda，2007），这已在云南樟（唐探等，2015）、水藓（*Fontinalis antipyretica*）（Rau et al.，2007）、尖叶走灯藓[*Plagiomnium cuspidatum*（Hedw.）T. Kop.]（衣艳君等，2008）等植物上得以证实。但也有不同的结果，如 100μmol/L Pb 处理对水藓 F_v/F_m 影响很小（Rau et al.，2007）；0.25mmol/L Pb 胁迫未引起玉米 F_v/F_m 的明显变化，但 0.5mmol/L Pb 处理后降至对照的 86.9%（姚广等，2009）。重金属胁迫引起植物 F_v/F_m 的变化还存在明显的时间效应，如胁迫第 1 天，低浓度 Cd、Pb 及复合胁迫均增加湿地匍灯藓 F_v/F_m，第 2 天开始逐渐降低，第 4 天时复合胁迫处理仍下降，而 Cd、Pb 单一胁迫有所回升（仍低于对照），随后上述处理的下降幅度都增加，第 10 天时分别降了 16.32%、18.91% 和 30.97%（李朝阳等，2014）。

F_v/F_0 也是对重金属胁迫的敏感指标，Pb 胁迫对其影响存在明显的剂量、时间效应。如处理第 1 天，低浓度 Cd、Pb 单一和复合胁迫均增加湿地匍灯藓叶片的 F_v/F_0，但随胁迫时间延长逐渐下降，表明在胁迫初期，植物可通过增加 PSII 反应中心数量来抵御重金属毒害，但长时间胁迫下，反应中心数量显著减少，光合活性明显下降；而高浓度 Pb 胁迫下，F_v/F_0 在第 1 天即出现明显降低，即胁迫初期就对光合作用反应中心造成直接损伤（李朝阳等，2014），这可能是由于 Pb 竞争性抑制了放氧复合体中 23kDa 蛋白质上 Ca^{2+} 和 Cl^- 的结合位点，从而阻止了电子从 PSII 向 PSI 的传递（姚广等，2009）。

Pb^{2+} 刺激 PSII 核心蛋白的磷酸化，从而影响 PSII 复合物的稳定性和 D_1 蛋白的降解速率。PSII 核心蛋白磷酸化的增强又是稳定重金属胁迫下 PSII 复合物最佳组成的重要保护机制（Romanowska et al.，2011）。Pb 处理后，落叶松叶片 F_v/F_m、F_v/F_0 均明显降低，且随胁迫时间延长降幅增大（图 4-7），这与上述大多数结果相同，说明 Pb^{2+} 不仅使落叶松幼苗 PSII 反应中心受损、光合作用的原初反应受到抑制，开放程度和捕获激发能效率下降，还阻碍其光合电子传递，降低其转化利用效率，这可能与其叶绿素合成受显著抑制有关。作为一种森林生态系统普遍存在的活性有机成分，有机酸明显降低了落叶松幼苗叶片的 F_0，提高了 F_v/F_m 和 F_v/F_0，这说明有机酸明显减弱了 PSII 反应中心的失活、降解程度，以及反应中心吸收的光能用于电子传递量子产额的降低幅度，有效缓解了 Pb 对植物的光抑制，在提高植物光合作用方面发挥了重要作用。但 Ruley 等（2006）发现，在 Pb 和 EDTA、柠檬酸等络合剂存在下，*Sesbania drummondii* 幼苗 F_v/F_m 和 F_v/F_0 保持不变，表现出正常的光合效率和强度。本结果与上述研究不同，可能与植物类型及 Pb 胁迫程度等不同有关。

4.3.6 Pb 胁迫、有机酸与植物根系形态、营养元素和植物生长

根系是植物吸收养分和水分的最主要器官，也是植物遭遇土壤胁迫时最先反应的器官。根系形态发育影响植物生长、养分吸收及其对环境的抗性。发达的根系对植株地上部生长极其重要（王树起等，2010），根系形态和生理特性的适应性变化是植物适应土壤环境的重要基础（Herder et al.，2010）。有研究认为，在养分的长期选择压力下，植物常通过根系形态改变来提高其对养分的吸收，如缺磷压力下水稻（Hung et al.，1992）、南瓜（曹丽霞等，2009）、大豆（吴俊江等，2009；王树起等，2010）、甜菜（周建朝等，2011）等总根长增加，甜菜根冠比显著增加（周建朝等，2011），大豆（*Glycine max* L.）根表面积和根系体积也增加，且随供

磷水平增加而降低（王树起等，2010）；侧根总长度和侧根总量与植物吸磷量间呈极显著正相关关系（Williamson et al.，2001）。但也有人认为，低磷下植物根系构型发生改变，普遍抑制主根生长，刺激侧根发育与伸长，诱导根毛形成（陈磊等，2011）。上述差异可能是由磷处理浓度及植物种类等不同造成的。

除养分胁迫外，Pb 胁迫也显著影响植物的根系形态。Pb 不是植物必需的营养元素，在土壤中过多积累会对植物体产生严重影响，甚至产生毒害。Pb 胁迫抑制落叶松幼苗根系的生长，降低根系表面积、长度、体积和比根长，且时间越长降幅越大（图 4-8），这与前人关于高羊茅（*Festuca elata*）和多年生黑麦草（*Lolium perenne*）（陈伟等，2014）等结果一致。但低浓度 Pb 胁迫对毛竹总根长、根表面积和根尖数有促进作用，而高浓度下则明显抑制（陈俊任等，2014）；铅胁迫对小白菜、芹菜和辣椒根系生物量和根系形态的影响也为低浓度促进（不超过 1mg/L），随浓度提高（超过 2mg/L）根系生物量、根长、表面积和体积均随之下降（洪春来等，2004）。因此，除本研究的胁迫时间外，Pb 对根系的影响还与其浓度密切相关。

Pb 是环境污染物中影响最严重的重金属元素之一，又是植物的非必需元素（Han et al.，2007）。进入土壤后，Pb 会产生明显的生物效应，其在植物组织中大量积累会导致植物体内活性氧代谢失调，从而引起细胞膜脂过氧化，并最终影响植物的生长、产量和品质（Cho and Park，2000）。Pb 等重金属对植物根的毒害明显强于芽，可能因为根系直接与重金属接触，最先感受毒害，在根部细胞壁上还存在着能大量固定重金属离子的交换位点，当重金属被根尖吸收后诱发其产生自由基，当自由基超过植物自身抗氧化系统酶的清除能力时，多余的自由基会伤害根系代谢中的琥珀酸脱氢酶等，使根系活力下降，从而抑制重金属由根系向地上部的转移（马敏等，2012；张雅莉和王林生，2015）。

一般 Pb 促进植物体地上部和地下部对 Pb 的积累，根部及地上部 Pb 含量随其处理浓度增加而增大。在 Pb 胁迫条件下，植物体吸收的 Pb 主要积聚在根部。本研究也发现，Pb 胁迫显著增加落叶松根系和叶片的 Pb 含量（图 4-9，图 4-10）。外源有机酸影响土壤中 Pb 的植物有效性，以及植物对 Pb 的吸收及其在植物体内的积聚，如柠檬酸可减轻 Pb 对水稻的毒害，并促使 Pb 从根部向地上部转移，对Pb 污染水稻有一定的解毒作用（袁青青等，2009）。李瑛等（2004）用根袋盆栽试验和连续浸提法研究了外源柠檬酸、EDTA 对根际土壤中 Pb 形态转化及其生物毒性的影响发现，有机酸明显活化根际土壤中的 Pb，高浓度（3mmol/L）比低浓度（0.5mmol/L）柠檬酸对 Pb 的活化能力强；EDTA 在低浓度（0.5mmol/L）时对 Pb 的活化能力很强；柠檬酸、EDTA 能增强土壤 Pb 的毒性，提高小麦根部对Pb 的吸收，并促进 Pb 由根部向地上部转移。陶玲和魏成熙（2009）认为，在铅污染土壤上施用外源柠檬酸+草酸、EDTA、柠檬酸+草酸+1/2EDTA、柠檬酸+草酸+1/3EDTA 可增强蒜苗抗性，提高产量，降低铅含量，改善蒜苗品质，通过综合考虑蒜苗的各品质指标及铅含量发现，使用柠檬酸+草酸+1/3EDTA 效果最好，该处理既明显降低了蒜苗铅含量，又缓解了 EDTA 对蒜苗品质的负面效应，对铅污染土壤上蒜苗安全生产起到了积极效果。本研究发现，Pb 胁迫下，0.2～10.0mmol/L 草酸和柠檬酸均有利于落叶松幼苗根系对 Pb 的吸收，并提高叶片的 Pb 含量，一般以柠檬酸影响最强，因此，有机酸对植物吸收运输 Pb 的影响受多种因素影响，一定要综合考虑重金属类型、有机酸种类和浓度、植物类型和部位等，以综合衡量其影响强弱。

本文还发现，除影响植物体内 Pb 积累外，Pb 还显著减低落叶松幼苗的根、茎和叶干重，抑制其生长（图 4-11，图 4-12）。究其原因，一方面，Pb 胁迫造成的根系表面积、长度、体积及比根长显著降低，势必影响根系活力，包括根系纵向和横向生长能力等，从而影响根系生理功能的正常发挥，进而影响整个植株的生长。另一方面，Pb 胁迫后叶片 F_v/F_m 和 F_v/F_0 降低，说明叶绿体结构遭破坏，光合速率下降。此外，Pb 对植物生长的抑制可能还与其体内养分元素含量的变化有关：除显著增加落叶松细根和叶片 Pb 含量外，Pb 胁迫还增加了细根和叶片的 K、Ca、Fe 含量，增加了细根 Mg 含量，但降低了叶片 Mg 含量（图 4-9，图 4-10），即造成多种营养元素吸收异常。张雅莉和王林生（2015）发现，Pb 胁迫首先作用于小麦根部细胞，影响根细胞的分裂生长与物质的吸收利用，Pb 浓度不低于50mg/L 时抑制小麦幼苗对养分的吸收和干物质积累，从而抑制地上部分生长；张志坚等（2011）也发现，铅胁迫破坏菲白竹体内的矿质营养平衡，尤其是 Na^+/K^+平衡被打破是铅毒害的主要原因。

有研究发现，SA 等有机酸显著影响自然状态下植物的根系生长和幼苗发育，提高植物产量，且表现为低浓度促进、高浓度抑制，即存在"低促高抑"效应（Fagbenro and Agboola，1993），有机酸添加过量或被过量吸收可能干扰植物对其他营养元素离子（如 Zn^{2+}、Cu^{2+}等）的吸收和代谢，从而影响植物的正常生长（Vassil et al.，1998）。关于有机酸对 Pb 胁迫下植物生长的影响，大多数研究认为，合适浓度的有机酸明显减轻 Pb 对植物的毒害，缓解 Pb 对生物量积累的抑制，对植物生长和生物量积累具有积极作用，能减轻 Pb 对植物的毒害。例如，王鸿燕等（2010）采用营养液培养方法研究了外源柠檬酸（0.5mmol/L、5.0mmol/L）和草酸（0.5mmol/L、5.0mmol/L）对不同浓度 Pb（0mg/L、100mg/L、500mg/L）胁迫下马蔺（*Iris lacteal* var. *chinensis*）生长的影响发现，与单独 Pb 胁迫相比，加入5.0mmol/L 柠檬酸显著促进了马蔺株高的生长，草酸的加入缓解了 500mg/L Pb 胁迫对马蔺根生长的影响，加入 0.5mmol/L 草酸缓解了 500mg/L Pb 胁迫对马蔺地上部生长的影响，并显著增加了 100mg/L 和 500mg/L Pb 胁迫下马蔺的地下部干重。

本结果与上述研究一致。有机酸如何促进 Pb 胁迫下落叶松幼苗的生长，可能与有机酸增强苗木生理生化特性，特别是根系形态特性与叶片叶绿素荧光参数，并提高土壤养分的有效性等有关。具体讲：有机酸促进了落叶松的根系生长（图4-11，图 4-12），苗木与土壤的接触面积增加，植株对土壤养分的吸收利用也增强；

有机酸能有效提高苗木叶绿素荧光参数和光合作用水平（图 4-9，图 4-10），这不仅促进苗木体内有机物的积累，还促进水分和无机盐的运输，从而间接促进苗木生长；落叶松体内 Fe 的吸收运输能力也增强（图 4-9，图 4-10），从植物营养供应角度来看，有机酸也能间接促进根系及苗木生长。2 种有机酸对提高暗棕壤 P、Fe 等养分有效性的程度为柠檬酸＞草酸（宋金凤等，2011），对落叶松生长指标的影响也如此。综上，外源草酸和柠檬酸在一定程度上缓解了 Pb 胁迫对落叶松幼苗生长的抑制，减轻了 Pb 胁迫对苗木的伤害，提高了苗木对 Pb 胁迫土壤的抵抗力和适应性。本研究能为有机酸应用于 Pb 等重金属矿区废弃地的植被恢复提供生理生态参考，同时也能为 Pb 胁迫土壤的有效利用开辟新思路。

4.4 本 章 结 论

（1）与对照相比，Pb 胁迫显著影响落叶松幼苗的生理生化特性，对苗木造成伤害，表现在细胞膜透性和 MDA 含量提高，SOD、POD 活性降低，脯氨酸、可溶性蛋白和叶绿素含量降低，叶片 F_v/F_m 和 F_v/F_0、根系表面积、长度、体积和比根长下降。尽管增加了细根 Mg、K、Ca 和 Fe 含量及叶片 K、Ca、Fe 含量，但降低了叶片 Mg 含量，显著增加了细根和叶片中的 Pb 含量。Pb 胁迫还显著降低叶、茎和根干重，时间越长降幅和伤害越大。

（2）外源草酸和柠檬酸处理后，苗木细胞膜透性和 MDA 含量下降，SOD、POD 活性升高，可溶性蛋白和脯氨酸含量增加，叶绿素含量提高，叶片 F_v/F_m 和 F_v/F_0、根系表面积、长度、体积及比根长，以及细根和叶片 Fe 含量均增加。特别是苗高和地径都提高，各部分生物量干重均也有不同程度提高，因此外源有机酸对落叶松抵御 Pb 胁迫有积极作用，能提高苗木对 Pb 胁迫的耐性，同时也说明草酸和柠檬酸对促进落叶松修复 Pb 污染土壤具有一定的潜力。

（3）外源有机酸对上述指标的影响因胁迫时间、有机酸种类和浓度而异，一般在胁迫 20d 或 30d 影响效果较好，最佳浓度为 5.0mmol/L 或 10.0mmol/L，柠檬酸效果强于草酸。

（4）根据土壤养分胁迫条件、有机酸分泌量和苗木抗性等指标的综合分析，构建了本实验条件下落叶松根系有机酸分泌行为与其生态适应性的关系模式。

参 考 文 献

曹丽霞, 陈贵林, 敦惠霞, 等. 2009. 缺磷胁迫对黑籽南瓜幼苗根系生长和根系分泌物的影响. 华北农学报, 24(5): 164-16

曹莹, 黄瑞冬, 曹志强. 2005. 铅胁迫对玉米生理生化特性的影响. 玉米科学, 13(3): 61-64

陈俊任, 柳丹, 吴家森, 等. 2014. 重金属胁迫对毛竹种子萌发及其富集效应的影响. 生态学报, 34(22): 6501-6509

陈磊, 王盛锋, 刘自飞, 等. 2011. 低磷条件下植物根系形态反应及其调控机制. 中国土壤与肥料, (6): 1-12

陈少裕. 1989. 膜脂过氧化与植物逆境胁迫. 植物生理学报, 6(4): 211-217

陈少裕. 1991. 膜脂过氧化对植物细胞的伤害. 植物生理学通讯, 27(2): 84-89

陈伟, 张苗苗, 宋阳阳, 等. 2014. 重金属离子对 2 种草坪草荧光特性及根系形态的影响. 草业学报, 23(3): 333-342

陈忠林, 张利红. 2005. 有机酸对铅胁迫小麦幼苗部分生理特性的影响. 中国农学通报, 21(5): 393-395

高彦征, 贺纪正, 凌婉婷. 2003. 有机酸对土壤中镉的解析及影响因素. 土壤学报, 40(5): 731-737

郭艳杰. 2008. 印度芥菜富集土壤 Cd、Pb 的特性研究. 河北农业大学硕士学位论文

韩张雄, 李利, 徐新文, 等. 2008. NaCl 胁迫对 3 种荒漠植物幼苗叶绿素荧光参数的影响. 西北植物学报, 28(9): 1843-1849

何翠屏, 王慧忠. 2003. 重金属镉、铅对草坪植物根系代谢和叶绿素水平的影响. 湖北农业科学, (5): 60-63

洪春来, 魏幼璋, 杨肖娥, 等. 2004. 铅胁迫对蔬菜根系形态的影响研究. 中国农学通报, 20(5): 176-177, 245

黄苏珍. 2008. 铅(Pb)胁迫对黄菖蒲叶片生理生化指标的影响. 安徽农业科学, 36(25): 10760-10762

李朝阳, 吴昊, 田向荣, 等. 2014. Cd、Pb 胁迫下湿地匍灯藓(*Plagiomnium acutum*)叶绿素荧光特性研究. 农业环境科学学报, 33(1): 49-56

李合生, 孙群, 赵世杰, 等. 2000. 植物生理生化实验原理和技术. 北京: 高等教育出版社

李伶, 袁琳, 宋丽娜, 等. 2010. 镉对浮萍叶绿素荧光参数的影响. 环境科学学报, 30(5): 1062-1068

李俊明, 耿庆汉. 1989. 低温玉米小同耐冷类型自交系生理生化变化. 华北学报, 4(2): 15-19

李荣春. 1997. Cd、Pb 及其复合污染对烟叶生理生化指标的影响. 云南农业大学学报, 12(1): 45-50

李仰锐. 2006. 有机酸、EDTA 对镉污染土壤水稻生理生化指标的影响. 西南大学硕士学位论文

李瑛, 张桂银, 李洪军, 等. 2004. 有机酸对根际土壤中铅形态及其生物毒性的影响. 生态环境, 13(2): 164-166

梁建萍, 牛远, 谢敬斯, 等. 2007. 不同海拔华北落叶松针叶三种抗氧化酶活性与光合色素含量. 应用生态学报, 18(7): 1414-1419

刘建新. 2005. 镉胁迫下玉米幼苗生理生态的变化. 生态学杂志, 24(3): 265-268

刘鹏, 杨玉爱. 2000. 钼、硼对大豆叶片膜脂过氧化及体内保护系统的影响. 植物学报, 42(5): 461-466

刘亚云, 孙红斌, 陈桂珠. 2007. 多氯联苯对桐花树幼苗生长及膜保护酶系统的影响. 应用生态学报, 18(1): 123-128

马敏, 龚惠红, 邓泓. 2012. 重金属对 8 种园林植物种子萌发及幼苗生长的影响. 中国农学通报, 28(22): 206-211

庞秀谦, 崔显军, 孙振芳, 等. 2010. 磷酸二氢钾叶面肥在落叶松育苗中的应用. 林业实用技术, (3): 22

钱永强, 周晓星, 韩蕾, 等. 2011a. 3 种柳树叶片 PS II 叶绿素荧光参数对 Cd^{2+} 胁迫的光响应. 北

京林业学院学报, 33(6): 8-14

钱永强, 周晓星, 韩蕾, 等. 2011b. Cd^{2+}胁迫对银芽柳 PSII 叶绿素荧光光响应曲线的影响. 生态
　　学报, 31(20): 6134-6142

秦天才, 吴玉树, 王焕校, 等. 1998. 镉、铅及其相互作用对小白菜根系生理生态效应的研究. 生
　　态学报, 18(3): 320-325

上官周平. 1993. 高粱抗旱机理的研究进展. 园艺与种苗, (1): 35-38

宋金凤, 崔晓阳, 王政权. 2011. 低分子有机酸对暗棕壤 P、Fe、K 有效性及林木吸收的影响. 水
　　土保持学报, 25(1): 123-127

孙华. 2008. 镉、铅胁迫对野生地被植物甘野菊种子萌发、幼苗生长及生理特性的影响. 内蒙古
　　农业大学硕士学位论文

孙赛初. 1985. 水生维管束植物受 Cd 污染后的生理生化变化及受害机制初探. 植物生理学报,
　　11(2): 113-121

唐探, 姜永雷, 张瑛, 等. 2015. 铅、镉胁迫对云南樟幼苗叶绿素荧光特性的影响. 湖北农业科学,
　　54(11): 2655-2658

陶玲, 魏成熙. 2009. 有机酸和 EDTA 对铅污染土壤上蒜苗品质的影响. 贵州农业科学, 37(4):
　　141-143

王鸿燕, 佟海英, 黄苏珍, 等. 2010. 柠檬酸和草酸对 Pb 胁迫下马蔺生长和生理的影响. 生态学
　　杂志, 29(7): 1340-1346

王树起, 韩晓增, 严君, 等. 2010. 缺磷胁迫对大豆根系形态和氮磷吸收积累的影响. 土壤通报,
　　41(3): 644-650

魏学玲, 史如霞, 杨颖丽, 等. 2009. Pb^{2+}胁迫对两种小麦幼苗生理特性影响的研究. 植物研究,
　　29(6): 714-720

万雪琴, 张帆, 夏新莉, 等. 2008. 镉处理对杨树光合作用及叶绿素荧光参数的影响. 林业科学,
　　44(6): 73-78

吴俊江, 马凤鸣, 林浩, 等. 2009. 不同磷效基因型大豆在生长关键时期根系形态变化的研究.
　　大豆科学, 28(4): 821-832

夏红霞, 朱启红, 何超. 2012. 黑麦草叶绿素荧光特性对 Pb^{2+}胁迫的响应. 贵州农业科学, 40(12):
　　33-35

肖艳, 唐永康, 曹一平, 等. 2003. 表面活性剂在叶面肥中的应用与进展. 磷肥与复肥, 18(4):
　　14-16

邢继岩. 2009. 水杨酸处理对铅胁迫下花椰菜生长特性及生理生化指标的影响. 安徽农业科学,
　　37(12): 5449-5450, 5467

徐勤松, 施国新, 杜开和. 2001. 镉胁迫对水车前叶片抗氧化酶系统和亚显微结构的影响. 农村
　　生态环境, 17(2): 30-34

徐是雄. 1987. 种子生理研究进展. 广州: 中山大学出版社: 45-48

严重玲, 付舜珍, 方重华, 等. 1997b. Hg, Cd 及其共同作用对烟草叶绿素含量及抗氧化酶系统的
　　影响. 植物生态学报, 21(5): 468-473

严重玲, 洪业汤, 付舜珍. 1997a. Cd, Pb 胁迫对烟草叶片中活性氧清除系统的影响. 生态学报,
　　17(5): 488-492

杨顶田, 施国新, 尤文鹏, 等. 2000. Cr^{6+}污染对莼菜冬芽茎尖细胞超微结构的影响. 南京师大学
　　报(自然科学版), 23(3): 91-95

杨金凤. 2005. 重金属对油菜生长和有机酸对重金属生物有效性影响的研究. 山西农业大学硕

士学位论文

杨小琴. 2008. 凤仙花和万寿菊对铅胁迫的生理响应及其对铅污染土壤的修复. 湖南农业大学硕士学位论文

杨亚提, 王旭东, 张一平, 等. 2003. 小分子有机酸对恒电荷土壤胶体 Pb^{2+} 吸附-解析的影响. 应用生态学报, 14(11): 1921-1924

姚广, 高辉远, 王未未, 等. 2009. 铅胁迫对玉米幼苗叶片光系统功能及光合作用的影响. 生态学报, 29(3): 1162-1169

衣艳君, 李芳柏, 刘家尧. 2008. 尖叶走灯藓(*Plagiomnium cuspidatum*)叶绿素荧光对复合重金属胁迫的响应. 生态学报, 28(11): 5437-5444

原海燕, 黄苏珍, 郭智, 等. 2007. 外源有机酸对马蔺幼苗生长、Cd 积累及抗氧化酶的影响. 生态环境, 16(4): 1079-1084

袁青青, 边才苗, 王锦文. 2009. 有机酸对 Pb·Cd 污染水稻植株的解毒作用. 安徽农业科学, 37(14): 6567-6569

张景平, 黄小平. 2009. 叶绿素荧光技术在海草生态学研究中的应用. 海洋环境科学, 28(6): 772-778

张雅莉, 王林生. 2015. Pb 胁迫对小麦种子萌发及幼苗生长的影响. 河北农业科学, 19(4): 6-9

张志坚, 高健, 蔡春菊, 等. 2011. 铅胁迫下菲白竹的矿质营养吸收和分配. 林业科学, 47(1): 153-157

周建朝, 王孝纯, 邓艳红, 等. 2011. 磷胁迫对不同基因型甜菜根系形态及根分泌物的影响. 中国农学通报, 27(2): 157-161

周青, 黄晓华, 张剑华, 等. 1999. La-Gly 对 Pb 胁迫下大豆幼苗生理生化特性的影响. 中国稀土学报, 17(4): 381-384

Arriagada C A, Herrera M A, Ocampo J A. 2005. Contribution of arbuscular mycorrhizal and saprobe fungi to the tolerance of *Eucalyptus globules* to Pb. Water Air Soil Poll, 166(1-4): 31-47

Bazzaz F A, Rolfe G L, Windle P. 1974. Differing sensitivity of corn and soybean photosynthesis and transpiration to lead contamination. J Environ Qual, 3(2): 156-158

Bowler C, Montagu M V, Inze D. 1992. Superoxide dismutase and stress tolerance. Annu Rev Plant Physiol Plant Mol Biol, 43(1): 83-116

Burzyński M, Kłobus G. 2004. Changes of photosynthetic parameters in cucumber leaves under Cu, Cd, and Pb stress. Photosynthetica, 42(4): 505-510

Cakmak I, Horst W J. 1991. Effect of aluminium on lipid peroxidation, superoxide dismutase, catalase and peroxidase activities in root tips of soybean (*Glycine max*). Physiologia Plantarum, 83(3): 463-468

Carter D R, Cheeseman J M. 1993. The effect of external NaCl on thylakoid stacking in lettuce plants. Plant Cell Environ, 16(2): 215-223

Cho U H, Park J O. 2000. Mercury-induced oxidative stress in tomato seedlings. Plant Sci, 156(1-2): 1-9

Cristofaro A D, Zhou D H, He J Z, et al. 1998. Comparison between oxalate and humate on copper adsorption on goethite. Fresen Environ Bull, 7: 570-576

Fagbenro J A, Agboola A A. 1993. Effect of different levels of humic acid on the growth and nutrient of teak seedlings. J Plant Nutr, 16(8): 1465-1483

Fridovich I. 1978. The superoxide radical is an agent of oxygen toxicity; superoxide dismutases provide an important defense. Science, 201: 875-880

Han Y L, Huang S Z, Yuan H Y, et al. 2013. Organic acids on the growth, anatomical structure, biochemical parameters and heavy metal accumulation of *Iris lactea* var. *chinensis* seedling growing in Pb mine tailings. Ecotoxicology, 22(6): 1033-1042

Han Y L, Yuan H Y, Huang S Z, et al. 2007. Cadmium tolerance and accumulation by two species of *Iris*. Ecotoxicology, 16(8): 557-563

Herder G D, Van I G, Beeckman T, et al. 2010. The roots of a new green revolution. Trends in Plant Science, 15(11): 600-607

Hung H H, Stansel J W, Turner F T. 1992. Temperature and growth duration influence phosphorus deficiency tolerance classification of rice cultivars. Communications in Soil Science and Plant Analysis, 23(1/2): 35-49

Huang W B, Ma R, Yang D, et al. 2014. Organic acids secreted from plant roots under soil stress and their effects on ecological adaptability of plants. Agricultural Science & Technology, 15(7): 1167-1173

Kalaji M H, Loboda T. 2007. Photosystem II of barley seedlings under cadmium and lead stress. Plant Soil and Environment, 53(12): 511-516

Kosobrukhov A, Knyazeva I, Mudrik V. 2004. *Plantago major* plants responses to increase content of lead in soil: growth and photosynthesis. Plant Growth Regul, 42(2): 145-151

Kupper H, Kupper F, Spiller M. 1996. Environmental relevance of heavy metal-substituted chlorophylls using the example of water plants. J Exp Bot, 47(295): 259-266

Li H Y, Liu Y G, Zeng G M, et al. 2014. Enhanced efficiency of cadmium removal by *Boehmeria nivea* (L.) Gaud in the presence of exogenous citric and oxalic acids. Journal of Environmental Sciences, 26(12): 2508-2516

Lichtenthaler H K, Miehé J A. 1997. Fluorescence imaging as a diagnostic tool for plant stress. Trends in Plant Science, 2(8): 316-320

Liu Y G, Wang X, Zeng G M, et al. 2007. Cadmium-induced oxidative stress and response of the ascorbate–glutathione cycle in *Bechmeria nivea* (L.) Gaud. Chemosphere, 69(1): 99-107

Mclaughlin M J, Parker D R, Clarke J M. 1999. Metals and micronutrients-food safety issues. Field Crop Res, 60(1-2): 143-163

Miles C D, Brandle J R, Daniel D J, et al. 1972. Inhibition of photosystem II in isolated chloroplasts by lead. Plant physiology, 49(5): 820-825

Nigam R, Srivastava S, Prakash S, et al. 2001. Cadmium mobilization and plant availability-the impact of organic acids commonly exuded from roots. Plant Soil, 230(1): 107-113

Odjegba V J, Fasidi I O. 2004. Accumulation of trace elements by *Pistia stratiotes*: implications for phytoremediation. Ecotoxicology, 13(7): 637-646

Prasad D D K, Prasad A R K. 1987. Effect of lead and mercury on chlorophyll synthesis in mung bean seedlings. Phytochemistry, 26: 881-883

Rau S, Miersch J, Neumann D. 2007. Biochemical responses of the aquatic moss *Fontinalis antipyretica* to Cd, Cu, Pb and Zn determined by chlorophyll fluorescence and protein levels. Environmental and Experimental Botany, 59(3): 299-306

Richard J B, Robert H S. 1996. Cadmium is an inducer of oxidative stress in yeast. Mutation Research, 356(2): 171-178

Rohacek K. 2002. Chlorophyll fluorescence parameters: the definitions, photosynthetic meaning and mutual relationship. Photosynthetica, 40(1): 13-29

Romanowska E, Wasilewska W, Fristedt R, et al. 2011. Phosphorylation of PSII proteins in maize thylakoids in the presence of Pb ions. Journal of Plant Physiology, 169(4): 345-352

Ruley A T, Sharma N C, Sahi S V, et al. 2006. Effects of lead and chelators on growth, photosynthetic activity and Pb uptake in *Sesbania drummondii* grown in soil. Environmental Pollution, 144(1): 11-18

Sarijeva G, Knapp M, Lichtenthaler H K. 2007. Differences in photosynthetic activity, chlorophyll and carotenoid levels, and in chlorophyll fluorescence parameters in green sun and shade leaves of *Ginkgo* and *Fagus*. Journal of Plant Physiology, 164(7): 950-955

Shakoor M B, Ali S, Hameed A, et al. 2014. Citric acid improves lead (Pb) phytoextraction in *Brassica napus* L. by mitigating pb-induced morphological and biochemical damages. Ecotoxicology and Environmental Safety, 109: 38-47

Song J F, Cui X Y. 2003. Analysis of organic acids in selected forest litters of Northeast China. Journal of Forestry Research, 14(4): 285-289

Song J F, Yang D, Ma R, et al. 2014a. Studies on the secretion of organic acids from roots of two-year-old *Larix olgensis* under nutrient and water stress. Agricultural Science & Technology, 15(6): 1015-1019

Song J F, Ma R, Huang W B, et al. 2014b. Exogenous organic acids protect Changbai larch (*Larix olgensis*) seedlings against cadmium toxicity. Fresen Environ Bul, 23(12c): 3460-3468

Song J F, Markewitz D, Liu Y, et al. 2016. The alleviation of nutrient deficiency symptoms in Changbai larch (*Larix olgensis*) seedlings by the application of exogenous organic acids. Forests, 7(10): 213

Stobart A K, Griffiths W T, Ameen-Bukhari I, et al. 1985. The effect of Cd^{2+} on the biosynthesis of chlorophyll in leaves of barley. Physiol Plantarum, 63(3): 293-298

Vassil A D, Kapulnik Y, Raskin I, et al. 2004. The role of EDTA in lead transport and accumulation by Indian mustard. Plant Physiology, 117(2): 447-453

Williamson L C, Ribrioux S, Fitter A H, et al. 2001. Phosphate availability regulates root system architecture in *Arabidopsis*. Plant Physiology, 126(2): 875-882

Woolhouse H W. 1974. Longevity and senescence in plant. Science Progress, 61(241): 123-147

5 Pb、Cd 复合胁迫下外源有机酸对落叶松 幼苗抗逆性的影响研究

随着经济不断发展，工业化进程不断加快，我们的生活环境发生了翻天覆地的变化，但经济发展的同时我们对能源的需求也在增大、对环境的污染程度加剧，尤其是对水体、大气、土壤造成的重金属污染更为严重（张艳等，2012）。以物理学角度来定义，重金属指的是相对密度大于 5 的金属，如镉（Cd）、铅（Pb）、汞（Hg）、铬（Cr）等近 60 种；从环境角度讲，重金属指的是对植物有严重毒害的一类元素，还包括锌（Zn）、铜（Cu）、镍（Ni）等，存在于自然界岩石中、土壤中的重金属一般不会对人类造成危害，往往是人类对矿产资源的不合理开采与利用、大量使用农药化肥与排放汽车尾气等行为造成了重金属输入土壤中，过量的重金属积累，会影响土壤的结构与功能，降低了土壤肥力，形成了土壤重金属污染（孔祥海，2005）。重金属污染物的来源主要有三种：一是，工业生产来源。在工业区周围大气中重金属浓度往往较高，并通过降雨或沉降等过程进入土壤。煤、石油、垃圾废物的燃烧会释放大量含重金属的有害气体和粉尘，矿产加工、冶炼、电镀等工业也会产生有毒害的重金属废水和废渣，都是导致土壤中积累大量重金属的原因。二是，农业生产来源。染料厂、电镀厂排放含重金属的污水，未经任何处理被引入灌溉到农田中。另外，不合理、不科学地使用化肥和滥用杀虫剂也会造成土壤重金属污染。三是，城市生活来源。城市居民驾车所排放的尾气、车轮磨损过程会产生含有重金属的粉尘与气体，通过沉降等形式进入土壤环境中，从而造成土壤重金属污染。与其他污染类型相比，重金属在土壤中难以被生物吸收、分解、富集和转化，具有污染范围广、长期性、复杂性、不可逆性等特征（张艳等，2012），不仅影响土壤的理化性质，还会对土壤上的植物造成毒害，通过食物链也会对动物和人造成威胁，有些重金属即使在低浓度时也会对人正常的生理活动造成危害（张金彪和黄维南，2000）。

目前，我国重金属污染问题较为严峻，重金属污染物产生和排放量大，全国废水中 Cd、Hg、Pb、Cr、As 等 5 种金属产生量为 2.54 万 t，排放量近 900t，大气中上述 5 种金属污染物排放量约 9500t，列入国家危险废物名录中以上 5 种金属的危险废物产生量为 1690 万 t（朱宇林等，2006）。另外土壤农作物重金属超标问题依然存在，许多地方粮食、蔬菜水果中重金属含量过高，对人体健康构成威胁，有些重金属污染导致儿童血铅超标，人体免疫功能、消化系统造成毒害。同时，我国金属矿开采仍存在许多先污染后治理的落后观念，不合理开采与管理，致使

原来位于地表深层的金属矿物暴露出来，经风化和雨水冲刷进入土壤当中，造成土壤重金属含量过高、植被遭受毒害且难以恢复，甚至引起水土流失等更严重的环境问题。目前，全国重金属污染的耕地面积达 2000 万 hm^2，约占耕地总面积的 1/5（翟雯航等，2008）。上述数据已经显示出我国重金属污染之严重，解决重金属污染问题迫在眉睫（朱宇林等，2006）。为解决日益严峻的重金属污染问题，我们要摸清土壤重金属污染物的种类、特性、对植物的毒害程度，深入了解植物对重金属胁迫的耐性与抗性，以及掌握其他外源调控剂缓解植物重金属毒害和修复污染土壤的机制。目前国内外关于土壤重金属胁迫的研究主要致力于单一元素胁迫，而在自然界中，重金属污染大多是由多种元素复合胁迫造成的，各金属元素之间的交互作用体现在拮抗、协同等效应。重金属复合胁迫一般干扰植物生长发育相关酶的活性，破坏正常生理活动，从而对植物细胞结构和功能造成毒害，因此研究不同重金属复合胁迫对土壤和植物的影响机制和交互作用具有十分重要的意义（孙天国等，2010）。

镉（Cd）是重金属污染物中毒性最强、分布最广的元素之一，污染面积高达 $10\ 000hm^2$（王凯荣，1997）。Cd 在土壤中残留积累主要是由于磷肥的施用、工业电镀、塑料工业发展等。遭受 Cd 胁迫时，不仅土壤肥力会下降，植物根毛生长受阻，水分吸收和运输过程受到抑制，还会影响植物的氮素代谢、光合作用、激素分泌等生理生化反应，甚至导致植株死亡、农作物减产（孙延东，2007）。铅（Pb）是植物的非必需元素，也是最为严重的重金属环境污染物之一，通过铅矿、工业三废等形式进入土壤中后，在植物体内过度积累会产生明显的生物效应，引起活性氧代谢失调、抑制叶绿素合成，导致光合作用受阻、植物生长缓慢、生物量降低。Pb 不仅降低土壤肥力、影响植物生长发育，一旦通过食物链进入人体内还会破坏造血、免疫功能，影响消化、神经等系统（谷绪环等，2008）。土壤中的重金属自然消解过程十分漫长，而许多修复重金属污染土壤的技术工程量大、费用昂贵，且容易影响土壤的结构和微生物区系，因此，具有经济、高效、廉价等优势的植物修复技术脱颖而出。植物修复技术依托于超积累植物对重金属的吸收与转化，但目前发现的超积累重金属大多生长缓慢、生物量小，在应用过程中还对地域与环境有要求，这都限制了植物修复技术的应用（Persons and Salt，2000）。有研究发现，有机酸可以与重金属离子结合，形成稳定的螯合态形式的复合体，降低重金属的毒性（Giannopolitis and Ries，1977；Mench and Martin，1991；Ma，2000；Clemens，2001）。因此，通过施入有机酸来抑制植物对重金属离子的吸收与积累、增强植物对重金属耐性与抗性的修复已经引起国内外学者的重视。

落叶松（*Larix olgensis*）是我国东北林区的重要乡土树种，也是当地 Pb、Cd 等重金属胁迫矿山土壤植被恢复与林业复垦的优选树种和先锋树种。但在较严重 Pb、Cd 等重金属胁迫下，落叶松的成活和生长仍受很大限制，特别是在初期"造林不成活"现象普遍存在。前期研究发现，落叶松凋落物能源源不断地释放多种有机酸，包括草酸、柠檬酸和琥珀酸等，且数量较大（Song and Cui，2003）；在土壤养分水分等胁迫条件下，落叶松根系还能分泌草酸、柠檬酸等多种有机酸，很多有机酸数量相当可观（Huang et al.，2014；Song et al.，2014a）。通过前人研究可以假设，外源有机酸亦能提高 Pb、Cd 胁迫下落叶松的存活能力和抗性。但目前各种外源有机酸如何影响 Pb、Cd 胁迫下落叶松的生理生化特性、生长等均未见报道。因此，本文通过外源添加不同浓度的草酸、柠檬酸和琥珀酸等有机酸溶液，针对 Pb、Cd 复合胁迫对落叶松幼苗的影响进行分析，研究了不同浓度的外源草酸、柠檬酸、琥珀酸处理后，落叶松苗木生长及生理生化特性的变化，阐明了 Pb、Cd 在影响落叶松幼苗生长发育中的交互作用，以及外源有机酸对缓解 Pb、Cd 胁迫的效果，为找到提高落叶松的重金属抗性、修复重金属污染土壤的途径提供理论依据。

5.1　材料与方法

5.1.1　实验材料与处理

落叶松种子经过选种、消毒、催芽后，于 4 月播种，在东北林业大学帽儿山实验林场的温室大棚内进行育苗，苗木 5 月育成。6 月初，将生长一致的落叶松苗木栽植在土壤基质为无杂质的 A_1 层暗棕壤的花盆内，每盆栽 60 株，为方便浇水及后续进行有机酸和重金属处理，需要保证土壤表面与盆上沿空出 2～3cm，并在土壤表层洒一层沙子以减少水分的蒸发。苗木在温室内正常光照和浇水，充分缓苗后进行有机酸和重金属处理，此时苗木平均苗高为 2.3cm，地径为 0.72cm（图 5-1）。

图 5-1　实验用落叶松幼苗

分别配制浓度为 0mmol/L、0.2mmol/L、1.0mmol/L、5.0mmol/L 和 10.0mmol/L 的草酸、柠檬酸、琥珀酸溶液，并用 NaOH 溶液使有机酸溶液的 pH 调整为 5.16。将栽植落叶松幼苗的土壤进行 Cd 和 Pb 复合胁迫处理，即将配制好的 $CdCl_2$ 和 $Pb(NO_3)_2$ 溶液均匀施入土壤中，使处理后土壤内 Cd^{2+} 和 Pb^{2+} 浓度分别达到 10.0mg/kg 和 100.0mg/kg。Pb、Cd 复合胁迫处理 10d 后，用上述不同种类和浓度的有机酸溶液（草酸和柠檬酸，浓度分别为 0mmol/L、0.2mmol/L、1.0mmol/L、5.0mmol/L 和 10.0mmol/L）对苗木分别进行灌根处理，以使土壤完全湿润。在长白落叶松苗期，由于其根系生长慢且发育不完全（庞秀谦等，2010），还采用类似叶面施肥的方式进行了有机酸喷施（肖艳等，2003），具体讲：用喷壶向已做好标记的落叶松幼苗叶片上、下表面喷施上述有机酸溶液（草酸或柠檬酸，浓度分别为 0mmol/L、0.2mmol/L、1.0mmol/L、5.0mmol/L 和 10.0mmol/L），喷施时保证叶片表面均匀湿润，向下滴液体。每天喷施一次，均于早 8：00 进行，连续喷施 7 天。对照为蒸馏水处理，不加有机酸，不加重金属。每处理设置足够数量的重复。

5.1.2 样品采集与测定

5.1.2.1 死亡率、生长率和生物量测定

在每个处理内，分别在有机酸处理后的第 10 天、第 20 天、第 30 天，进行苗株样品采集与测定：统计每个处理下苗木的死亡数，计算死亡率。

从统一培养的幼苗中随机选取苗木测定苗高和地径，其中苗高用米尺（精确度为 0.01m）、地径用游标卡尺（精确度为 0.001m）测定，每处理测 10 株，算出净生长率[净生长率计算公式 $P=(H_a-H_{a-1})\times100/H_{a-1}$，其中 H_a、H_{a-1} 表示两次相邻处理时间的生长量]。

每处理随机选取 15 株幼苗，进行全株收获，再测定生物量。具体如下：将幼苗小心从盆中取出，保持根系和叶片完整，用枝剪从基径处将幼苗分开，再将茎、叶等地上部分开，用去离子水洗去根中土壤，用滤纸小心地将水吸干，105℃下杀青 15min，再在 60℃下烘至恒重，用电子天平（精确度为 0.0001g）分别称茎、叶、根系干重，计算平均值。

5.1.2.2 叶片生理指标的测定

随机采集足够量的第 11～20 片成熟真叶（即幼苗中部），立即测定叶片与细根中 Pb 和 Cd 的含量、丙二醛（MDA）、脯氨酸、可溶性蛋白和叶绿素含量，以及超氧化物歧化酶（SOD）、过氧化物酶（POD）活性，或将样品以液氮固定，置于–80℃的超低温冰箱保存，备测上述指标。以上指标每处理重复 3 次。具体测定指标和方法如下。

叶绿素含量的测定采用 80%丙酮提取，分光光度计法。分别测定 665nm、649nm、470nm 下的吸光度，测定叶绿素和类胡萝卜素含量，分别计算叶绿素 a、叶绿素 b、类胡萝卜素含量和叶绿素总量。

MDA 含量的测定采用硫代巴比妥酸（TBA）比色法，取 0.1g 样品，加 1.5ml 三氯乙酸，静置 30min 后离心 20min，取 1ml 上清液加入 1ml 0.6%的 TBA，沸水浴 15min，冷却后测 532nm 和 450nm 下的吸光度 OD_{532} 和 OD_{450}。MDA 浓度 C 计算公式为

$$C=6.45\times OD_{532}-0.56\times OD_{450}$$

脯氨酸含量的测定采用酸性茚三酮法，可溶性蛋白含量的测定采用考马斯亮蓝 G-250 染色法，SOD 活性的测定采用氮蓝四唑（NBT）光化还原法，POD 活性的测定采用愈创木酚法。具体指标的详细测定方法见李合生等（2000）、Song 等（2014b，2016）。

5.1.2.3　叶片和细根 Pb 和 Cd 积累的变化

随机采集第 11～20 片成熟真叶，再把采集过叶片的幼苗小心地从土壤中取出，操作时避免根系损伤，采集<2mm 细根。将叶片和细根用蒸馏水洗净擦干，105℃下杀青 15min，70℃下烘至恒重，粉碎，过 2mm 尼龙筛。然后采用微波消解 ICP-MS 法测定叶片与细根中 Pb 和 Cd 含量。每处理重复 3 次。

具体如下：分别称取 0.25g 样品于消解内罐中，加入 5ml 浓硝酸，再加入 2ml 过氧化氢，放置 5min，安装好消解罐放入微波消解系统内，按表 5-1 所示消解条件进行样品消解，消解结束后，用去离子水转移消解液并定容至 25ml 容量瓶中。

表 5-1　微波化学工作站消解条件

步骤	功率/W	百分比/%	升温速率/（$\Delta V/t$）	压力/Psi	控制温度/℃	持续时间/s
1	1200	100	8	350	100	10
2	1200	100	8	350	180	15

注：1Psi=6894.76Pa

仪器：7500a 型电感耦合等离子体质谱仪（ICP-MS，美国 Agilent 公司）；MARS X System 高压密闭微波化学工作站（美国 CEM 公司）；超纯水处理系统（朝鲜 Human up 900）。ICP-MS 的仪器工作条件及参数见表 5-2。

表 5-2　ICP-MS 的仪器工作条件及参数

参数	设定值	参数	设定值
雾化器	高盐雾化器	雾化室温度	2.0degC
采样深度	6.0mm	积分时间	0.3s
采样锥	Ni 锥	氧化物	(CeO/Ce) ≤1.0%
发射功率	1300W	双电荷	(Ce^{2+}/Ce) ≤3.0%
发射电压	1.62V	内标元素及质量数	^{45}Sc、^{72}Ge、^{115}In、^{205}Bi
载气流量	1.15L/min	同位素质量数	^{111}Cd、^{208}Pb

注：degC 是摄氏温度单位，1degC=274.15K

测定过程中用到的主要试剂：Cd、Pb 单元素标准溶液（100μg/ml，国家标准物质研究中心）；硝酸：高氯酸（5∶1）混合消化液。

5.1.3 数据处理

将实验数据用 Excel 软件进行数据整理、统计检验、分析与绘图，计算平均值和标准差，实验结果以（平均值±标准差）（$x \pm s$）表示。

5.2 结果与分析

5.2.1 外源有机酸对落叶松幼苗积累 Pb、Cd 的影响

5.2.1.1 外源有机酸对落叶松幼苗积累 Pb 的影响

与对照相比，Pb、Cd 复合胁迫后，落叶松幼苗根系和叶片的 Pb 含量显著增加，且根系中含量高于叶片，最高达到叶片中 Pb 含量的 5 倍，说明 Pb、Cd 复合胁迫促进了落叶松幼苗对 Pb 的吸收，易在落叶松根系中积累，且不易向地上部分转移。加入外源有机酸后，落叶松幼苗根系和叶片中的 Pb 含量均有所增加。Pb 含量随着加入有机酸的浓度、处理时间的变化而不同，整体随有机酸浓度增加 Pb 积累量增加，叶片中 Pb 含量随各有机酸浓度增加呈现先增后降的趋势，且以 10d 时 10.0mmol/L 草酸处理时为最高，根系中以 20d、5.0mmol/L 柠檬酸处理时为最高（图 5-2，图 5-3）。

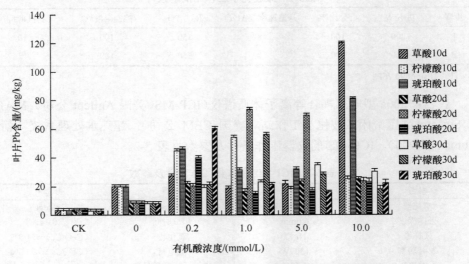

图 5-2 Pb、Cd 复合胁迫下落叶松幼苗叶片的 Pb 含量

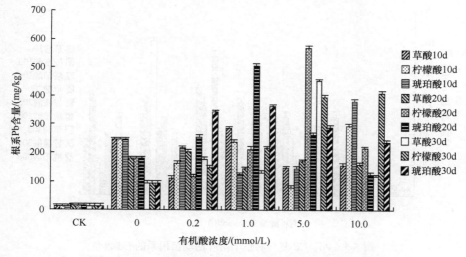

图 5-3　Pb、Cd 复合胁迫下落叶松幼苗根系的 Pb 含量

5.2.1.2　外源有机酸对落叶松幼苗积累 Cd 的影响

与对照相比，加入 Pb、Cd 复合胁迫后，落叶松幼苗根系和叶片中 Cd 含量显著增加，且整体来看根系中含量略高于叶片，但差异不显著，说明 Pb、Cd 复合胁迫促进了落叶松幼苗对 Cd 的吸收，在落叶松根系中积累。加入外源有机酸后，落叶松幼苗根系和叶片中的 Cd 含量均有所增加。Cd 含量随着加入有机酸的浓度、处理时间的变化而不同，整体随有机酸浓度增加 Cd 积累量增加；叶片中 Cd 含量随有机酸浓度增加呈现先升后降的趋势，随处理时间的延长而降低，且以 10d、10.0mmol/L 草酸处理时为最高；根系中以 30d、5.0mmol/L 草酸处理时为最高（图 5-4，图 5-5）。

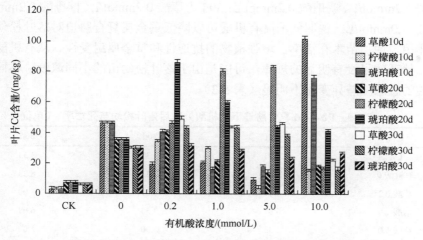

图 5-4　Pb、Cd 复合胁迫下落叶松幼苗叶片的 Cd 含量

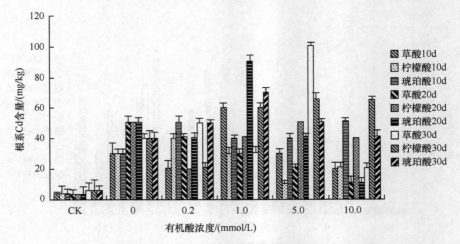

图 5-5　Pb、Cd 复合胁迫下落叶松幼苗根系的 Cd 含量

5.2.2　外源有机酸对落叶松幼苗生长的影响

5.2.2.1　对幼苗死亡率的影响

　　与对照相比，Pb、Cd 复合胁迫下落叶松幼苗死亡率升高，说明 Pb、Cd 复合胁迫对落叶松幼苗产生了毒害作用；加入外源草酸、柠檬酸、琥珀酸后，死亡率多数呈下降趋势，说明加入有机酸可以有效降低土壤中重金属对落叶松幼苗的伤害，缓解重金属的胁迫作用。从处理时间看，降低落叶松幼苗在 Pb、Cd 复合胁迫下死亡率的效果为 10d＞20d＞30d，说明处理随时间的增加，有机酸减少苗木死亡的作用减弱。从有机酸浓度的影响来看，10d 时，处理效果最好的浓度是草酸 10.0mmol/L、柠檬酸 5.0mmol/L、琥珀酸 5.0mmol/L；20d 为草酸 1.0mmol/L、柠檬酸 0.2mmol/L、琥珀酸 0.2mmol/L；30d 为草酸 0.2mmol/L、柠檬酸 0.2mmol/L、琥珀酸 1.0mmol/L。说明低浓度有机酸可以降低重金属复合胁迫对落叶松幼苗的毒害作用，增加苗木存活率，增强植物的抗逆性和重金属耐受性。从有机酸种类来看，处理效果没有明显的规律，可能是由于落叶松幼苗的不同浓度、不同种类有机酸的敏感度差异变化不明显（表 5-3）。

表 5-3　Pb、Cd 复合胁迫下有机酸处理后落叶松幼苗死亡率　（单位：%）

处理	10d	20d	30d
CK	3.33	3.33	3.33
有机酸 0	13.33	7.33	8.33
草酸 0.2	1.67	6.67	5.00
草酸 1.0	6.67	3.33	6.67
草酸 5.0	3.33	5.00	5.00
草酸 10.0	0.00	11.67	6.67

续表

处理	10d	20d	30d
柠檬酸 0.2	6.67	5.00	1.67
柠檬酸 1.0	8.33	10.00	8.33
柠檬酸 5.0	0.00	6.67	10.00
柠檬酸 10.0	1.67	5.00	6.67
琥珀酸 0.2	3.33	1.67	5.00
琥珀酸 1.0	3.33	3.33	3.33
琥珀酸 5.0	1.67	5.00	10.00
琥珀酸 10.0	6.67	5.00	4.33

5.2.2.2　对幼苗生长率的影响

与对照相比，除 10d 以外，加入 Pb、Cd 复合处理 20d、30d 后，苗高和地径生长率下降，说明 Pb、Cd 复合胁迫阻滞了植物的生长，对植物产生了毒害作用，且随着胁迫时间增加这种负效应加剧。加入有机酸后，大部分处理组的苗高生长率都有提高，说明外源草酸、柠檬酸、琥珀酸对植物的苗高生长起促进作用，其作用大小与有机酸浓度和种类，以及处理时间长短密切相关。从有机酸浓度来看，10d 时，促进苗木生长效果最好的有机酸浓度分别为草酸 1.0mmol/L、柠檬酸 10.0mmol/L、琥珀酸 10.0mmol/L；20d 时，有机酸浓度为草酸 1.0mmol/L、柠檬酸 0.2mmol/L、琥珀酸 10.0mmol/L；30d 时，有机酸浓度为草酸 1.0mmol/L、柠檬酸 5.0mmol/L、琥珀酸 10.0mmol/L。从有机酸种类来看，同浓度的三种有机酸促进苗木苗高生长的效果为草酸＞柠檬酸＞琥珀酸（图 5-6）。

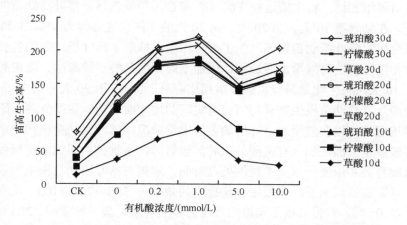

图 5-6　Pb、Cd 复合胁迫下有机酸处理后落叶松幼苗的苗高生长率

加入外源有机酸后，地径生长率大多呈现先升后降的趋势，即使生长率降低，也仍高于有机酸 0 组。说明有机酸对地径生长有促进作用，但是作用效果不明显。从有机酸浓度来看，10d 时，促进苗木生长效果最好的有机酸浓度分

别为草酸 1.0mmol/L、柠檬酸 10.0mmol/L、琥珀酸 10.0mmol/L；20d 时，有机酸浓度为草酸 5.0mmol/L、柠檬酸 5.0mmol/L、琥珀酸 1.0mmol/L；30d 时，有机酸浓度为草酸 5.0mmol/L、柠檬酸 1.0mmol/L、琥珀酸 1.0mmol/L。从有机酸种类来看，同浓度的三种有机酸促进苗木地径生长的效果为柠檬酸＞琥珀酸＞草酸（图 5-7）。

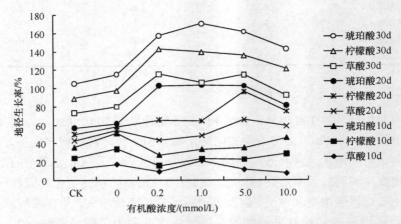

图 5-7　Pb、Cd 复合胁迫下有机酸处理后落叶松幼苗的地径生长率

5.2.2.3　对幼苗生物量的影响

（1）根生物量

与对照组相比，将土壤进行 Pb、Cd 复合污染处理后，落叶松幼苗的根生物量下降，在处理第 10 天、第 20 天、第 30 天的下降程度分别为 9%、30%、32%，说明重金属对落叶松幼苗根部产生了毒害作用，抑制了落叶松幼苗的生长发育，且毒害作用随胁迫时间增加而加剧。施加不同浓度草酸、柠檬酸、琥珀酸后，除处理第 10 天时根生物量与有机酸 0 组相比有所下降外，第 20 天和第 30 天有机酸处理组的落叶松幼苗根生物量均随处理时间的增加而增加，说明外源草酸、柠檬酸、琥珀酸均可以有效缓解落叶松幼苗的中毒情况，落叶松幼苗根部受重金属胁迫毒害较严重，因此加入有机酸处理时间较短时，生物量的增加幅度缓慢，且不同有机酸种类和浓度，以及不同的处理时间，对提高落叶松幼苗根生物量的表现不一。从胁迫时间来看，对根生物量提高的效果为 30d＞20d＞10d。从有机酸种类来看，10d 时，对提高根生物量的程度为草酸＞琥珀酸＞柠檬酸；20d 时，对提高根生物量的程度为琥珀酸＞草酸＞柠檬酸；30d 时，对提高根生物量的程度为柠檬酸＞琥珀酸＞草酸。说明在胁迫时间短时，草酸对提高根生物量的作用最好，随着胁迫时间增加，柠檬酸缓解植物根受重金属毒害的效果增强。从有机酸浓度的影响来看，有机酸提高根生物量效果最佳的浓度分别为 10d，草酸 1.0mmol/L、

柠檬酸 1.0mmol/L、琥珀酸 0.2mmol/L；20d，草酸 1.0mmol/L、柠檬酸 5.0mmol/L、琥珀酸 1.0mmol/L；30d，草酸 5.0mmol/L、柠檬酸 10.0mmol/L、琥珀酸 1.0mmol/L。实验结果表明，草酸和琥珀酸在 1.0mmol/L 时的解毒效果最好，柠檬酸随处理时间不同最佳解毒浓度有一定变化（图 5-8）。

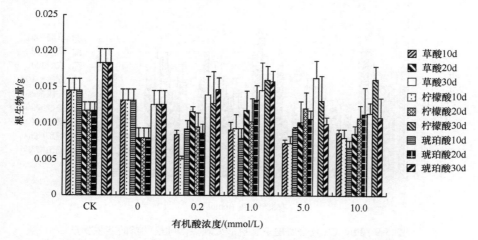

图 5-8 Pb、Cd复合胁迫下有机酸处理后落叶松幼苗的根生物量

（2）茎生物量

与对照组相比，加入 Pb、Cd 复合处理后，落叶松幼苗茎生物量下降，处理第 10 天、第 20 天、第 30 天下降程度分别为 21%、24%、23%，说明重金属对落叶松幼苗茎部产生毒害作用，抑制了落叶松幼苗的生长发育，且毒害作用随胁迫时间增加呈现先加剧后缓解的趋势，可能是由于重金属处理时间短时在茎中积累加大，随处理时间延长，重金属离子发生了迁移。施加不同浓度草酸、柠檬酸、琥珀酸后，除处理第 10 天时，根生物量与有机酸 0 组相比有所下降以外，第 20 天和第 30 天有机酸处理组落叶松幼苗茎生物量随处理时间增加而增加。说明外源草酸、柠檬酸、琥珀酸均可以有效缓解落叶松幼苗的中毒情况，落叶松幼苗根部受重金属胁迫毒害较严重，因此加入有机酸处理时间较短时，生物量的增加幅度缓慢，且不同有机酸种类和浓度，以及不同的处理时间，对提高落叶松幼苗茎生物量的表现不一：从胁迫时间来看，对茎生物量提高的效果为 30d＞20d＞10d。从有机酸种类来看，10d 时，对提高茎生物量的程度为柠檬酸＞草酸＞琥珀酸；20d 时，对提高茎生物量的程度为柠檬酸＞琥珀酸＞草酸；30d 时，对提高茎生物量的程度为柠檬酸＞草酸＞琥珀酸。从总体上看，柠檬酸对提高落叶松幼苗茎生物量的作用最好，随着胁迫时间增加，柠檬酸缓解植物茎部受重金属毒害的效果增强。从有机酸浓度的影响来看，有机酸提高茎生物量效果最佳的浓度分别为：10d，草酸 1.0mmol/L、柠檬酸 1.0mmol/L、琥珀酸 0.2mmol/L；20d，草酸 1.0mmol/L、

柠檬酸 5.0mmol/L、琥珀酸 1.0mmol/L；30d，草酸 5.0mmol/L、柠檬酸 10.0mmol/L、琥珀酸 1.0mmol/L。实验结果表明，草酸和琥珀酸在 1.0mmol/L 时的解毒效果最好，柠檬酸随处理时间不同最佳解毒浓度有一定变化（图 5-9）。

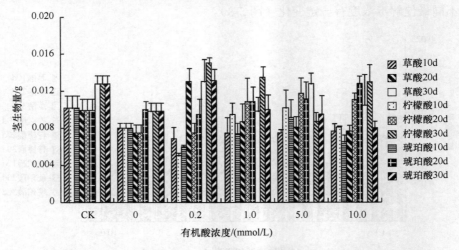

图 5-9 Pb、Cd 复合胁迫下有机酸处理后落叶松幼苗的茎生物量

（3）叶生物量

与对照组相比，加入 Pb、Cd 复合处理后，落叶松幼苗叶生物量下降，处理第 10 天、第 20 天、第 30 天下降程度分别为 2%、10%、29%，说明重金属对落叶松幼苗叶部产生了毒害作用，抑制了落叶松幼苗的生长发育，且毒害作用随胁迫时间增加而加剧。施加不同浓度草酸、柠檬酸、琥珀酸后，除处理第 10 天时，根生物量与有机酸 0 组相比有所下降以外，其余第 20 天和第 30 天有机酸处理组落叶松幼苗茎生物量随处理时间增加而增加。说明外源草酸、柠檬酸、琥珀酸均可以有效缓解落叶松幼苗的中毒情况，落叶松幼苗叶部受重金属胁迫毒害较严重，因此加入有机酸处理时间较短时，生物量的增加幅度缓慢，且不同有机酸种类和浓度，以及不同的处理时间，对提高落叶松幼苗叶生物量的表现不一：从胁迫时间来看，对叶生物量提高的效果为 30d＞20d＞10d。从有机酸种类来看，10d 时，对提高叶生物量的程度为草酸＞琥珀酸＞柠檬酸；20d 时，对提高叶生物量的程度为琥珀酸＞柠檬酸＞草酸；30d 时，对提高叶生物量的程度为柠檬酸＞草酸＞琥珀酸。从有机酸浓度的影响来看，有机酸提高叶生物量效果最佳的浓度分别为：10d，草酸 1.0mmol/L、柠檬酸 1.0mmol/L、琥珀酸 1.0mmol/L；20d，草酸 0.2mmol/L、柠檬酸 5.0mmol/L、琥珀酸 10.0mmol/L；30d，草酸 0.2mmol/L、柠檬酸 0.2mmol/L、琥珀酸 10.0mmol/L。实验结果表明，低浓度柠檬酸、高浓度草酸和琥珀酸对于缓解 Pb、Cd 复合胁迫下落叶松幼苗叶部中毒症状有较好的效果（图 5-10）。

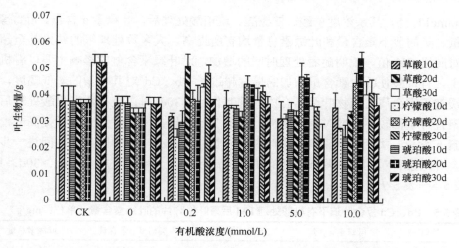

图 5-10 Pb、Cd复合胁迫下有机酸处理后落叶松幼苗的叶生物量

5.2.3 外源有机酸对落叶松幼苗生理生化指标的影响

5.2.3.1 对叶片叶绿素含量的影响

与只有蒸馏水处理的对照相比，土壤中加入 10mg/kg Cd 和 100mg/kg Pb 后，落叶松幼苗叶片的叶绿素 a 含量、叶绿素 b 含量、类胡萝卜素含量和叶绿素总量均有所下降，在三个胁迫时间内都有体现，说明了 Cd 和 Pb 复合胁迫影响了落叶松的光合系统，抑制了叶绿素的生物合成，证明了这两种重金属复合胁迫对落叶松产生了毒害作用，这种毒害作用随胁迫时间的增加而加剧（表 5-4）。

表 5-4 Pb、Cd 复合胁迫后落叶松幼苗的叶绿素含量 （单位：mg/g）

时间	处理	叶绿素 a 含量	叶绿素 b 含量	类胡萝卜素含量	叶绿素总量
10d	CK	2.34±0.51a	1.00±0.22b	0.54±0.17a	3.89±0.06a
	有机酸 0	1.94±0.26b	0.90±0.14a	0.46±0.03b	3.30±0.02b
20d	CK	1.79±0.41a	0.90±0.18a	0.54±0.09b	3.23±0.02a
	有机酸 0	1.61±0.11a	0.84±0.10a	0.43±0.03b	2.85±0.03b
30d	CK	2.08±0.17b	1.02±0.10a	0.56±0.03b	3.95±0.12b
	有机酸 0	1.58±0.18b	0.81±0.06a	0.54±0.04a	3.36±0.04a

加入有机酸后，随处理时间的增加，落叶松叶片叶绿素 a 含量、叶绿素 b 含量、类胡萝卜素含量和叶绿素总量的变化存在差异。胁迫处理 10d 时，除叶绿素 a 以外，叶绿素 b 含量、类胡萝卜素含量、叶绿素总量均高于有机酸 0 组，说明不同浓度的外源草酸、柠檬酸、琥珀酸可以有效提高 Pb、Cd 复合胁迫下落叶松幼苗叶片叶绿素的含量，叶绿素 a 含量没有明显提高的原因可能是其在处理时间较短时对这三种酸的敏感程度不够。20d 时，除草酸 0.2mmol/L、1.0mmol/L、

5.0mmol/L 外，其余浓度草酸、柠檬酸、琥珀酸处理后，叶绿素 a 含量、叶绿素 b 含量、类胡萝卜素含量和叶绿素总量均有所提高，大多数处理组的结果甚至超过了对照组 CK 值，说明随着处理时间的增加，对叶绿素含量的影响主要以有机酸为主，有机酸使叶绿素含量增加的幅度超过了 Pb、Cd 对其含量的降低幅度，大大缓解了重金属对植物叶绿素合成的抑制作用。30d 时，大多数有机酸处理后叶绿素各含量都较不加酸时有所增加，但与 20d 相比，除叶绿素 a 含量提高外，叶绿素 b 含量、类胡萝卜素含量和叶绿素总量稍有减少，说明随处理时间进一步延长，叶绿素含量的增幅降低，即有机酸提高叶绿素含量的程度为 20d＞30d＞10d（表 5-5～表 5-7）。

表 5-5　Pb、Cd 复合胁迫下有机酸处理 10d 后落叶松叶片的叶绿素含量（单位：mg/g）

处理	叶绿素 a 含量	叶绿素 b 含量	类胡萝卜素含量	叶绿素总量
草酸 0.2	2.56±0.04a	1.18±0.01a	0.62±0.01b	4.36±0.11b
草酸 1.0	2.31±0.03b	1.04±0.09a	0.54±0.01b	3.90±0.01a
草酸 5.0	2.12±0.12a	0.91±0.07b	0.52±0.03a	3.55±0.03b
草酸 10.0	2.11±0.22b	0.93±0.16a	0.53±0.05a	3.56±0.02b
柠檬酸 0.2	2.27±0.13a	0.97±0.14b	0.54±0.03b	3.78±0.01a
柠檬酸 1.0	2.38±0.02b	1.01±0.14a	0.59±0.01b	3.98±0.04b
柠檬酸 5.0	2.48±0.27b	1.18±0.20b	0.63±0.04a	4.28±0.12b
柠檬酸 10.0	2.04±0.20a	0.98±0.12a	0.49±0.04b	3.51±0.01a
琥珀酸 0.2	2.00±0.36a	0.90±0.21a	0.48±0.12a	3.37±0.01b
琥珀酸 1.0	2.28±0.07a	1.06±0.04b	0.55±0.02b	3.90±0.12a
琥珀酸 5.0	1.90±0.09b	0.82±0.15a	0.47±0.05a	3.19±0.03b
琥珀酸 10.0	2.19±0.10a	0.99±0.23b	0.51±0.05b	3.70±0.12a

表 5-6　Pb、Cd 复合胁迫下有机酸处理 20d 后落叶松叶片的叶绿素含量（单位：mg/g）

处理	叶绿素 a 含量	叶绿素 b 含量	类胡萝卜素含量	叶绿素总量
草酸 0.2	0.82±0.34a	0.54±0.15b	0.26±0.09b	1.63±0.03a
草酸 1.0	0.89±0.20a	0.55±0.05a	0.28±0.05a	1.72±0.05b
草酸 5.0	1.29±0.06a	0.78±0.06b	0.43±0.02a	2.51±0.02a
草酸 10.0	1.65±0.03b	1.01±0.04a	0.52±0.01b	3.18±0.01b
柠檬酸 0.2	1.72±0.13b	1.00±0.11b	0.53±0.02a	3.25±0.11a
柠檬酸 1.0	1.99±0.06a	1.20±0.01b	0.62±0.02a	3.80±0.04a
柠檬酸 5.0	1.59±0.27b	1.01±0.10b	0.52±0.08b	3.12±0.03b
柠檬酸 10.0	1.82±0.07a	1.06±0.06a	0.53±0.02a	3.41±0.01a
琥珀酸 0.2	2.11±0.13b	1.28±0.13b	0.60±0.02b	4.00±0.04b
琥珀酸 1.0	1.76±0.09a	1.18±0.04b	0.57±0.02a	3.51±0.06a
琥珀酸 5.0	1.85±0.17a	1.24±0.01a	0.61±0.03a	3.70±0.03b
琥珀酸 10.0	1.62±0.09b	1.12±0.01b	0.59±0.03b	3.33±0.02a

表 5-7 Pb、Cd 复合胁迫下有机酸处理 30d 后落叶松叶片的叶绿素含量（单位：mg/g）

处理	叶绿素 a 含量	叶绿素 b 含量	类胡萝卜素含量	叶绿素总量
草酸 0.2	2.04±0.10a	0.82±0.04b	0.53±0.02b	3.40±0.02a
草酸 1.0	1.82±0.16b	0.82±0.13a	0.49±0.03b	3.13±0.11b
草酸 5.0	1.87±0.14a	0.73±0.08b	0.45±0.02b	3.06±0.08a
草酸 10.0	2.22±0.38a	0.86±0.17a	0.57±0.08a	3.66±0.03b
柠檬酸 0.2	2.45±0.10b	1.01±0.07b	0.61±0.03b	4.07±0.02b
柠檬酸 1.0	2.00±0.13a	0.79±0.04b	0.53±0.04b	3.32±0.02a
柠檬酸 5.0	2.13±0.19a	0.83±0.06b	0.54±0.06a	3.49±0.03b
柠檬酸 10.0	2.07±0.09b	0.86±0.04b	0.55±0.03b	3.48±0.02a
琥珀酸 0.2	2.12±0.14a	0.81±0.09a	0.51±0.03b	3.44±0.01b
琥珀酸 1.0	2.08±0.19a	0.86±0.11b	0.52±0.05a	3.46±0.03b
琥珀酸 5.0	1.95±0.14b	0.77±0.10a	0.49±0.04a	3.21±0.02b
琥珀酸 10.0	2.01±0.08b	0.84±0.03a	0.52±0.03b	3.37±0.01a

随有机酸浓度的变化，落叶松叶绿素 a 含量、叶绿素 b 含量、类胡萝卜素含量和叶绿素总量的变化也不同。胁迫 10d 时，对叶绿素含量提高效果最显著的草酸、柠檬酸和琥珀酸浓度分别是 0.2mmol/L、5.0mmol/L 和 1.0mmol/L。胁迫 20d 时，对叶绿素含量提高效果最显著的有机酸处理分别是草酸 10.0mmol/L、柠檬酸 1.0mmol/L、琥珀酸 1.0mmol/L。胁迫 30d 时，对叶绿素含量提高效果最显著的有机酸处理分别是草酸 10.0mmol/L、柠檬酸 5.0mmol/L、琥珀酸 1.0mmol/L。这说明，胁迫时间较短时，低浓度有机酸对叶绿素含量的增加效果显著；随着胁迫时间增加，高浓度草酸效果更好，落叶松叶绿素和胡萝卜素含量在草酸浓度 10.0mmol/L 时最高、柠檬酸 5.0mmol/L 时最高（表 5-5～表 5-7）。

有机酸种类不同，对提高落叶松叶绿素 a、叶绿素 b、类胡萝卜素含量和叶绿素总量的效果也不同。相同浓度的草酸、柠檬酸、琥珀酸，10d 时，对叶绿素含量的提高效果为草酸＞柠檬酸＞琥珀酸，20d 时柠檬酸＞琥珀酸＞草酸，30d 时柠檬酸＞琥珀酸＞草酸。总体来看，说明处理时间相同时，同浓度的柠檬酸对 Pb、Cd 胁迫下落叶松幼苗叶片叶绿素的提高效果最好，可以有效缓解植物的中毒情况（表 5-5～表 5-7）。

5.2.3.2 对幼苗叶片抗氧化酶活性的影响

（1）SOD 活性

与对照相比，施加 Pb、Cd 复合胁迫后，有机酸 0 组 SOD 活性有所下降，三个胁迫时间的下降程度为 5%、24%、40%。说明重金属对落叶松幼苗叶片 SOD 活性起到抑制作用，对植物体产生了毒害，且毒害作用随胁迫时间增加而加剧。加入外源草酸、柠檬酸、琥珀酸后，落叶松 SOD 活性有了不同程度的提高，说明对 Pb、Cd 复合胁迫产生的毒害起到缓解作用。从图 5-11 来看，不同浓度的不同有机酸在不同胁迫时间内对叶片 SOD 活性的增强效果不一。从胁迫时间来看，同浓度的草酸在 30d 时对 SOD 活性的提高效果最好，而同浓度柠檬酸和草酸在 10d 时效果最佳，总的来说，加入有机酸后，对刺激落叶松幼苗叶片 SOD 活性提高的顺序为 10d＞20d＞30d。从有机酸浓度的影响来看，10d 时，三种有机酸对 SOD 活性提高的最佳浓度为草酸 0.2mmol/L、柠檬酸 10.0mmol/L、琥珀酸 1.0mmol/L；20d 时，三种有机酸对 SOD 活性提高的最佳浓度为草酸 5.0mmol/L、柠檬酸 0.2mmol/L、琥珀酸 1.0mmol/L；30d，三种有机酸对 SOD 活性提高的最佳浓度为草酸 10.0mmol/L、柠檬酸 10.0mmol/L、琥珀酸 1.0mmol/L；说明 10.0mmol/L 柠檬酸、1.0mmol/L 琥珀酸对 SOD 活性提高效果最好，草酸则是随处理时间的增加，最佳浓度变大。从有机酸种类来看，10d 时，三种酸对促进落叶松幼苗叶片 SOD 活性回升的效果为柠檬酸＞琥珀酸＞草酸；20d 时，三种酸对促进落叶松幼苗叶片 SOD 活性回升的效果为琥珀酸＞柠檬酸＞草酸；30d 时，三种酸对促进落叶松幼苗叶片 SOD 活性回升的效果为草酸＞琥珀酸＞柠檬酸；说明在胁迫时间较短时琥珀酸和柠檬酸的处理效果较好，随着胁迫时间增加，草酸的处理效果最好，可能是由于 SOD 活性对施加柠檬酸和琥珀酸的处理较为敏感（图 5-11）。

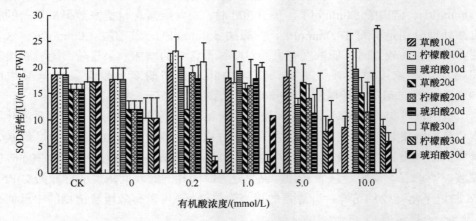

图 5-11　Pb、Cd 复合胁迫下有机酸处理后落叶松幼苗叶片的 SOD 活性

（2）POD 活性

与对照相比，施加 Pb、Cd 复合胁迫后，有机酸 0 组 POD 活性有所下降，三个时间的下降程度为 18%、13%、15%。说明重金属对落叶松幼苗叶片 POD 活性起到抑制作用，POD 活性的降低率随胁迫时间变化幅度不太大。加入外源草酸、柠檬酸、琥珀酸后，落叶松 POD 活性有了明显提高，说明对 Pb、Cd 复合胁迫产生的毒害起到有效缓解的作用。不同浓度的不同有机酸在不同胁迫时间内对叶片 POD 活性的增强效果不一。从胁迫时间来看，同浓度的草酸和

柠檬酸在 10d 时对 POD 活性的提高效果最好,较短时间内就可以有效促进 POD 活性的回升,而同浓度琥珀酸在 20d 时效果最佳,总的来说,加入有机酸后,对刺激落叶松幼苗叶片 POD 活性提高的顺序为 10d＞20d＞30d。从有机酸浓度的影响来看, 10d 时,三种有机酸对 POD 活性提高的最佳浓度为草酸1.0mmol/L、柠檬酸 0.2mmol/L、琥珀酸 10.0mmol/L;20d 时,三种有机酸对POD 活性提高的最佳浓度为草酸 10.0mmol/L、柠檬酸 0.2mmol/L、琥珀酸0.2mmol/L;30d 时,三种有机酸对 POD 活性提高的最佳浓度为草酸 1.0mmol/L、柠檬酸 0.2mmol/L、琥珀酸 5.0mmol/L;说明 0.2mmol/L 柠檬酸对 POD 活性提高效果最好,而草酸和琥珀酸的处理效果规律不明显。从有机酸种类看, 10d时,三种酸对促进落叶松幼苗叶片 POD 活性回升的效果为柠檬酸＞草酸＞琥珀酸,20d 时为琥珀酸＞草酸＞柠檬酸,30d 时为琥珀酸＞草酸＞柠檬酸,说明在胁迫时间较短时琥珀酸和草酸的处理效果较好,POD 活性对施加柠檬酸处理的响应不敏感(图 5-12)。

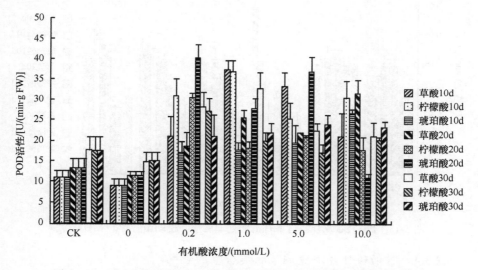

图 5-12　Pb、Cd复合胁迫下有机酸处理后落叶松幼苗叶片的 POD 活性

5.2.3.3　对幼苗叶片细胞膜系统的保护作用

与对照相比,加入 Pb、Cd 复合胁迫后,有机酸 0 组落叶松幼苗叶片 MDA含量均有不同程度的上升,10d、20d、30d 时平均分别为 0.038μmol/g FW、0.041μmol/g FW、0.037μmol/g FW,说明落叶松幼苗已遭受重金属毒害,刺激了 MDA 的合成,苗木细胞膜透性增加,加剧了膜脂过氧化作用,影响了落叶松的正常生长发育,且毒害作用随胁迫时间增加而加剧,可能是自身抗氧化酶系统起了缓解作用。加入外源草酸、柠檬酸、琥珀酸以后,落叶松幼苗叶片 MDA 含量大体呈下降趋势,说明有机酸可以保护细胞膜的完整性,

降低膜脂过氧化程度，降低重金属的毒害作用。从胁迫时间来看，3 种有机酸对 MDA 含量的降低效果均为 10d＞20d＞30d。从有机酸浓度的影响来看，10d 时，有机酸降低 MDA 含量的最佳浓度分别为草酸 0.2mmol/L、柠檬酸 0.2mmol/L、琥珀酸 5.0mmol/L；20d 时，有机酸降低 MDA 含量的最佳浓度分别为草酸 10.0mmol/L、柠檬酸 0.2mmol/L、琥珀酸 0.2mmol/L；30d 时，有机酸降低 MDA 含量的最佳浓度分别为草酸 1.0mmol/L、柠檬酸 1.0mmol/L、琥珀酸 10.0mmol/L；说明低浓度柠檬酸对缓解植物膜脂过氧化作用的效果最好。从有机酸种类的影响来看，不同有机酸在不同胁迫时间下对 MDA 含量的降低效果不一：10d 时，处理效果为柠檬酸＞草酸＞琥珀酸；20d 时，处理效果为草酸＞柠檬酸＞琥珀酸；30d 时，处理效果为草酸＞柠檬酸＞琥珀酸，总的来看，MDA 对草酸处理最为敏感（图 5-13）。

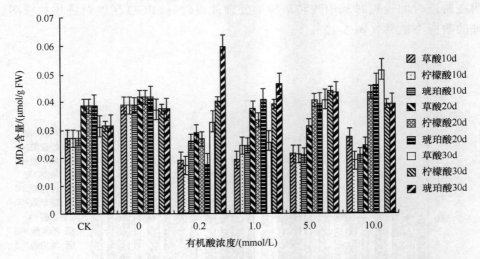

图 5-13　Pb、Cd 复合胁迫下有机酸处理后落叶松幼苗叶片的 MDA 含量

5.2.3.4　对幼苗叶片渗透调节物质含量的影响

（1）可溶性蛋白

与对照相比，不加有机酸组的可溶性蛋白含量降低，在 10d、20d、30d 时，分别下降 8%、4.7%、0.8%，说明落叶松幼苗叶片受 Pb、Cd 复合胁迫后，氮代谢减慢，可溶性蛋白合成受阻或分解加快（夏奎等，2008），并随胁迫时间增加毒害加剧。加入外源草酸、柠檬酸、琥珀酸后，除 30d 时，5.0mmol/L、10.0mmol/L草酸以外，其他组可溶性蛋白含量均有所升高，说明有机酸可以有效改善落叶松幼苗 Pb、Cd 复合胁迫下的氮代谢水平。从处理时间来看，草酸、柠檬酸、琥珀酸对提高落叶松叶片可溶性蛋白含量的程度均为 20d＞10d＞30d。从有机酸浓度的影响来看，10d 时，使可溶性蛋白增加幅度最大的有机酸浓度为草酸 5.0mmol/L、

柠檬酸 5.0mmol/L、琥珀酸 0.2mmol/L；20d 时，使可溶性蛋白增加幅度最大的有机酸浓度为草酸 1.0mmol/L、柠檬酸 0.2mmol/L、琥珀酸 0.2mmol/L；30d 时，使可溶性蛋白增加幅度最大的有机酸浓度为草酸 5.0mmol/L、柠檬酸 0.2mmol/L、琥珀酸 0.2mmol/L；说明草酸 5.0mmol/L、低浓度柠檬酸和琥珀酸对 Pb、Cd 复合胁迫下落叶松叶片可溶性蛋白的提高效果最好。从有机酸种类来看，同浓度的 3 种有机酸，对提高可溶性蛋白含量、恢复氮代谢水平的程度为琥珀酸＞柠檬酸＞草酸（图 5-14）。

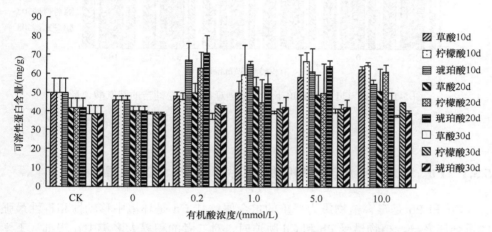

图 5-14　Pb、Cd 复合胁迫下有机酸处理后落叶松幼苗叶片的可溶性蛋白含量

（2）脯氨酸

与对照相比，有机酸 0 组的脯氨酸含量下降，并随处理时间的增加，重金属离子在植物体内的累积，Pb、Cd 复合胁迫抑制了落叶松幼苗脯氨酸的合成。加入外源草酸、柠檬酸、琥珀酸后，除 20d 琥珀酸组以外，脯氨酸的含量均有提高，说明有机酸可以通过促进脯氨酸合成来增加细胞的稳定性，提高植物的抗逆性。从处理时间来看，草酸处理下落叶松幼苗脯氨酸含量增幅顺序为 20d＞10d＞30d；柠檬酸为 10d＞20d＞30d；琥珀酸为 30d＞10d＞20d，总的来看，胁迫时间对脯氨酸含量的影响为 20d＞10d＞30d。从外源有机酸浓度的影响来看，10d 时，使落叶松幼苗脯氨酸增加幅度最大的有机酸浓度为草酸 0.2mmol/L、柠檬酸 1.0mmol/L、琥珀酸 0.2mmol/L；20d 时，使脯氨酸增加幅度最大的有机酸浓度为草酸 1.0mmol/L、柠檬酸 10.0mmol/L、琥珀酸 1.0mmol/L；30d 时，使脯氨酸增加幅度最大的有机酸浓度为草酸 0.2mmol/L、柠檬酸 5.0mmol/L、琥珀酸 0.2mmol/L；说明脯氨酸对低浓度草酸和琥珀酸较为敏感。从外源有机酸种类来看，同浓度的 3 种有机酸，对提高脯氨酸含量的效果为草酸＞柠檬酸＞琥珀酸（图 5-15）。

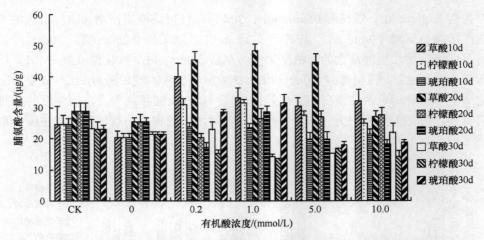

图 5-15　Pb、Cd 复合胁迫下有机酸处理后落叶松幼苗的脯氨酸含量

5.3　讨　　论

5.3.1　Pb、Cd 复合胁迫下有机酸与植物体内 Pb、Cd 积累

　　Cd 和 Pb 是毒害植物最为严重的重金属，且 Cd 是环境中移动性和毒性最强的重金属之一，植物遭受 Pb 和 Cd 胁迫时，对二者的积累大多集中在根部（王学锋等，2010）。与 Cd 相比，Pb 在植物体内较少向地上部分转移，这可能由于根部细胞在近中性条件下，Pb 主要以磷酸盐或碳酸盐形式沉淀在根细胞壁或细胞内，或者被根细胞壁上 CHOO—所吸附，固定于根部。向土壤添加 EDTA 后，其与铅络合阻止了铅在根细胞的沉淀和吸附，有利于向上运输（何冰等，2001）。重金属在植物各器官中的积累和迁移与植物种类、重金属浓度等有关，如与名山 131 和福鼎大白茶相比，名山 213 根部对 Cd 的积累最多，但向地上部分的迁移率很低，是更适合推广种植的叶片低镉积累型类品种（唐茜等，2008）；万敏等（2003）研究显示，Cd 浓度高时烟 86103 籽粒对 Cd 的吸收低于莱州 953，Cd 浓度低时前者的低镉特性更为突出，而根系中 Cd 的含量两个品种没有显著差异。植物对重金属的积累还受其他重金属的影响，不同重金属在不同环境下的交互作用也有差异，如 Pb、Cd 复合胁迫时，银杏根、茎、叶中 Cd 和 Pb 的含量均比单一胁迫时有所增加（朱宇林等，2006），促进了水稻植株对 Cd 的吸收和运输，但 Cd 的存在在一定程度上抑制了水稻对 Pb 的吸收（袁青青等，2009）；Cd、Cu 复合胁迫时，随着 Cu 浓度的增加，黄菖蒲地上和地下部分 Cd 的含量也增加，Cu 促进了黄菖蒲对 Cd 的积累（孙延东，2007）。叶海波等（2003）研究了 Zn、Cd 复合胁迫下东南景天对 Cd 的吸收和积累发现，当 Cd 和 Zn 浓度分别低于 0.1mmol/L 和 0.5mmol/L 时，Zn 的存在有效促进了东南景天对 Cd 的吸收，而当 Zn 浓度达到

1.0mmol/L 时，却降低了对 Cd 的吸收；Cd、Pb 复合处理下，油菜（江海东等，2006）、小白菜（秦天才等，1994）体内 Pb 含量下降，Cd 抑制了小白菜对 Pb 的吸收，且随加入的 Cd 浓度增加，抑制作用也增大，而其体内 Cd 含量却增加，说明 Pb 促进其对 Cd 的积累，且相比 Pb 而言，Cd 更容易向地上部分迁移。本研究实验结果显示，Cd 与 Pb 复合胁迫下，落叶松幼苗根系和叶片对 Cd、Pb 的吸收均显著增加，说明 Pb 和 Cd 对促进对方在落叶松体内的积累起到协同作用。

　　加入有机酸可以影响植物对重金属的吸收、积累与转移，有机酸与重金属在土壤中形成螯合物，或者小分子可溶性复合物，从而增加重金属的活性，易被植物体所吸收（张敬锁和李花粉，1999）。也有实验表明，有机酸对重金属的积累效应与植物类型、重金属和有机酸种类及浓度等不同而异。如孙延东（2007）的研究表明，加入外源有机酸可以促进黄菖蒲对 Cd 的吸收，且 EDTA 在高浓度或低浓度重金属胁迫下均可以促进 Cd 在植物中的积累，而 CA 在 Cd 胁迫浓度较低时抑制黄菖蒲对 Cd 的积累；柠檬酸可以促进 Pb 从水稻根部向地上部转移，酒石酸促进 Cd 向叶片输送，这两种有机酸对缓解水稻 Pb 和 Cd 污染均具有一定潜力（袁青青等，2009）。本研究发现，加入外源草酸、柠檬酸、琥珀酸后，落叶松幼苗叶片和细根中 Cd 和 Pb 的含量整体呈上升趋势，随着有机酸浓度和处理时间的增加，二者含量有所下降，可能是由于植株受重金属毒害严重，细胞活力下降，阻碍了对 Cd 和 Pb 的吸收。

5.3.2　Pb、Cd 复合胁迫下有机酸与植物生长和生物量积累

　　植物体受重金属胁迫时，植株死亡率、生长率和根系生物量是反映植物生长状况和中毒情况的重要指标。植物生长所必需的重金属离子浓度较低时，对植物体生长发育起一定的促进作用，但当浓度达到一定值时，就会产生重金属毒害（陈彩云等，2012），破坏植物物的细胞膜系统（Bazzaz et al.，1974；Lee et al.；1976；Lakshamn et al.，1992），进而影响细胞器的结构与功能（Mukherji and Maitra，1976），使植物正常生理生化活动造成紊乱，如影响与植物生长相关酶的活性，造成光合作用受阻，不能为植物提供及时和充足的能量，进而抑制植物的生长（秦天才等，1994）。Pb、Cd 是植物生长的非必需元素，在植物体内积累到一定程度时，会抑制细胞的分裂与生长，导致植物生长迟缓、植株矮小、根系生物量下降甚至死亡等症状。已有许多报道证明重金属对植物生长的毒害作用，如 Pb 污染使草坪植物根量减少，生物量下降，叶片明显褪绿，严重时会导致植株死亡（王慧忠等，2003）；大麦受 Cd 污染后，种子的萌发率、根生长速率下降，且随重金属浓度增大和处理时间延长，植物生长受抑制加剧（张义贤，1997）；50mg/L Cd 污染下大豆幼苗苗高、根系长度、生长率等指标均低于对照植株，生长明显受阻（周青等，1998）；Cd 污染对小麦苗高生长抑制作用显著，对生物量的影响也较为严

重，并随重金属浓度增加毒害作用加剧（张利红等，2005）；Pb 胁迫对辣椒苗高生长有抑制作用，且随浓度不同有"低促高抑"的表现，并且 Pb、Cd 复合胁迫对辣椒苗高同样有明显的抑制作用，抑制作用强于 Pb、Cd 单一污染（王林和史衍玺，2008）。另外，在重金属污染下，不同植物对重金属的积累与运输会产生变化，已有研究报道，大多数重金属被植物吸收后富集在根部，其次是茎，最后是叶部分（孟华兵，2007）。积累在根部的 Cd 和 Pb 可以置换细胞膜转运酶上的二价金属离子，抑制根系的跨膜电位和根系 H$^+$分泌等机制，降低植物根系吸收养分的能力，从而抑制植物生长和减少生物量的积累（王林和史衍玺，2008）。本研究结果显示，遭受 Pb、Cd 复合胁迫后，落叶松幼苗死亡率升高，生长率和生物量下降，且对根生物量的抑制作用最显著。这与江海东等（2006）、宋勤飞等（2006）的研究结论一致，说明 Pb、Cd 已经对落叶松苗木产生毒害，原因可能是重金属降低了细胞的有丝分裂速度，引起根吸水量减少，耗氧量加大，从而导致植物生长缓慢。加入适当浓度的外源有机酸有利于植物提高对重金属的抗性与耐性，可以显著促进植物生长和生物量的累积。例如，在 Pb 胁迫下，加入 5mmol/L 柠檬酸可以有效促进重金属污染下马蔺苗高的生长（王鸿燕等，2010）。袁青青等（2009）对水稻进行 Pb、Cd 单一及复合胁迫，水稻干重下降，加入柠檬酸和酒石酸对该污染有较好的解毒作用。本文结果与上述研究成果基本一致，说明外源草酸、柠檬酸、琥珀酸可以有效缓解 Pb、Cd 复合污染对落叶松幼苗生长的抑制和毒害，从而对提高植物的重金属耐性与抗性起到促进作用。

5.3.3　Pb、Cd 复合胁迫下有机酸与叶片叶绿素含量

叶绿素是光合作用的物质基础，起到传递光能的作用，其含量的高低是判断植物光合作用强弱与新陈代谢正常与否的一个重要指标（杨艳，2007），因此可通过测定植物叶绿素的含量来判断植物组织、器官的衰老及重金属中毒状况。有研究表明，土壤遭遇重金属胁迫时，植物叶片的叶绿体遭到破坏与降解，叶绿素含量下降，光合作用减弱，导致植物生长受到抑制，叶绿素合成减少的机制可能是由于重金属影响了参与叶绿素合成酶的活性，或者重金属抑制了抗氧化酶的活性，导致细胞膜过脂化，叶绿体膜系统受损，从而导致叶绿体结构和功能被破坏、叶绿素含量降低（徐红霞等，2005）。例如，Cd 污染造成紫茉莉（沈凤娜等，2008）、银杏（朱宇林等，2006）、大豆（廖柏寒等，2010）等植物叶片叶绿素 a、叶绿素 b、类胡萝卜素含量及叶绿素总量降低，植物生物量下降；重金属复合胁迫对植物光合系统的影响也同样，如 Pb、Zn 复合胁迫显著降低台湾泡桐叶片叶绿素 a 和叶绿素 b 含量（刘蕊，2013），Pb、Cd 复合胁迫显著降低辣椒叶片叶绿素含量，并影响其组成（王林和史衍玺，2008）。徐勤松等（2006）研究了 Cd、Zn 复合胁迫可以使黑藻由深绿色变为浅绿色，重金属毒性变强，最后完全失绿，使水车前叶

绿素含量降低，且比单一 Cd 处理时含量降低幅度增大，说明 Zn 对 Cd 破坏叶绿素合成起到促进作用（徐勤松等，2003）。本研究结果与上述研究一致，且与单一 Cd 处理相比，加入 Pb 复合胁迫后，落叶松幼苗叶绿素含量更低，说明 Pb、Cd 复合胁迫对落叶松叶绿素合成的破坏作用更大。已有研究表明，某些有机酸可以促进重金属胁迫下植物叶片叶绿素含量的提高，包括草酸、柠檬酸、琥珀酸、水杨酸等（武雪萍等，2003）。例如，在 Pb、Cd 污染下，添加柠檬酸和草酸可以降低小麦、水稻、油菜等植物的毒害程度，提高叶绿素总量和类胡萝卜素含量，孙延东（2007）研究结果显示，随着 EDTA 和 CA 的加入，Cd、Cu 复合胁迫下黄菖蒲叶绿素含量升高，而且较高浓度的有机酸（5.0mmol/L）对叶绿素增加的影响比较低浓度（0.5mmol/L）的有机酸效果更高。本研究结果也显示加入外源草酸、柠檬酸、琥珀酸后，落叶松叶绿素含量有所提高，缓解了 Pb、Cd 复合胁迫对落叶松光合系统的破坏，与前人的研究结果相符。

5.3.4　Pb、Cd 复合胁迫下有机酸与叶片 SOD 和 POD 活性

活性氧是由于氧的连续的单电子还原而产生的一系列毒性中间物，正常情况下，植物体内的活性氧含量是较低且稳定的，主要包括超氧阴离子自由基（$O_2^-\cdot$）、单线态氧（$^1O_2$）、过氧化氢（H_2O_2）等，因为 H_2O_2 不是自由基，所以把它统称为活性氧（李俊梅和王焕校，2000）。这些活性氧有较强的氧化能力，当植物体遭受低温、干旱、重金属污染等胁迫时，体内活性氧代谢系统的失衡会受到影响，自由基的产生与清除的平衡遭到破坏，从而干扰植物体的呼吸系统，导致抗氧化系统功能失调、植物脂质过氧化、细胞膜结构受损，破坏了细胞内酶及代谢作用的原有区域性，最终导致植物新陈代谢紊乱和生长发育受阻（杨振德等，2006）。例如，植物体遭受 Cu、Fe 重金属污染，可通过 Fenton 或 Haber Weiss 反应促进活性氧的产生（Milone et al.，2003）。

植物本身具有抵抗逆境的生理适应机制，如体内的活性氧清除系统，又称抗氧化系统，可以清除植物体内过多的活性氧，从而起到提高植物抗逆性、抵御膜脂过氧化损害的作用（房娟等，2011）。活性氧清除系统主要包括由超氧化物歧化酶（SOD）、过氧化物酶（POD）、过氧化氢酶（CAT）等组成的酶促系统，以及由谷胱甘肽（GSH）等构成的非酶促系统，活性氧及其清除系统对逆境下植物的自身解毒作用具有重大意义，因为解毒能力的大小直接影响植物的抗性。其中，SOD 是植物细胞中最重要的清除自由基的酶类之一，许多研究已经证实其在高等植物器官衰老、抗逆性中所起的作用（杨居荣等，1995），因此在一定的逆境胁迫范围内，SOD 抗氧化酶活性的提高意味着植物自身抗氧化保护能力的增强（黄苏珍，2008）。POD 是一种含 Fe 的蛋白质，广泛参与细胞分裂、呼吸作用、生长发育等物质能量代谢过程，是氧化还原反应中不可或缺的酶（姬俊华等，2010）。POD

可催化有毒物质氧化分解，同时对环境因子十分敏感，因此可以通过 POD 活性高低的变化来判断植物受毒害的程度（Frank，1977）。

抗氧化酶活性可被氧化胁迫所诱导，是植物应对环境胁迫所必需的一种策略（Lin et al.，2007），当植物体遭遇逆境胁迫时，体内活性氧水平升高，会激活抗氧化酶系统，SOD 可以与 O_2^-·结合，形成 H_2O_2，同时 POD、CAT 可以分解 H_2O_2 防止其与 $^1O_2$ 形成毒性更强的羟基，所以在植物体内，SOD、POD、CAT 可以有效协作，在自由基的产生和消除这两个过程中，三者协调一致，才能清除多余自由基，使自由基含量处于动态平衡状态（张金彪和黄维南，2000）。在正常条件下，植物体内抗氧化酶系统能有效地清除体内多余的活性氧，但在逆境情况下，活性氧产生增多或系统清除能力减弱，活性氧产生速度超过了植物清除活性氧的能力，便会引起植物毒害（Chris et al.，1992），这时活性氧清除能力的高低也就成为植物抗逆境能力大小和能否在逆境中生存的关键（曹莹等，2007）。有研究表明 SOD 与 POD 活性发生变化，间接说明了环境中存在威胁植物生长发育的有害物质，因此可以作为分子水平上预报、评价和检测有机毒物对植物危害的生物标志物（李伟民等，2002）。

重金属对植物体内抗氧化酶活性的影响随植物种类、耐性强弱、重金属浓度和胁迫时间不同而存在差异。Cd 污染下烟苗 POD 活性提高（李元等，1992），而旱萝卜幼苗 POD 无变化（刘海亮和崔世民，1991）；Cd 污染下耐性强的小麦 SOD、POD 和 CAT 活性升高（刘蕊，2013）；耐性弱的大豆以上三种酶活性则均下降（张金彪和黄维南，2000）；紫茉莉叶片 SOD、CAT 活性随着 Cd 处理浓度的增加而增加，SOD 和 CAT 活性分别在 Cd 浓度为 50mg/kg 和 10mg/kg 时达到最大值，而在 Cd 浓度为 100mg/kg 时 SOD 和 CAT 活性均开始下降，POD 则随 Cd 处理浓度增加而升高，并伴随明显的镉效应（沈凤娜等，2008）；曹营等（2007）在对 Cd 胁迫对玉米生理生化的研究结果显示：SOD 活性随 Cd 处理浓度增大而提高，CAT 活性随处理浓度增大而下降，而 POD 活性则在拔节期随处理浓度增大而下降，蜡熟期随重金属浓度增大而提高；在 240μmol/L Pb 胁迫条件下，花芽甜麦菜的 SOD 活性显著增加（$P<0.05$），但 CAT 活性显著低于对照，说明此浓度的 Pb 胁迫超出了花芽甜麦菜 CAT 的耐受值，却可以刺激 SOD 活性（陈丽娜等，2010），但 POD 对这一浓度 Pb 响应并不明显。重金属单一胁迫及复合胁迫下植物抗氧化酶活性的响应也有差异，重金属的交互作用也会呈现不同的生物效应。例如，Pb、Cd 单一及复合胁迫下小麦 SOD、POD、CAT 部分活性在重金属低浓度时受到激发，但随着处理浓度的增加，三种酶活性均受到抑制（郑世英和王丽燕，2009）；铁柏清等（2007）对 Pb、Cd 单一胁迫下龙须草抗氧化酶活性影响的研究显示，POD 活性随 Pb、Cd 处理浓度的增加呈先上升后下降的趋势；红麻 3 个材料 Pb 单一胁迫下 POD 活性随处理浓度增加先升后降，而 Pb、Cd 复合胁迫下 POD 活性呈下降的趋势，SOD 活性呈先升后降的趋势（李正文等，2013）。本研究结果

表明，在 Pb、Cd 复合胁迫下落叶松幼苗叶片 SOD、POD 活性均有不同程度的下降，与单一 Cd 胁迫时相比，SOD 活性下降程度更大，POD 活性下降程度没有明显变化，说明 Pb 的加入强化了 Cd 对落叶松幼苗抗氧化酶系统的毒害作用，SOD 比 POD 对重金属的敏感度更高，这与前人的研究成果有同有异，可能是由重金属种类和浓度、胁迫时间长短不同造成的。

　　有机酸可以通过影响植物体内各种酶的活性来缓解重金属对植物的毒害，这种缓解作用因有机酸种类和浓度、重金属污染情况、酶对有机酸的敏感程度、处理时间而异。有研究报道，低浓度的草酸和乙酸处理下小麦幼苗 SOD、CAT 活性增大，浓度升高则下降，但 POD 在草酸、柠檬酸处理下变化不明显，在低浓度乙酸处理下 POD 活性升高，高浓度下受抑制（陈忠林和张利红，2005）；水杨酸浸种均能极显著提高 Pb、Cd 复合胁迫下芥菜叶子的 POD 活性，但 SOD 变化不明显（邹文桐等，2012）。

　　本研究显示，加入外源草酸、柠檬酸、琥珀酸后，落叶松幼苗叶片 SOD、POD 活性与有机酸 0 组相比均有所提高，POD 对柠檬酸处理敏感度较低，说明有机酸处理后落叶松幼苗抗氧化酶活性增强，清除活性氧能力提高，苗木抗氧化能力提高，证明草酸、柠檬酸、琥珀酸对促进落叶松修复 Pb、Cd 污染具有一定潜力。

5.3.5　Pb、Cd 复合胁迫下有机酸与叶片膜质过氧化作用

　　植物细胞膜系统是细胞与外界环境进行物质交换和信息传递的基础，稳定的膜系统可以维持细胞正常的生理功能（张义贤和李晓科，2008）。正常条件下，植物体内活性氧的产生和清除处于动态平衡状态，但植物器官在面对不良环境和衰老时，体内活性氧自由基含量会增加，超出抗氧化酶系统的清除能力，导致膜脂过氧化，细胞膜系统遭到破坏。MDA 作为细胞膜脂过氧化的最终产物，可与蛋白质、核酸、氨基酸等活性物质交联，形成不溶性化合物（脂褐素）沉积，干扰细胞的正常生命活动（徐勤松等，2001）。因此，MDA 的含量变化可以看作判断膜脂过氧化程度的指标，含量越高表明细胞膜结构完整性越差。已有研究表明，重金属可以造成 MDA 的积累，重金属引起的毒害往往是由于破坏了细胞膜的结构和功能，导致细胞内电解质外渗量增加，且毒害作用因重金属种类和浓度等因素而异，如 Pb 胁迫下马蔺叶片 MDA 含量明显增加，且随重金属浓度增大，含量越高，说明 500mg/L 以上的 Pb 胁迫加剧了马蔺细胞膜的膜质过氧化（王慧忠等，2003）；Pb、Cd 和 Cr 三元胁迫使小麦幼苗叶片 MDA 含量增大（杜天庆等，2009）。关于重金属复合胁迫下，植物体内 MDA 含量变化的研究也有报道，如 Cd、Zn 污染下，玉米膜脂过氧化严重，MDA 含量随重金属浓度增加而升高，且 Cd、Zn 复合胁迫下的 MDA 含量比二者单一处理下含量增加的幅度更大（刘建新等，2006）；不同浓度重金属复合胁迫对植物 MDA 含量的影响也不同，如低浓度 Pb、

Cd 复合胁迫时，玉米叶片 MDA 含量未表现出明显变化，说明玉米对低浓度 Pb、Cd 胁迫具有一定的抵抗作用，但胁迫浓度较高时，MDA 积累对玉米产生抑制甚至毒害作用（王启明，2006）。本研究与上述结论基本一致，Pb、Cd 复合胁迫使落叶松幼苗叶片 MDA 含量增加，原因可能是 Cd^{2+} 和 Pb^{2+} 与细胞膜上的磷脂反应形成磷酸盐，改变了细胞膜的结构与功能，使膜透性增大（沈凤娜等，2008），且与 Cd 单一胁迫对落叶松幼苗 MDA 含量的影响相比，加入 Pb 复合胁迫时，MDA 含量升高的幅度增大，说明 Pb、Cd 在影响 MDA 含量的交互作用中表现出协同效应，Pb 的加入增大了 Cd 的毒害作用。有机酸可以抑制 MDA 含量的增加，抑制效果与有机酸种类和浓度等因素有关，这一结论已有许多研究报道，如低浓度的酒石酸、草酸、柠檬酸，均造成叶细胞膜透性和 MDA 含量降低，在不同程度上缓解 Cd 对植物的毒害（杨艳，2007）；Pb^{2+} 胁迫下小麦经乙酸（0～6mmol/L）及低浓度的草酸和柠檬酸处理后，其叶片 MDA 含量降低，但伴随草酸和柠檬酸浓度的增加，MDA 含量也有所升高（李雪梅等，2005）。本研究结果显示，不同有机酸浓度对 MDA 含量的抑制作用不同，这与刘建新等（2006）研究结果一致，说明外源草酸、柠檬酸、琥珀酸可以通过降低 MDA 含量来提高细胞膜系统的稳定性，从而达到缓解 Pb、Cd 复合胁迫对落叶松幼苗的毒害作用。

5.3.6 Pb、Cd 复合胁迫下有机酸与脯氨酸和可溶性蛋白含量

渗透调节是植物适应低温、重金属等胁迫的重要机制之一。脯氨酸和可溶性蛋白都是植物受逆境胁迫后积累的渗透调节物质（陈德碧和朱建勇，2010）。作为一种渗透调节物质，脯氨酸是植物体内水溶性最大的氨基酸，正常情况下其含量较低，但当植物受到逆境胁迫时，植物体会加大脯氨酸的积累（Huang et al., 2010），以此来降低细胞渗透势，防止过分失水、保持和稳定大分子物质（虎瑞等，2009），增强细胞结构稳定性和减少活性氧产生（Metha and Gaur, 1999）。脯氨酸含量增加的程度与植物抗逆性有关，因此，脯氨酸可作为植物抗逆性的一项生化指标（陈茂铨等，2010）。重金属污染的植物体内脯氨酸含量的影响效果因植物种类、重金属浓度和胁迫时间而异。高浓度 Pb 胁迫下，苏柳和垂柳叶片的脯氨酸含量降低，植物细胞受伤害（房娟等，2011）；Pb、Cd 复合胁迫后，大麦叶片中脯氨酸升高含量，但随着重金属处理时间延长，脯氨酸含量降低，这可能与幼苗体内的碳源供应不足有关，在植物水分胁迫中亦有类似现象（曹仪植和吕忠恕，1985）；也有报道显示，Cd 污染使玉米叶片中游离脯氨酸含量升高（曹莹等，2007），Pb、Cd 复合胁迫使台湾泡桐脯氨酸含量略有升高（刘蕊，2013），这与本研究结果稍有不符，可能是由植物种类和胁迫时间长短不同引起的，也可能因为重金属胁迫对脯氨酸的影响有"低抑高促"效应（虎瑞等，2009），本研究胁迫时间较长，可能由于重金属离子的长时间累积，对植物的毒害远高于植物自身的抵抗能力。与单一 Cd

处理相比，加入 Pb 复合胁迫后，脯氨酸含量下降幅度增大，在处理 10d 时下降幅度最大，说明此时 Pb、Cd 的协同效应最显著，对落叶松幼苗叶片脯氨酸含量毒害最严重。有机酸可以影响脯氨酸的生物合成，如加入相对高浓度（5.0mmol/L）的草酸诱导了马蔺叶片内脯氨酸的合成，使脯氨酸含量大幅度上升（Mukherji and Maitra，1976）；李仰锐（2006）研究报道，加入柠檬酸、草酸和 EDTA 后，两种品种水稻（秀水 63 和 II 优 527）的游离脯氨酸均有不同程度的积累。本研究结果显示，加入外源草酸、柠檬酸、琥珀酸后，脯氨酸含量显著提高，与前人研究成果大体一致，说明有机酸促进了脯氨酸的合成，有效缓解了重金属对落叶松的毒害。原因可能是有机酸与 Pb、Cd 形成了复合物，降低了重金属离子的毒性，且脯氨酸对低浓度草酸和琥珀酸比较敏感，而高浓度草酸和琥珀酸对增加脯氨酸含量效果不显著，也可能是其与重金属形成的复合物进入落叶松幼苗体内后稳定性较差，重新降解为游离的金属离子和有机酸，进而对植物再次产生毒害（王鸿燕等，2010）。

可溶性蛋白多为未与膜系统特异结合的酶，参与各种生物代谢过程，其含量高低是反映植物生理生化反应与代谢活动的指标，可溶性蛋白含量越高说明生命活动越旺盛（曹莹等，2007）。因此植物对胁迫反应的结果，必然会在蛋白质含量和组成上有所体现，当植物处在逆境胁迫下或在衰老过程中，可溶性蛋白含量往往下降，蛋白质合成与分解失衡（严重玲等，1997）。已有研究表明，Cd 污染对紫茉莉（沈凤娜等，2008）、玉米（曹莹等，2007），Pb 污染对柳树（房娟等，2011）、荞麦（刘拥海等，2006）、青稞（夏奎等，2008）等植物体内渗透调节物质的合成有影响，可溶性蛋白含量均有不同程度的下降。关于重金属复合胁迫下植物可溶性蛋白含量的变化，也有一些报道，如 Cr、Pb 复合胁迫减少了小麦幼苗叶组织中可溶性蛋白的含量（徐澜等，2010），Cd、Zn 复合胁迫下栝楼幼苗体内可溶性蛋白含量降低，且随复合重金属浓度的增加呈现"倒 N"形趋势（李珊等，2008）。引起可溶性蛋白含量下降可能由重金属离子与－SH 结合导致蛋白质变性，或者是参与合成的酶失活等引起的，从而抑制蛋白质的合成（徐勤松等，2001），也有研究认为可溶性蛋白含量降低与硝酸还原酶活性降低导致对氮的同化能力减弱有关（Tischner，2000），或者是由蛋白质分解速度加快引起的（Davies，1987）。本研究结果显示，加入 Pb、Cd 处理后，落叶松幼苗可溶性蛋白含量随着处理时间的增加表现出先升高后下降的趋势，可能是由于落叶松自身遭遇重金属胁迫而产生的抵御作用，产生的防御物质大多由蛋白质构成，造成可溶性蛋白含量出现小幅升高，但随着胁迫时间的延长，落叶松受毒害加剧，自我保护作用减弱，蛋白质含量最终降到抵御 CK 水平；且本研究中蛋白质含量下降程度与单一 Cd 处理相比，10d 时降低幅度不大，20d 和 30d 降低幅度增加，说明随着处理时间的增加，加入 Pb 使 Cd 对可溶性蛋白合成的抑制作用加剧，表现出协同作用。加入外源有机酸可以影响可溶性蛋白的含量,如水杨酸(SA)可以提高 Pb 胁迫下黄瓜幼苗叶片的可溶性蛋白含量(刘素纯等,2006),能够诱导过氧化酶及蛋白激酶的合成,还能诱导葡萄幼苗叶片可溶性蛋白含量的升高(Cai and Zheng,1997;Chasan,1995;Wang et al.,2003),对 Pb、Cd 复合胁迫下芥菜子叶可溶性蛋白含量的提高也有促进作用(刘建新等,2006),可以有效缓解植物的毒害症状。又如在 Cd 污染中,加入草酸、柠檬酸和 EDTA 可以增加水稻的可溶性蛋白含量(李仰锐,2006),这与本研究的结果基本一致,可溶性蛋白含量一旦提高,会促进功能蛋白数量和细胞渗透浓度的增加,这对保障组织正常新陈代谢起重要的作用(段昌群等,1992),因此通过施加外源草酸、柠檬酸、琥珀酸,对 Pb、Cd 复合胁迫下落叶松幼苗叶片恢复其正常氮代谢、提高可溶性蛋白含量有重要意义,是增加落叶松重金属耐受性与抗性的有效途径。

5.4　本　章　结　论

(1)Pb、Cd 复合胁迫下,落叶松幼苗叶片和细根中 Pb 和 Cd 含量均显著上升,且大量集中在根部。Pb 在落叶松叶片和根系中的含量分别在 20～100mg/kg、100～500mg/kg,Cd 在叶片和根系的含量分别在 10～90mg/kg、20～100mg/kg。加入外源有机酸后,Pb 和 Cd 含量因有机酸浓度和处理时间不同而异。一般以 10.0mmol/L 草酸促进落叶松幼苗叶片和细根对 Cd 的积累,0.2mmol/L 琥珀酸促进落叶松对 Pb 的积累,5.0mmol/L 和 10.0mmol/L 柠檬酸对落叶松吸收 Pb 和 Cd 的促进效果最好。

(2)与对照相比,10mg/kg Cd、100mg/kg Pb 复合处理对落叶松幼苗各生长产生了毒害作用,具体表现在:死亡率升高,生长率和根、茎、叶生物量均下降,其中根生物量下降幅度最大,这说明 Pb、Cd 复合胁迫抑制了落叶松苗木的生长,对根生长的抑制作用比茎、叶严重,且毒害作用随胁迫时间增加而加剧。与对照相比,Cd、Pb 复合处理下落叶松幼苗各生理生化指标变化明显,具体如下:叶片 MDA 含量提高,SOD、POD 活性下降,脯氨酸、可溶性蛋白和叶绿素含量降低。说明 Pb、Cd 复合胁迫对落叶松苗木光合系统、抗氧化酶系统、细胞膜系统和渗透调节系统造成了破坏,影响了苗木正常的生长发育,且毒害作用随胁迫时间增加而加剧。另外,与单一 Cd 胁迫相比,加入 Pb 后对落叶松幼苗的毒害作用加剧,说明 Pb、Cd 在影响落叶松生理生化特性方面产生了互相促进的协同作用。

(3)Pb、Cd 复合胁迫下,不同浓度的外源草酸、柠檬酸、琥珀酸处理后,落叶松幼苗死亡率降低,生长率和生物量有不同程度的提高,这说明外源有机酸可有效缓解植物的中毒症状,提高落叶松对重金属的耐性和抗性,具有修复重金属污染土壤的潜力和可能性。Pb、Cd 胁迫下,不同外源草酸、柠檬酸、琥珀酸处理后，落叶松幼苗叶片 MDA 含量降低，SOD、POD 活性回升，脯氨酸、可溶性蛋白、叶绿素和类胡萝卜素含量增加。

（4）外源有机酸对以上生长指标的影响因胁迫时间、有机酸种类和浓度而异。从胁迫时间来看，对死亡率的降低效果为10d＞20d＞30d；对苗高、地径的生长率和根、茎、叶生物量的提高效果均为30d＞20d＞10d。从有机酸种类来看，对根、茎、叶生物量的提高效果均为柠檬酸＞草酸＞琥珀酸；对苗高生长率的提高效果为草酸＞柠檬酸＞琥珀酸，对地径生长率的提高效果为柠檬酸＞琥珀酸＞草酸；从有机酸浓度的影响来看，对地径生长率提高的最适有机酸浓度为草酸和柠檬酸5.0mmol/L，琥珀酸1.0mmol/L；对提高苗高生长率的最适浓度为草酸5.0mmol/L，柠檬酸和琥珀酸10.0mmol/L；根、茎、叶生物量提高效果最好的草酸浓度为0.2mmol/L、柠檬酸为1.0mmol/L、琥珀酸为10.0mmol/L，即低浓度的草酸、柠檬酸和高浓度的琥珀酸对落叶松幼苗生物量的影响效果较好，这说明不同有机酸种类和浓度对植物体不同部位的解毒效果也有差异。

（5）外源有机酸对以上生理指标的影响也因胁迫时间、有机酸种类和浓度而异。从胁迫时间来看，对 SOD、POD 活性的提高效果为 10d＞20d＞30d；对可溶性蛋白和脯氨酸含量的提高效果为 20d＞10d＞30d；对 MDA 含量的降低效果为10d＞20d＞30d；对叶绿素和类胡萝卜素含量的提高效果为 20d＞30d＞10d。从有机酸种类来看，对 SOD 活性、可溶性蛋白含量的提高效果为琥珀酸＞柠檬酸＞草酸，对脯氨酸的提高效果和 MDA 含量的降低效果为琥珀酸＞柠檬酸＞草酸，对叶绿素和类胡萝卜素含量的提高效果为柠檬酸＞琥珀酸＞草酸。从有机酸浓度的影响来看，草酸提高 POD 活性和脯氨酸含量的最适浓度为 1.0mmol/L，影响 SOD 活性和 MDA 含量的最适浓度为 5.0mmol/L，提高可溶性蛋白的最适浓度为10.0mmol/L；柠檬酸影响 SOD 活性、MDA 含量、脯氨酸和可溶性蛋白的最适浓度均为 5.0mmol/L，提高 POD 活性的最适浓度为 0.2mmol/L；琥珀酸影响 MDA 含量和 SOD 活性的最适浓度为 10.0mmol/L，提高 POD 活性和脯氨酸含量的最适浓度为 1.0mmol/L，提高可溶性蛋白的最适浓度为 0.2mmol/L。总的来看，低浓度的三种酸对 POD 活性和脯氨酸含量的提高效果更好，高浓度的三种酸对 SOD 活性、MDA 和可溶性蛋白含量的影响效果较好。

参 考 文 献

曹仪植, 吕忠恕. 1985. 水分胁迫下植物体内游离脯氨酸累积及 ABA 在其中的作用. 植物生理学报, 11(1): 9-16

曹莹, 李建东, 赵天宏, 等. 2007. 镉胁迫对玉米生理生化特性的影响. 农业环境科学学报, 26(b03): 8-11

陈彩云, 龙健, 李娟, 等. 2012. 植物对土壤重金属复合污染的生理生态适应机制研究进展. 贵州农业科学, 40(11): 50-55

陈德碧, 朱建勇. 2010. 水杨酸对番茄种子萌发及幼苗生长铬胁迫的缓解效应. 北方园艺, 2: 13-16

陈丽娜, 唐明灯, 艾绍英, 等. 2010. Pb 胁迫条件下 3 种叶菜的生长和生理响应及其抗性差异. 植物资源与环境学报, 19(4): 78-83

陈茂铨, 应俊辉, 王东明, 等. 2010. 铅胁迫对萝卜种子萌发、幼苗生长及生理特性的影响. 江苏农业科学, 2: 172-174

陈忠林, 张利红. 2005. 有机酸对铅胁迫小麦幼苗部分生理特性的影响. 中国农学通报, 21(5): 393-395

杜天庆, 杨锦忠, 郝建平, 等. 2009. Pb、Cd、Cr 三元胁迫对小麦幼苗生理生化特性的影响. 生态学报, 29(8): 4475-4482

段昌群, 王焕校, 曲仲湘. 1992. 重金属对蚕豆根尖的核酸含量及核酸酶活性影响的研究. 环境科学, 13(5): 31-35

房娟, 陈光才, 楼崇, 等. 2011. Pb 胁迫对柳树根系形态和生理特性的影响. 安徽农业科学, 39(15): 8951-8953, 8989

谷绪环, 金春文, 王永章, 等. 2008. 重金属 Pb 与 Cd 对苹果幼苗叶绿素含量和光合特性的影响. 安徽农业科学, 36(24): 10328-10331

何冰, 杨肖娥, 魏幼璋. 2001. 铅污染土壤的修复技术. 广东微量元素科学, 8(9): 12-17

虎瑞, 苏雪, 唐洁娟, 等. 2009. 重金属 Pb(II)对萝卜种子萌发及幼苗生长的影响. 种子, 28(9): 7-10, 15

黄苏珍. 2008. 铅(Pb)胁迫对黄菖蒲叶片生理生化指标的影响. 安徽农业科学, 36(25): 10760-10762

姬俊华, 孟超敏, 杨瑞先, 等. 2010. Hg^{2+} 和 Al^{3+} 单一及复合污染对小白菜生理特性的影响. 安徽农业科学, 38(23): 12656-12657, 12660

江海东, 周琴, 李娜, 等. 2006. Cd 对油菜幼苗生长发育及生理特性的影响. 中国油料作物学报, 28(1): 39-43

孔祥海. 2005. 重金属离子对植物的毒害及其机理. 龙岩学院学报, 23(3): 83-87

李合生, 孙群, 赵世杰, 等. 2000. 植物生理生化实验原理和技术. 北京: 高等教育出版社

李俊梅, 王焕校. 2000. 镉胁迫下玉米生理生态反应与抗性差异研究. 云南大学学报(自然科学版), 22(4): 311-317

李珊, 程舟, 杨晓伶, 等. 2008. 铅、锌胁迫对栝楼幼苗生长及抗逆生理因子的影响. 生态学杂志, 27(2): 278-281

李伟民, 尹大强, 胡双庆, 等. 2002. 氯代硝基苯胺对鲫鱼(Carassius auratus)血清抗氧化酶的影响. 环境科学学报, 22(2): 236-240

李雪梅, 张利红, 陶思源, 等. 2005. 不同有机酸对铅胁迫小麦幼苗的缓解作用. 生态学杂志, 24(7): 833-836

李仲锐. 2006. 有机酸、EDTA 对镉污染土壤水稻生理生化指标的影响. 西南大学硕士学位论文

李元, 王焕校, 吴玉树, 等. 1992. Cd、Fe 及其复合污染对烟草叶片几项生理指标的影响. 生态学报, 12(2): 147-153

李正文, 李兰平, 周琼, 等. 2013. 不同浓度 Pb、Cd 对红麻抗逆生理特性的影响. 湖北农业科学, 52(15): 3568-3571

廖柏寒, 刘俊, 周航, 等. 2010. Cd 胁迫对大豆各发育阶段生长及生理指标的影响. 中国环境科

学, 30(11): 1516-1521

刘海亮, 崔世民. 1991. 镉对作物种子萌发、幼苗生长及氧化酶同工酶的影响. 环境科学, 12(6): 29-31

刘建新, 赵国林, 王毅民. 2006. Cd-Zn复合胁迫对玉米幼苗膜脂过氧化和抗氧化酶系统的影响. 农业环境科学学报, 25(1): 54-58

刘蕊. 2013. Pb、Zn复合胁迫对台湾泡桐生长及生理指标的影. 安徽农业科学, 18: 7888-7890, 7928

刘素纯, 萧浪涛, 廖柏寒, 等. 2006. 水杨酸对铅胁迫下黄瓜幼苗叶片膜脂过氧化的影响. 生态环境, 15(1): 45-49

刘拥海, 俞乐, 陈奕斌, 等. 2006. 不同荞麦品种对铅胁迫的耐性差异. 生态学杂志, 25(11): 1344-1347

孟华兵. 2007. 镉对油菜的毒害效应以及施用外源激素对镉毒害的调控作用. 浙江大学博士学位论文

庞秀谦, 崔显军, 孙振芳, 等. 2010. 磷酸二氢钾叶面肥在落叶松育苗中的应用. 林业实用技术, (3): 22

秦天才, 吴玉树, 王焕校. 1994. 镉、铅及其相互作用对小白菜生理生化特性的影响. 生态学报, 14(1): 46-50

沈凤娜, 柯世省, 何丽娜, 等. 2008. 镉对紫茉莉叶片蛋白质、脯氨酸和抗氧化酶活性的影响. 安徽农业科学, 36(35): 15329-15332

宋勤飞, 樊卫国, 刘国琴. 2006. 铅在番茄中的积累及对其生长和生理的影响. 农业环境科学学报, 25(s1): 87-91

孙天国, 沙伟, 刘岩. 2010. 复合重金属胁迫对两种藓类植物生理特性的影响. 生态学报, 30(9): 2332-2339

孙延东. 2007. Cd、Cu复合胁迫下黄菖蒲耐性、吸收积累及有机酸调节影响的研究. 南京农业大学硕士学位论文

唐茜, 叶善蓉, 陈能武, 等. 2008. 茶树对铬、镉的吸收积累特性研究. 茶叶科学, 28(5): 339-347

铁柏清, 袁敏, 唐美珍, 等. 2007. 重金属单一污染对龙须草生长与生理生化特性的影响. 中国生态农业学报, 15(2): 99-103

万敏, 周卫, 林葆. 2003. 不同镉积累类型小麦根际土壤低分子量有机酸与镉的生物积累. 植物营养与肥料学报, 9(3): 331-336

王鸿燕, 佟海英, 黄苏珍, 等. 2010. 柠檬酸和草酸对Pb胁迫下马蔺生长和生理的影响. 生态学杂志, 29(7): 1340-1346

王慧忠, 何翠屏, 赵楠. 2003. 铅对草坪植物生物量与叶绿素水平的影响. 草业科学, 20(6): 73-75

王凯荣. 1997. 我国农田镉污染现状及其治理利用对策. 农业环境保护, 16(6): 274-278

王林, 史衍玺. 2008. 镉、铅及其复合污染对辣椒生理生化特性的影响. 中国生态农业学报, 16(2): 411-414

王启明. 2006. 铅·镉单一及复合胁迫对玉米幼苗生理生化特性的影响. 安徽农业科学, 34(10): 2036-2037, 2048

王学锋, 姚远鹰, 郑立庆. 2010. EDTA辅助小藜修复Pb及Pb-Cd复合污染土壤的研究. 农业环境科学学报, 29(2): 288-292

武雪萍, 刘国顺, 朱凯, 等. 2003. 施用有机酸对烟草生理特性及烟叶化学成分的影响. 中国烟草科学, 9(2): 23-27

夏奎, 丁晓波, 向利红, 等. 2008. Pb^{2+}、Cd^{2+}对青稞幼苗生理指标的影响. 内江师范学院学报, 23(Z1): 272-274

肖艳, 唐永康, 曹一平, 等. 2003. 表面活性剂在叶面肥中的应用与进展. 磷肥与复肥, 18(4): 14-16

徐红霞, 翁晓燕, 毛伟华, 等. 2005. 镉胁迫对水稻光合、叶绿素荧光特性和能量分配的影响. 中国水稻科学, 19(4): 338-342

徐澜, 杨锦忠, 安伟, 等. 2010. Cr、Pb 单一及其复合胁迫对小麦生理生化的影响. 中国农学通报, 26(6): 119-126

徐勤松, 施国新, 杜开和. 2001. 镉胁迫对水车前叶片抗氧化酶系统和亚显微结构的影响. 农村生态环境, 17(2): 30-34

徐勤松, 施国新, 王学, 等. 2006. 镉、铜和锌胁迫下黑藻活性氧的产生及抗氧化酶活性的变化研究. 水生生物学报, 30(1): 107-112

徐勤松, 施国新, 周红卫, 等. 2003. Cd、Zn 复合污染对水车前叶绿素含量和活性氧清除系统的影响. 生态学杂志, 22(1): 5-8

严重玲, 付舜珍, 方重华, 等. 1997. Hg、Cd 及其共同作用对烟草叶绿素含量及抗氧化酶系统的影响. 植物生态学报, 21(5): 468-473

杨居荣, 贺建群, 蒋婉茹. 1995. Cd 污染对植物生理生化的影. 农业环境保护, 5: 193-197

杨艳. 2007. 有机酸对镉胁迫下油菜生理特性的影响. 安徽师范大学硕士学位论文

杨振德, 王利英, 覃寿艺, 等. 2006. Pb^{2+}、Cr^{6+}、Cd^{2+}单一及其复合污染对白蝴蝶叶片 CAT、POD 活性的影响. 四川环境, 25(5): 22-24, 44

叶海波, 杨肖娥, 何冰, 等. 2003. 东南景天对锌镉复合污染的反应及其对锌镉吸收和积累特性的研究. 农业环境科学学报, 22(5): 513-518

袁青青, 边才苗, 王锦文. 2009. 有机酸对 Pb·Cd 污染水稻植株的解毒作用. 安徽农业科学, 37(14): 6567-6569

翟雯航, 高勇伟, 陈海涛. 2008. 我国土壤污染状况及其危害性. 山西农业(致富科技), 8: 30-31

张金彪, 黄维南. 2000. 镉对植物的生理生态效应的研究进展. 生态学报, 20(3): 514-523

张敬锁, 李花粉. 1999. 有机酸对活化土壤中镉和小麦吸收镉的影响. 土壤学报, 36(1): 61-65

张利红, 李培军, 李雪梅, 等. 2005. 镉胁迫对小麦幼苗生长及生理特性的影响. 生态学杂志, 24(4): 458-460

张艳, 邓扬悟, 罗仙平, 等. 2012. 土壤重金属污染以及微生物修复技术探讨. 有色金属科学与工程, 3(1): 63-66

张义贤, 李晓科. 2008. 镉、铅及其复合污染对大麦幼苗部分生理指标的影响. 植物研究, 28(1): 43-46, 53

张义贤. 1997. 重金属对大麦毒性的研究. 环境科学学报, 17(2): 199-205

郑世英, 王丽燕. 2009. 铅、镉及其复合污染对小麦生理生化特性的影响. 信阳师范学院学报(自然科学版), 22(1): 60-62

周青, 黄晓华, 屠昆岗, 等. 1998. La 对 Cd 伤害大豆幼苗的生态生理作用. 中国环境科学, 18(5): 442-445

朱宇林, 曹福亮, 汪贵斌, 等. 2006. Pb、Cd 胁迫对银杏光合特性的影响. 西北林学院学报, 12(1):

47-50

邹文桐, 项雷文, 刘美华. 2012. 水杨酸对铅镉复合胁迫下芥菜子叶生理代谢的影响. 甘肃农业
　　大学学报, 47(4): 48-52, 56

Bazzaz F A, Rolfe G L, Garlson R W. 1974. The effect of cadmium on photosynthesis and
　　transpiration of excised leaves of corn and sunflower. Physiologia Plantarum, 32(4): 373-377

Cai X G, Zheng Z. 1997. Biochemical mechanisms of salicylic acid-induced resistance to rice
　　seedling blast. Acta Phytopathologica Sinica, 27(3): 231-236

Chasan R. 1995. Eliciting phosphorylation. Plant Cell, 7(5): 589-598

Chris B, Marc V H, Dirk I. 1992. Superoxide dismutase and stress tolerance. Annu Rev Plant Biol,
　　43(1): 83-116

Clemens S. 2001. Molecular mechanisms of plant metal tolerance and homeostasis. Plant, 212(4):
　　475-486

Davies K J A. 1987. Protein damage and degradation by oxygen radicals. I. General aspects. Journal
　　of Biological Chemistry, 262(20): 9895-9901

Frank R H. 1977. Metal contents and insecticide residues in tobacco soils and cured tobacco leaves
　　collected in southern Ontario. Tob, Sci, 21: 74-80

Giannopolitis C N, Ries S K. 1977. Superoxide dismutase. I. Occurrence in higher plants. Plant
　　Physiol., 59(2): 309-314

Huang W B, Ma R, Yang D, et al. 2014. Organic acids secreted from plant roots under soil stress and
　　their effects on ecological adaptability of plants. Agricultural Science & Technology, 15(7):
　　1167-1173

Huang Y F, Kuan W H, Lo S L, et al. 2010. Hydrogen-rich fuel gas from rice straw via
　　microwave-induced pyrolysis. Bioresource Technology, 101(6): 1968-1973

Lakshamn K C, Virinder K G, Surider K S. 1992. Effect of cadmium on enzyme of nitrogen
　　metabolism in pea seedling. Phytochemistry, 31(2): 395-400

Lee K C, Cunningham B A, Paulsen G M, et al. 1976. Effects of cadmium on respiration rate and
　　activities of several enzymes in soybean seedlings. Physiol Plant, 36: 4-6

Lin R Z, Wang X R, Luo Y, et al. 2007. Effects of soil cadmium on growth, oxidative stress and
　　antioxidant system in wheat seedlings (Triticum aestivum L). Chemosphere, 69(1): 89-98

Ma J F. 2000. Role of organic acids in detoxification of Al in higher plant. Plant Cell Physiol, 44(4):
　　383-390

Mench M, Martin E. 1991. Mobilization of cadmium and other metals from two soils by root
　　exudates of Zea mays L., Nicotiana tabacum L. and Nicotiana rustica L. Plant and Soil, 132(2):
　　187-196

Metha S K, Gaur J P. 1999. Heavy metal induced proline accumulation and its role in a meliorating
　　metal toxicity in Chlorella vulgaris. New Phytol., 143(2): 253-259

Milone M T, Sgherri C, Clijsters H, et al. 2003. Antioxidative responses of wheat treated with
　　realistic concentration of cadmium. Environ. Exp. Bot., 50(3): 265-276

Mukherji S, Maitra P. 1976. Toxic effects of lead on growth and metabolism of germinating rice
　　(Oryza sativa L.) seeds and mitosis of onion (Allium cepa L.). India J Exp Bio, 14(4): 519-521

Persons M W, Salt D E. 2000. Possible molecular mechanisms involved in nickel, zinc and selenium
　　hyper accumulation in plants. Biotechnology, 17(1): 389-413

Song J F, Cui X Y. 2003. Analysis of organic acids in selected forest litters of Northeast China.
　　Journal of Forestry Research, 14(4): 285-289

Song J F, Ma R, Huang W B, et al. 2014b. Exogenous organic acids protect Changbai larch (Larix *olgensis*) seedlings against cadmium toxicity. Fresen Environ Bul, 23(12C): 3460-3468

Song J F, Markewitz D, Liu Y, et al. 2016. The alleviation of nutrient deficiency symptoms in Changbai larch (*Larix olgensis*) seedlings by the application of exogenous organic acids. Forests, 7(10): 213

Song J F, Yang D, Ma R, et al. 2014a. Studies on the secretion of organic acids from roots of two-year-old *Larix olgensis* under nutrient and water stress. Agricultural Science & Technology, 15(6): 1015-1019

Tischner R. 2000. Nitrate uptake and reduction in higher and lower plants. Plant, Cell and Environment, 23(10): 1005-1024

Wang L J, Huang W D, Li J Y. 2003. Effects of salicylic acid on the peroxidation of membrane-lipid of leaves in grape seedlings. Scientia Agriculture Sinica, 36(9): 1076-1080

6 主要结论与研究展望

随着工业化飞速发展，环境污染问题也更加突出，尤其是土壤重金属污染问题越来越严重。我国东北地区有许多亟须复垦的矿山土地，这类立地条件下重金属胁迫常普遍存在。本书以我国东北林区先锋造林树种——落叶松为对象，以重金属胁迫下林木根系分泌的有机酸为切入点，采用高效液相色谱-质谱法系统研究了不同程度 Pb、Cd 等重金属胁迫下落叶松根系分泌有机酸的种类和含量，并通过外源添加不同种类和浓度的有机酸，研究了 Pb、Cd 单一及复合胁迫下有机酸对落叶松幼苗多种生理生化特性、生长、重金属吸收积累的影响，从而科学评价落叶松根系分泌的有机酸对苗木的生态适应意义，为提高落叶松对重金属胁迫土壤的抗性、修复重金属污染土壤提供理论参考，为东北地区矿山造林树种的筛选及生态风险规避提供可能的普适性指标，也能为重金属胁迫土壤的有效利用及修复开辟新思路。

6.1 主要结论

（1）野外生长的落叶松人工林根系能分泌特定的有机酸，已定性的有柠檬酸、琥珀酸、草酸、酒石酸、苹果酸、没食子酸和延胡索酸，其中柠檬酸分泌量最大，其次为苹果酸和琥珀酸，再次为草酸，酒石酸、没食子酸和延胡索酸含量较低。一定程度的 Pb、Cd 污染导致落叶松根系有机酸的分泌总量增加，分泌量较大的 3 种有机酸（柠檬酸、琥珀酸、苹果酸）分泌量也增加，污染较重时有机酸分泌总量和柠檬酸、琥珀酸、苹果酸分泌量却降低。Pb、Cd 污染较重的处理没食子酸和延胡索酸分泌量增加，且增量大于轻度污染处理。Pb、Cd 污染未增加草酸分泌量，轻度 Pb、Cd 污染还增加了酒石酸分泌量，但污染较重时酒石酸分泌量降低。

（2）在 Cd 污染下，一年生落叶松苗根系有机酸的分泌种类增多，不同胁迫时间和水平下增加分泌的有机酸种类不同：30d 时新增有机酸分泌种类多于 3d 和 10d，3d 多于 10d，且以 3d 时新增分泌某种有机酸的水平数较多；对于不同的胁迫水平，一般以 1 或 3 水平增加分泌的有机酸种类较多，这说明在一定的 Cd 胁迫范围内，苗木遭受胁迫时间较短、胁迫较重时新增加分泌的有机酸种类较多。

4 种不同程度的 Cd 污染均不同程度地增加了落叶松根系有机酸的分泌总量和单一有机酸的分泌量，二者均因介质内 Cd 的胁迫水平和胁迫时间而异。从胁迫水平来看，3d 和 10d 时有机酸总量以 3 和 4 水平较高（3>4），而 30d 时 1、2 水平较高，这说明在一定程度的 Cd 胁迫内，有机酸分泌量随胁迫程度的增加而提高，胁迫再重则分泌量降低；苗木受 Cd 胁迫时间也影响有机酸的分泌总量，表现为 3d＞10d＞30d，即随 Cd 胁迫时间延长，有机酸分泌总量降低。

某种有机酸的分泌量也因胁迫水平和胁迫时间而异：对于 1、2、3、4 胁迫水平，各有机酸的分泌量增幅以 4 水平最大，然后依次为 3 水平、2 水平和 1 水平，这说明 Cd 胁迫越重有机酸分泌量增加越多。在不同胁迫时间内，同一水平下大多数有机酸以 3d 时分泌量增幅最大，即胁迫时间较短时增幅最多，胁迫时间延长增幅反而降低。在相同的胁迫时间内，不同有机酸分泌量增幅不同，一般苹果酸最大，其次为柠檬酸或草酸，琥珀酸较低。与对照相比，不同 Cd 胁迫水平和胁迫时间下，各有机酸的分泌量在有机酸总量中所占比例稍有变化，但在总量中比例排序未变。

（3）Pb 胁迫使一年生落叶松苗根系有机酸的分泌种类增加，一般胁迫 30d 时新增有机酸种类多于 3d 和 10d，3d 时多于 10d；在同一胁迫时间内，不同胁迫水平下新增种类也不同，一般 3d 时新增分泌某种有机酸的水平数较多。

Pb 胁迫下，一年生落叶松苗根系有机酸的分泌总量因 Pb 胁迫程度和胁迫时间而异：有机酸总量增幅在胁迫 3d 时以 3 水平较高，30d 时以 1、2 水平较高，说明在一定程度的 Pb 胁迫内，有机酸分泌总量随胁迫程度增加而提高，胁迫时间过长则分泌量降低；Pb 胁迫时间也影响有机酸的分泌总量，增幅顺序为 3d＞10d＞30d，即随胁迫时间延长有机酸分泌总量的增幅逐渐降低。

Pb 胁迫下，各有机酸的分泌量也因胁迫水平和胁迫时间而异：在胁迫 3d、10d 和 30d 时，大多数有机酸的分泌量分别以 3、4、2 水平增幅最大，即在较短的 Pb 胁迫时间内，胁迫越重增加的有机酸分泌量越大，而胁迫时间较长则胁迫较轻时分泌量增加较多；在不同胁迫时间内，大多数有机酸以 3d 时增幅最大。对于有机酸种类而言，3d 和 10d 时苹果酸和柠檬酸分泌量增幅较大，而 30d 时苹果酸和草酸分泌量增幅较大。与对照相比，不同 Pb 胁迫水平和胁迫时间处理下，各有机酸的分泌量在有机酸总量中所占的比例稍有变化，但在总量中所占比例排序未变。

（4）生长在无重金属污染、A_1 层肥沃土壤中的二年生落叶松幼苗根系能分泌特定的有机酸。与对照相比，在各胁迫因素的大多数水平处理下，二年生落叶松幼苗根系有机酸的分泌种类大多有所增加，但胁迫因素和水平不同增加分泌的有机酸的种类也不同。

与对照相比，Cd 和 Pb 胁迫处理的二年生落叶松幼苗根系分泌的有机酸总量和大多数有机酸的分泌量也均有不同程度的增加。有机酸分泌总量和各种有机酸的分泌量因胁迫因素和胁迫水平而异，有机酸分泌总量一般以 Cd 胁迫时较大，Pb 胁迫时较小。从不同胁迫因素处理下某种有机酸的分泌量看，各因素处理下未发现明显规律。对于同一胁迫因素的不同水平，Pb 胁迫以 3、4 水平分泌量较高，Cd 胁迫以 1、3、4 水平较高，因此对于不同的胁迫因素，不同水平下增加分泌的有机酸总量不同，同时也说明，在一定程度的胁迫条件内，有机酸分泌总量随环境胁迫程度的增加而增大。与对照相比，不同胁迫因素处理下各有机酸的分泌量在有机酸总量中所占比例稍有变化，但在总量中所占比例排序未变，这与一年生苗结果类似。

（5）Cd 胁迫显著影响落叶松幼苗的多种生理生化特性，表现在细胞膜透性和MDA 含量提高，SOD、POD 活性降低，脯氨酸、可溶性蛋白和叶绿素含量降低，细根和叶片 Cd 含量增加（Cd 在根部积聚），说明 Cd 已造成苗木细胞膜系统的破坏，氮代谢受阻，且胁迫时间越长伤害越重。外源草酸和柠檬酸处理后，上述生理生化特性均向相反方向变化，大多数有机酸处理降低了根系和叶片的 Cd 含量，促进了苗木生长，提高了苗高和地径，因此有机酸对落叶松抵御 Cd 胁迫有积极作用，对促进落叶松修复 Cd 污染土壤也有一定潜力。有机酸对上述指标的影响一般在 20d 或 30d 效果较好，最佳浓度为 5.0mmol/L 或 10.0mmol/L，柠檬酸效果强于草酸。根据土壤胁迫、有机酸分泌量和苗木抗性等指标的综合分析，构建了本实验条件下落叶松根系有机酸分泌行为与苗木适应 Cd 胁迫条件的关系模式，从而指导林业生产。

（6）Pb 胁迫显著影响落叶松幼苗的生理生化特性，表现在细胞膜透性和 MDA 含量提高，SOD、POD 活性降低，脯氨酸、可溶性蛋白和叶绿素含量降低，叶片 F_v/F_m 和 F_v/F_0、根系表面积、长度、体积和比根长下降。尽管增加了细根 Mg、K、Ca 和 Fe 含量及叶片 K、Ca、Fe 含量，但降低了叶片 Mg 含量，显著增加了细根和叶片 Pb 含量。Pb 胁迫还显著降低叶、茎和根干重，时间越长降幅和伤害越大。外源草酸和柠檬酸处理后，苗木细胞膜透性和 MDA 含量下降，SOD、POD 活性升高，可溶性蛋白和脯氨酸含量增加，叶绿素含量提高，F_v/F_m 和 F_v/F_0、根系表面积、长度、体积及比根长提高，细根和叶片的 Fe 含量也均增加。尽管大多数有机酸提高了根系和叶片的 Pb 含量，但苗高和地径都提高，苗木的各部分生物量干重均有不同程度的提高，因此外源有机酸对落叶松抵御 Pb 胁迫有积极作用，能提高苗木对 Pb 胁迫的耐性，同时也说明草酸和柠檬酸对促进落叶松修复 Pb 污染土壤具有一定的潜力。外源有机酸对上述指标的影响因胁迫时间、有机酸种类和浓度而异，一般以胁迫 20d 或 30d 影响效果较好，最佳浓度为 5.0mmol/L 或 10.0mmol/L，柠檬酸效果强于草酸。

（7）Pb、Cd 复合胁迫下，落叶松幼苗叶片和细根中 Pb 和 Cd 含量均显著上升，且大量集中在根部。一般以 10.0mmol/L 草酸促进落叶松幼苗叶片和细根对 Cd 的积累、0.2mmol/L 琥珀酸促进对 Pb 的积累、5.0mmol/L 和 10.0mmol/L 柠檬酸促进 Pb 和 Cd 积累的效果最好。与对照相比，Pb、Cd 复合胁迫对落叶松幼苗的生长和多种生理生化指标均产生了毒害，具体表现如下：幼苗死亡率升高，生长率和根、茎、叶生物量均下降，且对根生物量累积的抑制作用最显著；叶片MDA 含量提高，SOD、POD 活性下降，脯氨酸、可溶性蛋白和叶绿素含量均降低。

Pb、Cd 复合胁迫下，施加不同浓度的外源草酸、柠檬酸、琥珀酸可以有效缓解落叶松的重金属中毒症状：苗木死亡率降低，生长率和生物量不同程度提高；叶片 MDA 含量降低，SOD、POD 活性回升，脯氨酸、可溶性蛋白、叶绿素和类胡萝卜素含量增加。外源有机酸对以上生长和生理生化指标的影响因胁迫时间、有机酸种类和浓度而异。从胁迫时间来看，对死亡率、MDA 含量的降低效果和对 SOD、POD 活性的提高效果均为 10d＞20d＞30d；对苗高、地径生长率和根、茎、叶生物量的提高效果均为 30d＞20d＞10d；对可溶性蛋白和脯氨酸含量的提高效果为 20d＞10d＞30d；对叶绿素和类胡萝卜素含量的提高效果为 20d＞30d＞10d。从有机酸种类来看，总的来说，对生长和生理生化指标的影响效果为柠檬酸＞琥珀酸＞草酸。从有机酸浓度看，缓解重金属复合胁迫毒害的较佳浓度为草酸 1.0mmol/L 和 5.0mmol/L，柠檬酸 1.0mmol/L 和 5.0mmol/L，琥珀酸 1.0mmol/L 和 0.2mmol/L。

6.2　研究展望

目前，单一土壤胁迫下植物根系有机酸分泌及其对土壤胁迫下植物的生态效应研究已引起广泛关注，但侧重于大田作物（如小麦、玉米、白羽扇豆等）。由于有相当大的难度和不确定因素干扰，林木根系分泌有机酸、有机酸如何影响土壤胁迫下林木的生态适应性较少有人触及，少数研究主要见于南方树种，如杉木和马尾松等，而对广大范围的东北林区缺乏认识。在东北林区某些特殊立地条件下，除单一土壤胁迫条件外，Pb、Cd 等多种重金属污染可能同时存在，并同时影响植物的适应性反应，这也是此区矿山植被恢复中必须面对的严酷现实。但目前多种重金属土壤胁迫下植物根系有机酸的分泌反应国内外尚未触及，特别是东北林区相关研究还未见报道。关于林木根系有机酸分泌行为及其对林木生态适应性影响的系统研究，国内外也鲜见报道。有机酸对植物生态适应性影响的研究，特别是对生理生化特性的影响，目前仅见对 MDA 含量、抗氧化酶活性、渗透调节物质含量等方面的研究，对根系形态特征、叶绿素荧光参数等的研究还几乎空白。干旱胁迫下植物根系的有机酸分泌行为及其适应意义研究国内外尚很少见。

本研究是针对我国东北林区土壤胁迫的现实特点而设计的，首次系统研究了 Pb、Cd 等不同程度重金属污染下，当地先锋造林树种——落叶松根系有机酸的分泌反应，这些内容在国内外尚未触及，在研究内容上具有原始性创新，填补了我国森林土壤学研究中的某些空白。本研究首次将"多重土壤胁迫-根系有机酸分泌行为-主动适应性反应"作为一个整体系统来研究，触及了一个崭新的研究领域，在学术思想上具有整体创新性；首次系统研究了 Pb、Cd 单一及复合胁迫下落叶松根系有机酸分泌行为及其对苗木生态适应性的重要意义；首次多方位定量评价了有机酸对落叶松的生理生态功能，特别是根系形态指标及叶绿素荧光参数。

编 后 记

《博士后文库》（以下简称《文库》）是汇集自然科学领域博士后研究人员优秀学术成果的系列丛书。《文库》致力于打造专属于博士后学术创新的旗舰品牌，营造博士后百花齐放的学术氛围，提升博士后优秀成果的学术和社会影响力。

《文库》出版资助工作开展以来，得到了全国博士后管委会办公室、中国博士后科学基金会、中国科学院、科学出版社等有关单位领导的大力支持，众多热心博士后事业的专家学者给予积极的建议，工作人员做了大量艰苦细致的工作。在此，我们一并表示感谢！

《博士后文库》编委会